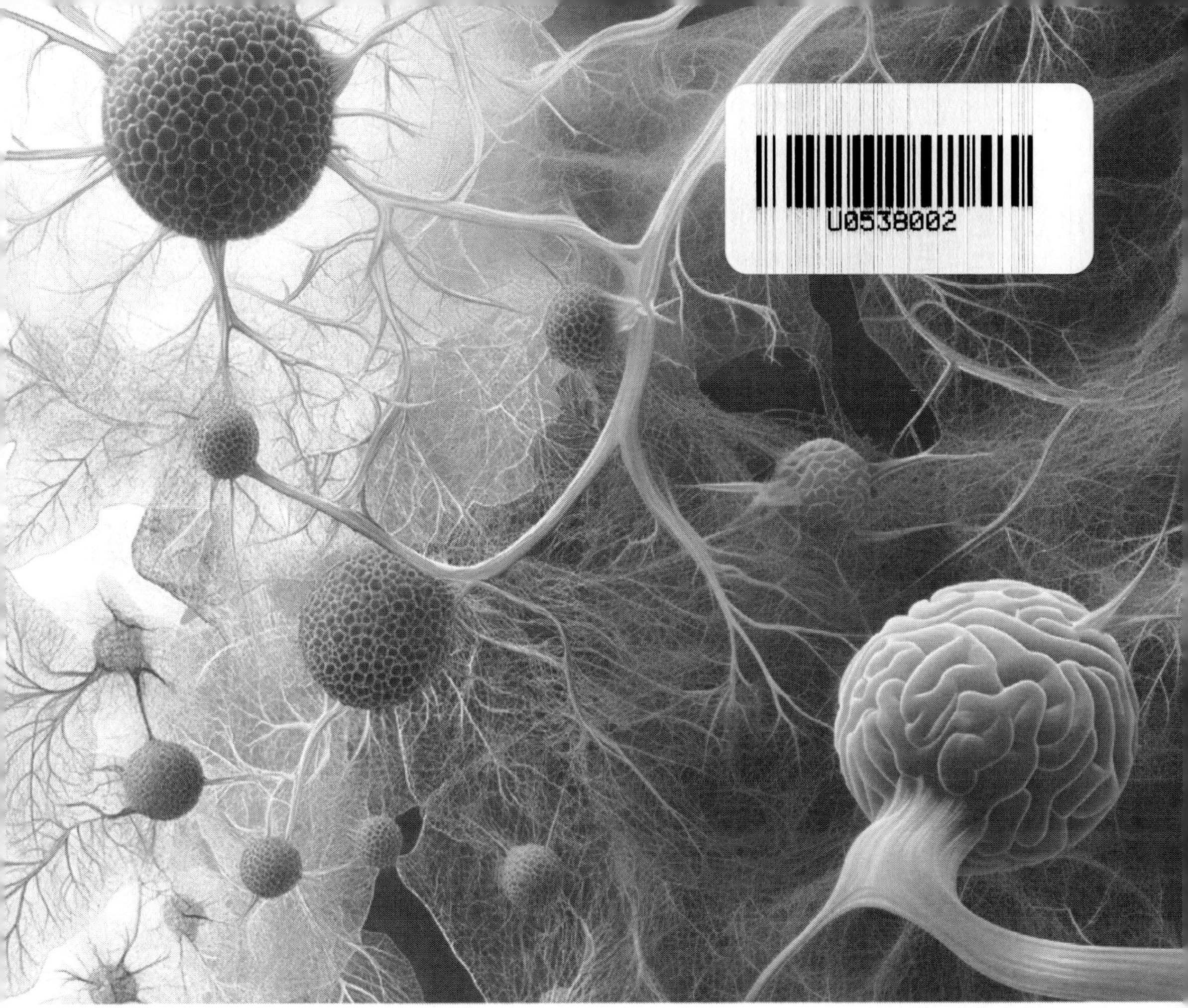

ANIMAL
PATHOLOGY

於敏，周鐵忠 主編

動物病理

（第五版）

目　　錄

緒　論

動物病理是關於動物疾病的發生、發展規律及疾病過程中機體代謝、功能和形態結構變化的一門科學。透過闡述動物疾病的發生原因、發病機制、病變特點、疾病發展與恢復的一般規律，為臨床認識疾病的本質，科學地進行疾病防控提供堅實的理論和實踐基礎。

(一) 動物病理的基本內容

根據高職人才培養目標，本教材主要包含基礎病理、器官病理、臨床病理和病理診斷技術四個方面的內容。

基礎病理部分，主要講述各種疾病中可能出現的共同的病理過程及其病因、發病機制、病理變化及恢復等一般規律。內容包括局部血液循環障礙、損傷和修復、炎症、水腫、腫瘤、酸鹼平衡紊亂、缺氧、黃疸、發燒等，是發現和認識各種疾病的特殊規律和本質的基礎。

器官病理著重介紹各個組織器官不同疾病的病因、發病機制、病理變化，以便加深認識和理解不同病變過程器官組織形態結構變化特徵。

臨床病理則從具體疾病出發，介紹了部分動物疾病的發病原因、發病機理和動物機體各器官主要病理變化特徵，為初步接觸臨床實踐進行具體疾病診療奠定基礎。

病理診斷技術主要包括各種畜禽屍體剖檢技術、病理組織切片製作技術和病理診斷綜合分析。

上述四部分內容循序漸進，有著緊密的內在連繫，不可分割。只有掌握了基礎病理的理論知識和病理剖檢技能，才能更好地辨識器官病理變化，並運用到獸醫臨床，對動物疾病進行檢查、分析。

(二) 動物病理在獸醫科學中的地位

動物病理是畜牧獸醫類專業的一門重要的專業基礎課。本課程以動物解剖生理、動物生物化學、動物微生物等知識為基礎，研究分析疾病發生發展的基本規律，揭示疾病的本質，既有較強的理論性，又有很強的實踐性，是連繫獸醫基礎與臨床之間的橋梁，起著承上啟下的作用。其病變辨識、病理分析、剖檢技術等與動物臨床均有著密切的連繫，是學習獸醫臨床的重要基礎，也是培養畜牧獸醫類專業高技能人才的必修課程。

（三）動物病理研究方法和技術

動物病理研究的對象主要是患病動物或實驗動物及病變的器官組織，根據不同的目的而採取不同的研究方法。隨著科學技術的飛速發展，其研究方法和技術不斷得到改進和豐富。

1. 臨床病理學檢查　對自然發病的動物，採集其血液、尿液、糞便等進行實驗室檢驗及分析，以了解動物機體的發病原因及機制，協助臨床診斷，判斷治療效果。

2. 活體組織檢查　簡稱活檢，即採用搔刮、夾取、穿刺等手術方法，從患病動物活體採取病料進行病理檢查。本法的優點在於組織新鮮，能基本保持原有病變，有助於及時準確地對疾病做出診斷和進行療效判斷。特別是對性質不明的腫瘤性疾患，準確而及時的診斷，對治療和預後都具有十分重要的意義。

3. 屍體剖檢技術　運用病理知識和技能對患病或死亡動物進行解剖檢查，是病理學的基本研究方法之一。透過屍體剖檢，可以直接觀察各系統、器官的病理改變，查明死亡原因，明確疾病的診斷，驗證臨床診斷和治療是否正確，提高臨床診療工作的品質。而且還能及時發現和確診某些傳染病、寄生蟲病和地方病，透過大量屍檢還可以積累常見病、多發病以及其他疾病的病理材料，為疾病診斷、防治提供可靠依據。根據剖檢目的和條件，屍體剖檢可以採用各種觀察方法。

（1）大體觀察。利用肉眼或藉助於放大鏡、量尺、各種衡器等輔助工具，對檢材進行病變的宏觀觀察。包括病變組織器官大小、形狀、顏色、質量、彈性、硬度、表面及切面狀態、病灶特徵等。然後根據觀察結果，進行綜合分析，對疾病的性質做出判斷。這種方法簡便易行，在動物疾病防控實踐中尤為廣泛運用。

（2）光鏡觀察。將病變組織製成切片或將病變部位脫落的細胞製成塗片並染色，置於光學顯微鏡下，觀察其細微病變，大大提高了肉眼觀察的分辨能力，從而加深了對疾病和病變的認識，提高了病理診斷的準確性。

利用組織化學法和免疫學方法，可以大大提高光鏡的應用範圍。如利用某些能與細胞化學成分特異性結合的顯色劑，顯示病變組織細胞的蛋白質、脂類、糖類、酶類、核酸等化學成分的狀況，從而加深對形態結構改變的認識和代謝變化的了解。這種方法稱細胞化學和組織化學法。它不僅可以揭示普通形態學方法所不能觀察到的組織、細胞化學成分的變化，而且還可在出現形態結構改變之前，就能查出其化學成分的變化。此外，還可運用免疫組織化學和免疫細胞化學的方法，了解組織、細胞的免疫學性狀，對於病理學研究和診斷都有很大幫助。

（3）電鏡觀察。應用透射和掃描電子顯微鏡觀察組織、細胞及一些病原因子的內部和表面超微結構變化。即從亞細胞（細胞器）或大分子水準上認識和了解細胞的病變，為人們了解和認識細胞結構變化與代謝改變及疾病之間的關係提供了有利條件。

4. 動物實驗　在人為控制條件下，在實驗動物身上複製某些疾病的模型，以了解該疾病或某一病理過程的發生發展經過，從而在一定程度上為臨床診斷提供科學依據和線索。此外，還可利用動物實驗研究某些疾病的病因、發病機制以及藥物或其他因素對疾病的療效和影響等。

5. 組織培養與細胞培養 用適宜的培養基在體外培養某種組織或單細胞，以觀察細胞、組織病變的發生、發展。也可透過施加諸如射線、藥物等外來因子，以觀察其對細胞、組織的影響。本方法還可進一步施行定性或定量的分析，進行形態學以及生物化學、免疫學、分子生物學等方面的觀察。但孤立的體外環境與體內的整體環境不同，因此不能將研究結果與體內過程等同看待。

6. 分子生物學技術 是以蛋白質、核酸等生物大分子的結構和功能為研究對象的一系列現代研究和診斷方法。包括分析電鏡技術、核酸分子雜交技術、聚合酶鏈反應（PCR）技術、流式細胞分析技術（FCM）、DNA 測序、電腦圖像分析技術等，將病理學的研究由常規的形態學觀察，提高到了將形態結構改變與組織、細胞的化學變化相結合的方式，由原先的定性研究發展到對病理改變進行形態的和化學成分的定量研究，從而獲得了大量的更多更新的資訊，大大加深了疾病研究的深度。

（四）學習動物病理的方法和要求

動物病理是研究動物疾病的科學，透過本課程的學習，應能正確掌握病理檢查常用方法和技能，正確辨識常見病理變化，能夠運用病理基本知識和理論於臨床實踐，分析判斷動物疾病的性質，為疾病防治提供科學依據。為此，在學習過程中，應對如下幾方面予以重視。

1. 注重實踐 動物病理是一門理論性和實踐性都很強的課程，理論是實踐的基礎，實踐是理論的應用。實踐包括兩個方面：一是要透過病理標本觀察、動物實驗、屍體剖檢等實踐教學熟練掌握病理基本技能，如動物屍體剖檢技術、器官組織病變檢查辨識技術；二是要利用病例，將所學知識和技能與獸醫臨床緊密結合，在實踐中加深對理論知識的理解，提高分析和解決實際問題的能力。

2. 注重理解 疾病是一個極其複雜的過程。在致病因子和機體反應功能的相互作用下，患病機體相關器官組織的功能、代謝和形態結構都會發生各種改變。儘管這種變化複雜多樣，但並非雜亂無章，總是有一定規律可循的。學習過程中，對疾病發生發展和恢復的基本規律、各種病變的形成和基本特徵，應運用連繫的、發展變化的觀點從理解上下工夫，切忌囫圇吞棗或死記硬背。只有理解消化了的知識，才能牢固掌握，應用自如。

3. 注重分析 如果說，病變的辨識僅是對發生疾病的組織器官直觀的、膚淺的認識，還停留在感性認識階段，而只有透過病理分析，才能對病變的發生發展有一個較為全面而深刻的了解，上升為理性認識。因此，提高病理分析技術和能力，是學好動物病理的核心。

疾病是致病因子與動物機體互相作用的過程，各個系統、器官都會發生相應的機能、代謝甚至形態結構的改變。不同的病因可引起相同的病理變化，同一病因也可能會引起不同的病變，臨床上往往是多種病變同時或相繼出現。這就需要人們善於從複雜的表面現象中，由表及裡，去偽存真，綜合思考分析，從而對病因、病變性質得出可靠的結論，對疾病的發展趨勢做出符合科學的預測。分析的過程既是對病理理論知識加深理解、消化的過程，也是一個臨床應用、實踐的過程。在觀察、分析過程中，必須堅持以下幾個觀點。

(1) 整體的觀點。動物機體是一個完整統一的個體，透過神經與體液的調節，全身各系統、器官保持著密切連繫、互相協調，以維持機體的健康狀態。疾病過程中，當某一局部組織器官發生病變時，會影響機體其他部位甚至全身，如心臟衰竭可引起全身瘀血。有些疾病雖然是全身性的，但其主要病變可集中表現在某些局部組織器官，如膿毒敗血症可在局部形成膿腫。局部與整體是互相連繫，不可分割的。此外，畜體與外界環境也是一個統一體，很多疾病與水源、地質、氣候變化、畜禽舍衛生狀況等有著密切的關係。

分析過程中應從整體觀念出發，將疾病看成是完整機體的全身性反應。局部病變既受著整體的影響，又同時影響著整體，兩者之間有著不可分割的密切連繫，只看局部而忽視整體是錯誤的，那只會導致錯誤的結論。

(2) 運動的、發展的觀點。任何疾病從開始到最終結局都是在不斷運動變化著的，疾病過程中出現的任何病理現象也是不斷變化的，病理標本只反映了疾病過程中某一時刻的狀態，而不是整個疾病過程的全貌。因此，在觀察任何病變時，都必須以運動的、發展的觀點去分析和理解，既要看清它的現狀，也要分析其病變產生的機制、最終結局，這樣才能了解病變的全過程，掌握疾病的本質。

(3) 相互連繫的觀點。任何病理變化的發生都不是孤立的，是許多因素相互作用的結果。各因素之間往往相互連繫，互相影響，互為因果。學習與分析過程中，既要注意理解與病變發生發展相關的橫向連繫，如在病因作用下器官組織的形態、功能、代謝之間的關係；也應注意各病變之間的縱向連繫，如一種病變往往會引發另一個病變過程，如貧血可以引起缺氧等。只有堅持連繫的觀點，明確各病變的相互關係，才能做到全面認識、正確分析病變。

(五) 病理學發展簡史

病理學發展的過程，是人類認識疾病的過程。從古希臘的醫師希波克拉底(Hippocrates，約西元前460—前370) 創立液體病理學說開始，經過2千多年的發展，到18世紀中葉，自然科學的急速發展促進了醫學的進步，義大利醫學家莫爾加尼 (Morgagni，1682—1771) 根據積累的屍檢材料創立了器官病理學 (organ pathology)，提出器官病變與疾病關係，象徵著病理形態學的開端。

19世紀初，伴隨顯微鏡技術、切片染色技術的發展，使人們有可能對組織細胞的形態學變化進行深入觀察。法國學者克洛德·貝爾納 (Claud Bernard，1813—1902) 首先採用實驗生理學方法研究疾病的機能障礙和發生機制，成為病理生理學的創始人。德國病理學家魯道夫·菲爾紹 (Rudolf Virchow，1812—1902) 在顯微鏡幫助下，創立了細胞病理學 (cellular pathology)，認為細胞結構病理障礙是一切疾病的基礎，奠定了近代病理學的基礎。

中國秦漢時期的《黃帝內經》、隋唐時代巢元方的《諸病源候論》、南宋時期宋慈的《洗冤集錄》、清代王清任的《醫林改錯》等世界名著，對病理學的發展作出了很大的貢獻。祖國醫學對病因、病機有獨特的認識，並形成了獨特的理論體系。如病因有外因 (六淫，即風寒暑濕燥火)、內因 (七情，即喜怒憂思悲哀樂)；疾病的發生是內外因素作用的結果 (陰陽失調、五行生剋制化失常、臟腑功能紊亂等)；內臟器官的生理病理現象還會在體表、五官等處表現出來 (即所謂臟象)。

病理的發展與自然科學特別是基礎科學的發展和技術進步有著密切的連繫。20世紀以來，隨著自然科學和醫學基礎科學的飛躍發展，以及電子顯微鏡等各種先進技術的廣泛採用，現代病理學快速興起和發展，使人們對許多醫學基礎理論問題和許多疾病機制的認識，提高到一個新的水準，出現了許多邊緣學科和分支。超微病理學、分子免疫學、分子遺傳學的興起和發展，使病理學不僅侷限於細胞和亞細胞水準，而是逐漸深入到從分子水準，從遺傳基因突變和染色體畸變等去認識有關疾病，研究疾病的起因和發病機制，這些對保護人類健康、促進畜牧業發展發揮了重大作用。

第一章 疾病概論

學習目標

能說出疾病的概念和疾病的基本特徵；能根據不同病因的致病特點和疾病發生、發展的基本規律，在獸醫臨床中分析病因，並採取相應措施控制病因。

任務一 動物疾病的概念和特點

（一）什麼是動物疾病

一般認為，動物疾病是指動物機體在致病因素作用下，發生的損傷和抗損傷過程。在致病因素作用下，體內各器官組織之間、機體與外界環境之間的相對穩定破壞、平衡失調，表現為一系列機能、代謝、形態變化，臨床出現一系列症狀和體徵，造成生產能力下降，經濟價值降低的現象，稱為疾病。

疾病是相對於健康而言的。所謂健康，是指動物機體內部的結構和功能完整而協調，在神經體液的調節下，各系統、各器官、各組織細胞之間的活動相互協調，保持著相對穩定和動態平衡，同時機體與不斷變化的外環境保持協調（即穩態）。

疾病過程中，在致病因素對機體損傷的同時，機體也會調動一切抵抗力量進行抗損傷反應。損傷與抗損傷的對比關係，決定了疾病的發展與恢復。因此要採取適當的措施，消除致病因素造成的損傷，增強機體的抗損傷能力，「扶正」與「祛邪」並舉，促使機體向健康方向轉化。

（二）動物疾病的特點

1. 疾病是病因與機體相互作用的結果 任何疾病都有其特定的病因，沒有原因的疾病是不存在的。雖然有些疾病的病因到目前為止尚未能發現，但隨著科學技術的不斷進步，人們認識水準的提高，這些疾病的病因也終將會被揭示。同時，疾病的發生又與機體本身抵抗力、誘發疾病的條件有密切的關係。所以，只有正確認識疾病的發生原因，才能有效地預防和治療疾病。

2. 疾病是損傷和抗損傷矛盾鬥爭的過程 當致病因素作用於機體產生損傷時，也激發了機體的抗損傷反應。例如創傷後的癒合作用，感染時的炎性細胞浸潤。損傷和抗損傷貫穿於疾病的全過程，雙方力量的消長決定了疾病的恢復（痊癒或死亡）。如果在這一矛盾鬥爭過程中，抗損傷反應占優勢，則大多不以疾病的形式表現出來，即使出現，症狀也較輕微；若致病因素產生的損傷過程占優勢，機體的組織器官就會出現一系列功能、代謝和形態結構的變化，疾病逐漸惡化甚至導致死亡。

3. 疾病是動物機體的異常生命活動過程　動物健康的象徵是機體與外界環境的統一和體內各器官系統的精密協調。疾病發生時，機體的穩態將會被破壞，功能、代謝和形態結構也將發生變化，機體與外界環境之間平衡失調，機體處於異常生命活動過程中（如炎症中的發燒、白血球增生；缺氧時心跳、呼吸加快），嚴重時甚至危及生命。

4. 疾病的象徵是生產性能和經濟價值降低　患病時，動物的產蛋量、產乳量、產肉率，以及動物的繁殖、使役能力等均會下降，甚至包括觀賞動物的觀賞性能都會明顯降低。

5. 疾病是完整統一機體的反應　畜禽機體是一個完整個體，任何疾病都可以表現為以局部或全身為主。二者在疾病過程中能相互影響，並可在一定條件下相互轉化。局部疾病總是受神經與體液調節因素的影響，同時又透過神經和體液因素而影響到全身，引起全身功能和代謝變化。局部病變可以引起全身反應，如心臟衰竭可導致全身瘀血，腎炎可引起全身水腫；全身疾病可以在局部表現，如豬瘟導致脾邊緣梗塞，口蹄疫形成虎斑心；某一器官病變可影響另一器官，如慢性支氣管炎可引起肺源性心臟病，神經損傷可導致局部肌肉萎縮等。在觀察組織器官病變、分析疾病時，應從整體的、相互連繫的觀點出發，辯證地處理好疾病過程中局部和全身的相互關係。切不可只注意局部，忽視全身，那樣就會陷入「頭痛醫頭，腳痛醫腳」的泥潭。

6. 疾病是一個有規律的發展過程　疾病在其發展的不同階段，有不同的變化，這是我們認識疾病的基礎。這些變化之間往往有一定的因果連繫。掌握了疾病發展變化的規律，不僅可以了解當時所發生的變化，而且可以預計它可能的發展和恢復，及早採取有效的預防和治療措施。

（三）病理過程及病理狀態

1. 病理過程　是指存在於不同疾病中但具有共同的功能、代謝和形態結構的變化特點。它本身無特異性，但它是構成特異性疾病的一個基本組成部分。例如，肺炎、腦炎以及所有其他炎症性疾病，都是以炎症這一病理過程為基礎構成的，都可以表現為發燒、白血球增多等。病理過程可以局部表現為主，如血栓形成、栓塞、梗塞、炎症等；也可以全身反應為主，如發燒、休克等。一種疾病可以包含幾種病理過程，如大葉性肺炎時含有炎症、發燒、缺氧甚至休克等病理過程。

2. 病理狀態　是指疾病的主要症狀已經消失，致病因素對機體的損害作用已經停止，但是機體的功能、代謝障礙和形態結構的損傷並未完全康復，往往留下某些持久性的、不再變化的損傷殘跡。病理狀態常是病理過程的後果。例如燒傷後的皮膚疤痕，關節炎後的關節強直，慢性豬丹毒引起的贅生性心瓣病變等。有些病理狀態在一定條件下可轉化為病理過程。如風濕病導致的心瓣膜改變是一種病理狀態，當心臟負荷過度增加時可轉化為心臟衰竭，這就是病理過程。

任務二　病　　因

病因包括致病原因和條件兩方面的因素。其中，原因是引起疾病的必備條件，是指那些能引起疾病並導致該疾病特異性的各種因素，如化學毒物、致病微生物等，沒有原因的疾病是不存在的。條件是指除原因外，其他同時存在的與疾病發生有關的因素，可促進或阻止疾病的發生，包括動物畜別、個體差異及社會條件和自然條件等。原因在一定的條件下發揮致病作用，凡能促進疾病發生的條件因素稱為誘因，如飢飽不勻、飼養管理不良等。

引起疾病的原因有很多，概括起來主要分兩大類，即來自外界環境中的致病因素（外因）和機體內部的致病因素（內因）。

一、外　　因

（一）生物性致病因素

生物性致病因素主要包括各種微生物（病毒、細菌、支原體、衣原體、立克次體、真菌、螺旋體等）和寄生蟲（原蟲、蠕蟲等），是引起動物疾病的最主要的原因，它們可引起各種傳染病、寄生蟲病、中毒病和腫瘤等疾病。

生物性因素致病作用較複雜，主要透過產生外毒素、內毒素、溶血素和蛋白分解酶等引起機體病理損傷，其致病作用具有一些共同特點。

1. 對動物機體的作用有一定的選擇性　主要表現為對易感動物的種屬、侵入門戶、感染途徑和作用部位等有一定的選擇性。如兔不感染豬瘟，狂犬病毒只能從破損的傷口進入，雞的法氏囊病毒主要侵害法氏囊，而其他組織器官通常不發生病變。

2. 具有傳染性　患病動物可透過排泄物、分泌物、滲出物等將病原體排出體外，透過多種途徑傳染給其他易感動物，從而造成疾病的傳播和流行。

3. 有一定的潛伏期　病原微生物從侵入機體開始到出現臨床症狀都需要經過一定的潛伏期。不同病原微生物引起的疾病，其潛伏期長短不盡相同。如雞的新城疫潛伏期為 3～5 d，豬瘟的潛伏期為 5～7 d，但有的可長達 21 d，人的狂犬病潛伏期平均為 30～60 d 或更長，豬乙腦的潛伏期為 3～4 d。

4. 致病作用具有持續性　病原侵入機體後，只要未被機體消滅或清除，就能在體內生長、繁殖並產生毒素，持續發揮致病作用。

5. 有一定的特異性　不同的生物性致病因素作用於機體之後，都可產生相對恆定的潛伏期，比較規律的病程和特異性的病理變化（如豬瘟的腸鈕扣狀腫，豬丹毒的皮膚乾性壞疽）與臨床症狀，同時還引起機體特異性免疫反應。

6. 疾病發生與機體免疫、抵抗力有關　動物的免疫、抵抗力決定著機體是否發病。當機體防禦功能、抵抗能力都強時，雖有病原體的侵入也不一定發病；相反，當機體抵抗力低時，即使平時沒有致病能力或毒力不強的微生物也可引起發病。

（二）化學性致病因素

化學性致病因素是指對動物具有致病作用的化學物質。它可以來自動物體外，稱為外源性毒物，包括農藥、化學產品、重金屬、有毒植物等；也可來自體內，稱內源性毒物，如腎功能不足引起的尿毒症，腸內容物腐敗產生的有毒物質等。凡是由化學毒物引起的疾病，統稱為中毒。根據性質，化學性毒物可分為以下幾類。

1. 無機毒物　主要有酸、鹼、重金屬鹽等，這些物質作用於機體時能使蛋白質、核酸等大分子發生變化，引起組織變性、壞死，導致器官功能障礙。

2. 有機毒物　包括醇類、醚類、氯仿、有機磷農藥（敵百蟲、敵敵畏、樂果）、酚化物、氰化物、有機汞、有機砷以及動物毒液等。

3. 工業毒物　工業「三廢」中含有二氧化硫、硫化氫、一氧化碳等有毒有害氣體常引起環境汙染，進而造成動物中毒。

4. 植物毒素　如蕨科植物、櫟樹葉等。另外，飼料使用不當也可發生中毒，如用調製不當的白菜餵豬，可發生亞硝酸鹽中毒；用嫩高粱葉和亞麻葉餵家畜，常在體內水解為毒性強的氫氰酸。植物毒素是家畜飼料中毒的主要原因。

化學性致病因素的致病作用比較複雜，有的直接損傷細胞組織，有的引起神經系統功能障礙，有的破壞機體的酶系統。化學性致病因素共同的致病特點有：①有些化學物質對機體組織、器官的損傷有一定選擇性，如四氯化碳主要引起肝細胞的變性和壞死（肝毒），一氧化碳主要作用於紅血球使其失去攜氧功能（血液毒），氫氰酸主要導致細胞內呼吸障礙（細胞毒）；②除慢性中毒外，化學性致病因素引起的疾病一般都有較短的潛伏期；③化學性致病因素的作用通常取決於化學物質的性質、劑量和吸收速度，同時與動物的種類、性別、年齡、營養狀況、個體反應性以及飼養管理條件等有一定關係。

（三）物理性致病因素

主要包括溫度（高溫、低溫）、電流、光能、輻射、聲音、機械力等，這些因素達到一定強度或持續作用一定時間即可以造成機體損傷。

1. 溫度因素　高溫作用於全身可引起體溫升高、脫水、中暑等；作用於局部主要引起燙傷、燒傷、炎症等。低溫作用於全身，可引起動物感冒、肺炎等，作用於局部則主要引起凍傷、血管痙攣、局部瘀血、壞死等。

2. 電流因素　對動物造成危害的主要是雷電產生的強電流和日常使用的交流電，電流在局部可導致燒傷、血管麻痺等，如果接觸高壓電流超過 1 s，則可致死。心臟對電流最敏感。電流的損害作用主要是電熱作用（電能轉為熱能造成燒傷）、電解作用（對組織的化學成分進行分解）、電機械作用（電能轉化為機械能，引起組織的機械性損傷）。

3. 光和電離輻射因素

（1）光能的致病作用。普通光線對動物機體一般沒有致病作用。但如果動物在高溫條件下，光線長時間照射頭部，則會導致腦部血管擴張充血或出血，最後體溫上升，引發日射病。馬、牛、豬等家畜採食了含有螢光物質的植物如三葉草、蕎麥等，經過紫外線的照射，可引起感光過敏症。長期大量地照射紫外線，可引起光敏性眼炎、皮膚癌等。大強度的紅外線直接照射眼睛時可引起白內障。

（2）電離輻射的致病作用。常見的電離輻射有 α 射線、β 射線、γ 射線、中子和質子等，均有很強的穿透能力，能夠穿透深層組織直接引起細胞死亡、器官功能障礙、全身出血，以至神經功能紊亂，並易繼發感染，最後可引起死亡。長期大劑量地接觸電離輻射可引起嚴重的放射病，在臨床上主要表現為軟弱、拒食、出血、進行性貧血和體溫升高。

4. 聲波因素 有研究表明，動物在 40 dB 以下的聲音條件下最有利於生長，超過70 dB即為噪音。短時間的噪音可造成動物緊迫反應，如蛋雞產蛋下降、泌乳乳牛產乳量降低等；長時間的噪音刺激可引起動物生長發育不良，生產性能降低。反之，如果動物長時間處於超聲波或次聲波的環境中，其大腦會受到強烈的刺激，表現為恐懼、狂癲不安，甚至突然暈厥或完全喪失自制能力，乃至死亡。

5. 大氣壓的變化 低氣壓和高氣壓對動物機體都有致病作用，但低氣壓對機體影響較大。如高山、高原地區或畜舍通風不良，導致氧分壓下降，可引起機體缺氧症。

6. 機械性致病因素 是指機械力的作用，分為外源性和內源性的機械力。外源性的機械力主要包括各種銳器、鈍器的損傷，衝擊波的作用等，可使機體發生創傷、骨折、扭傷、挫傷和脫臼等；內源性的機械力主要來源於機體內部的腫瘤、膿腫、結石、寄生蟲等，對組織細胞產生機械性的壓迫或引起管腔的阻塞，引發相應的損傷和疾病。

物理性致病因素的特點是：①除光能外，一般沒有潛伏期，或僅有很短的潛伏期；②致病方式簡單，一般只在疾病開始時起作用，不參與以後的疾病發展過程；③對組織沒有選擇性，作用結果都會產生明顯的組織損傷；④致病作用一般與機體的自身狀態無關，主要取決於其強度、性質、作用部位和範圍。

（四）營養性因素

機體生命活動所必需的營養物質主要包括醣、蛋白質、脂肪、各種維他命、水和無機鹽類（鉀、鈉、鈣等），以及某些微量元素（鐵、銅、鋅、碘等）。營養不足或過多皆能成為疾病發生的原因或條件。如維他命 A 缺乏可引起夜盲症，維他命 D 缺乏可引起佝僂病，日糧中缺乏維他命 E 或硒，可引起雛雞腦軟化、滲出性素質及肌營養不良；而攝取維他命 A 或維他命 D 過多也可引起中毒。此外，營養不良又可成為某些疾病如結核病的發生條件。

二、內　　因

疾病的內因主要是指機體的防禦能力降低，機體對致病因素的反應性以及遺傳性改變等。一般來說，機體對致病因素感受性小，防禦能力強時，不易發病或病情較輕；反之則易發病，病情較重。應當指出，有的內因可單獨作為病因而直接引起疾病，如遺傳性疾病和自身免疫性疾病等。

（一）機體防禦功能及免疫功能降低

1. 屏障功能 機體的屏障結構包括皮膚、黏膜、骨骼、肌肉、淋巴結、血腦屏障、胎盤屏障等。當屏障結構遭到破壞或其功能發生障礙時，可使機體防禦能力下降而發病。

(1) 皮膚。皮膚的表皮由鱗狀上皮組成，其表層角質化，可以阻止病原微生物入侵和化學毒物的侵蝕；上皮細胞不斷脫落更新，可清除皮膚表面的微生物；汗腺、皮脂腺的分泌有一定的殺菌和抑菌作用；皮膚中分布有豐富的感覺神經末梢，透過神經反射能使機體及時避開某些致病物質的損害。因此，當皮膚的完整性遭到破壞或其分泌功能和感覺功能障礙時，均可使機體發生感染和遭受各種有害因子的入侵。

(2) 黏膜。黏膜分布於機體的消化道、呼吸道、泌尿生殖道等，具有機械阻擋和排除作用，如氣管的纖毛柱狀上皮會將呼吸道內的微粒、粉塵、病原微生物等排出體外，同時阻止異物的入侵；淚液、胃液有殺菌功能；黏膜的感受器也非常敏感，當受到刺激時，可以引起反射性的咳嗽、噴嚏、嘔吐，將異物排出體外。當黏膜受損時，毒物易從損傷處吸收，成為感染的門戶。

(3) 肌肉、骨骼。保護神經系統和內臟免受外界因素的影響。

(4) 淋巴結。是機體的免疫器官之一，當病原微生物透過皮膚、黏膜屏障時，首先被淋巴結阻留，由吞噬細胞吞噬，毒力較弱的病原體在淋巴結內大部分被殺滅，毒力強的病原體使淋巴結髮炎腫大，呈現防禦反應。因此，淋巴結的功能或結構受損，將有利於病原體在體內的蔓延擴散。

(5) 血腦屏障（圖 1－1）。由介於血液循環與腦實質間的軟腦膜、脈絡膜、室管膜、微血管內皮細胞和星形膠質細胞的血管周足組成，可阻止細菌、某些毒素、大分子物質從血液進入腦脊液或中樞神經。若血腦屏障被破壞，則可使中樞神經系統遭受病原體的侵害，出現致命性疾病。如狂犬病毒、乙型腦炎病毒，可破壞血腦屏障，從而侵入腦組織，引起神經症狀。

(6) 胎盤屏障。由母體血管、胎盤組織和胎兒血管構成，可阻止母體的病原體透過絨毛膜進入胎兒血液循環感染胎兒，從而保護胎兒不受傷害。如布魯氏菌能破壞胎盤屏障，引起流產。

2. 吞噬和殺菌作用 存在於脾、淋巴結、骨髓的網狀細胞、肝臟中的庫佛氏細胞、疏鬆結締組織中的組織細胞、血液的單核細胞、肺泡壁的塵細胞、神經組織的小膠質細胞，包括淋巴結及脾臟的巨噬細胞構成了機體的單核巨噬細胞系統，可以吞噬一些病原體、異物顆粒、衰老的細胞，並靠細胞質內溶酶體中的酶將吞噬物消化、溶解（圖 1－2）。血液中的中性粒細胞能吞噬抗原抗體複合物，並透過酶本身的消化、分解作用，減弱有害物質的危害。此外，胃液、淚液、汗液等都有殺滅病原體的作用。當機體的吞噬和殺菌能力降低時，易發生感染性疾病。

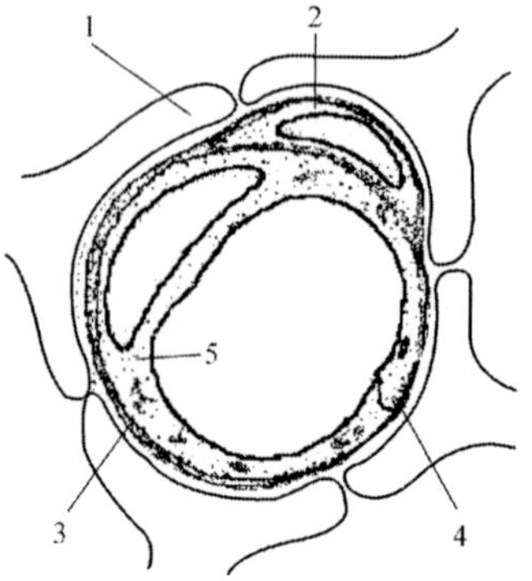

圖 1－1　血腦屏障

1. 星形膠質細胞腳板　2. 周細胞　3. 基板

4. 細胞之間緊密連接　5. 內皮細胞

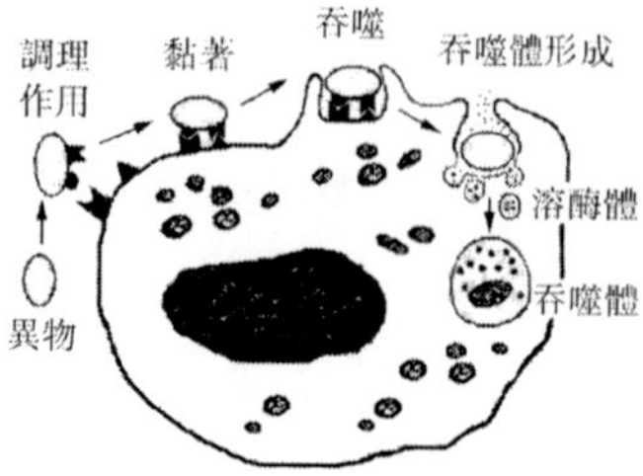

圖 1－2　白血球吞噬過程

3. 解毒功能　肝臟是機體的解毒器官。肝細胞透過生物氧化過程，將來自血液中的各種有毒有害物質轉化為無毒或低毒物質經腎臟排出體外。當肝功能不全或肝組織結構遭到破壞時，如肝炎、肝中毒性營養不良等，其解毒功能降低，易發生中毒性疾病。

4. 排泄功能　呼吸道黏膜上皮的纖毛運動，咳嗽、噴嚏以及消化道的嘔吐、腹瀉，腎臟的泌尿功能等，都可將有害物質排出。若機體的排泄功能降低，有毒物質在體內蓄積，則可促進某些疾病的發生，如水腫、尿毒症等。

5. 特異性免疫反應　機體的特異性免疫反應主要是由 T 淋巴細胞、B 淋巴細胞來實現的。當受到抗原刺激後，T 淋巴細胞可釋放各種淋巴因子，實現細胞免疫；B 淋巴細胞可轉化為漿細胞，產生抗體，實現體液免疫。當特異性免疫功能降低時，易發生各種病原微生物和寄生蟲的感染，而且惡性腫瘤的發生率也大大升高。

（二）機體的反應性

機體的反應性是機體對各種刺激的反應性能，對疾病的發生及其表現形式有重要的影響，它是動物在種系進化和個體發育過程中形成與發展起來的。機體的反應性主要與以下幾方面相關：

1. 種屬　動物種屬不同，對同一致病因素的反應性不同。如食草動物感染炭疽桿菌，一般可引起敗血症，而豬通常只引起局部感染；犬不會感染口蹄疫病毒，豬不感染牛瘟等。這是動物在進化過程中獲得的一種先天性非特異性免疫能力。

2. 品種與品系　同類動物的不同品種與品系對同一致病因素的反應性也不同。如綿羊多發生惡性水腫（腐敗梭菌感染），而在山羊則比較少見；禽白血病多見於家養雞，而火雞、山雞、野雞少見；某些動物由於品種品系不同，對錐蟲、布魯氏菌等發生率有明顯差別。這也提示了可透過育種途徑改良品種與品系，從而減少某些疾病的發生。

3. 年齡　幼齡動物的反應性通常較低，這是由於其神經系統和屏障結構及免疫系統均未發育完善，故容易發生消化道和呼吸道疾病，而且一旦受傳染病侵害時，其經過也較嚴重，如仔豬白痢、犢白痢、雛雞白痢等。成年動物隨著神經系統及屏障結構發育完善，對各種致病因素的反應性也較大，抵抗力較強，如成年雞對馬立克病毒的抵抗力，比 1 日齡雛雞強 1 000～10 000 倍。老齡動物由於代謝功能逐漸下降，神經系統的反應性降低，屏障功能減弱，易發生各種疾病，發病時，組織損傷嚴重，再生修復過程也較緩慢。

4. 性別 性別不同，對致病因素的反應性也不同，這主要是與神經-激素調節系統的特點有密切的關係。如雞和牛的白血病，通常是雌性動物的患病率高於雄性。

（三）遺傳因素

動物的體質特徵和對各種致病因素的反應性是由遺傳物質決定的，遺傳物質的改變可直接引起某些遺傳性疾病，可大致分為兩種。

1. 遺傳性疾病 由於病毒、射線或某些化學物質的作用而引起基因或染色體的改變。如基因突變可引起分子病（苯丙酮尿症、白化病等），染色體畸變（數目或結構的變化）可引起染色體病（先天愚型等）。

2. 遺傳易感性 指易患某些疾病的遺傳特性，即具有「遺傳素質」。在外界環境因素影響下，較其他動物易患某些疾病。如高血壓病、消化性潰瘍、糖尿病等。

（四）機體的緊迫改變

所謂緊迫是指機體在受到各種內外環境因素刺激時所出現的非特異性全身反應。在一般情況下，緊迫對機體是有利的，能提高機體對外界環境的適應力。但是，緊迫反應過強或持續時間過久，則對機體發生損害，造成病理損傷。

緊迫反應的發生是正常機體在緊迫原的作用下，使交感-腎上腺和垂體-腎上腺皮質功能增強，以及甲狀腺等其他內分泌功能改變實現的。這些變化將重新調整機體的內環境平衡狀態，以抵抗緊迫原的作用，但這種變化了的內環境常常以增加器官的負荷或自身防禦功能的消耗為代價，因此過分強烈或長時間的緊迫狀態將造成機體適應能力的降低或適應潛能的耗竭，最終導致疾病的發生或發展。加強飼養管理，避免產生引起相應疾病的緊迫原，可降低緊迫性疾病發生的機率。

三、疾病發生的條件

任何疾病的發生都是內因、外因相互作用的結果，但應該具體問題具體分析。一般來說，生物性致病因素引起疾病時，內因起決定作用；物理性、化學性致病因素引起的疾病，外因起決定性作用。

疾病的發生除了有內因和外因之外，還有發病的條件，即所謂的誘因。誘因的種類繁多，主要包括氣候、溫度、濕度等客觀條件，如低溫潮濕的環境不但可誘發動物的風濕症，而且可以使飛沫傳播媒介的作用時間延長，誘發呼吸道疾病。發病條件還包括社會制度、科技水準、社會環境等人為因素。誘因能夠加強某一疾病或病理過程，因此，在畜牧業生產上，要為畜禽創造一個有利於增強機體防禦功能，而不利於病原微生物生長繁殖的環境條件，以減少疾病的發生。

任務三　疾病發生的一般機理

研究疾病發生及發展的一般規律和共同機制，探討疾病是如何發生的科學稱為發病學。不同疾病各有其特殊性和不同的發病機制，但就所有疾病而言又有其共同的發病機制和發病規律。

近年來，隨著醫學基礎理論的飛速發展，各種新方法新技術的應用，不同學科間的橫向連繫，使疾病基本機制的研究逐漸地從系統水準、器官水準、細胞水準深入至分子水準。不同的致病因素作用於動物機體，其致病方式雖然各不一樣，但歸納起來，可以分為如下幾個方面。

（一）致病因素對組織器官的直接損傷作用

某些致病因素可以直接作用於組織器官。如高溫所致的燒傷、燙傷；強酸、強鹼對組織的腐蝕作用；機械性因素引起的創傷。某些病因在進入機體後有選擇性地作用於某一組織或器官，引起相應的病理變化。如一氧化碳侵入機體與血紅素結合，使血紅素變性，造成機體缺氧；四氯化碳引起的肝臟壞死等，都是致病因素直接作用引起的組織損傷。

（二）致病因素對神經系統功能的作用

致病因素可以直接或間接影響神經系統的功能而影響疾病的發生和發展。

1. 直接作用於神經中樞　在感染、中毒、缺氧等情況下，致病因素可直接作用於神經中樞，引起神經功能障礙。如狂犬病、各種腦炎、一氧化碳中毒、中樞神經創傷等。

2. 神經反射作用　病因作用於感受器，透過反射活動引起相應的疾病或病理變化。如飼料中毒時出現的嘔吐與腹瀉；破傷風引起的神經感覺敏感；缺氧時氧分壓下降刺激頸靜脈竇及主動脈弓的化學感受器，使呼吸加深加快；烈日照射皮膚，達到一定的時間可引起局部充血；以及失血引起的反射性交感神經興奮等，都是透過神經反射引起的損傷與抗損傷反應。

（三）致病因素對體液的作用

體液是機體活動的內環境，某些致病因素可使體液的質、量發生改變，使內環境穩定性遭到破壞，引起一系列的病理損傷。如大失血可引起機體脫水和酸中毒、水腫時體液量增多等。體液的酸鹼度、滲透壓和各種電解質含量及比例改變、激素和神經介質增多或減少、酶活性的改變等都可引起機體出現一系列的變化，導致嚴重後果。

（四）致病因素對細胞和分子的作用

致病因素作用於機體後，直接或間接作用於組織細胞，造成某些細胞代謝功能障礙，引起細胞的自我調節紊亂，這是疾病發生的細胞機制。隨著分子生物學的快速更新，分子病理學也隨之不斷發展。人們對疾病的認識從細胞水準提高到了分子水準，即從分子水準闡述疾病發生的機制，這是當前生物醫學發展的重要方向。

上述四種致病方式在疾病發生過程中不是孤立的，而是相互關聯的，只是在不同疾病的不同發展階段以某一作用為主。在致病因素直接作用於組織的同時，也作用於組織中的神經系統；致病因素引起組織損傷後，產生的各種組織崩解產物及代謝產物也可進入體液，引起一系列的病理變化。

任務四　疾病發展的一般規律

(一) 損傷和抗損傷的相互關係

疾病是損傷與抗損傷的鬥爭過程。致病因素作用於機體後，一方面可使機體的功能、代謝、形態結構發生損傷，另一方面也激發機體各種抗損傷性的防禦、代償、適應和修復反應。這種損傷與抗損傷的鬥爭貫穿於疾病的始終。如果損傷較輕，機體充分動員抗損傷反應並有及時、適當的治療，即可逐漸好轉而恢復健康；如果損傷嚴重，抗損傷反應不足以抗衡損傷導致的功能、代謝、形態結構的改變，又無適當的治療，則疾病逐漸惡化而最終導致死亡。例如機體攝取不潔食物或腸道微生物感染時，可引起機體消化道上皮細胞變性、壞死、脫落等損傷，同時又導致腸管蠕動加強、分泌增強、嘔吐、腹瀉等抗損傷反應，以便排出有害物質。如果病理損傷不嚴重，機體透過上述抗損傷反應，可逐漸好轉直至痊癒。反之，如果消化道內微生物未清除乾淨，細菌產生毒素，損傷嚴重，則病情逐漸加劇。

此外，疾病過程中，損傷和抗損傷雙方在一定條件下可以互相轉化。如上述例子中，如果嘔吐、腹瀉這種抗損傷反應過度劇烈，則機體喪失大量的水分和電解質，造成機體脫水和酸中毒，對機體又是一種新的損傷。所以正確區分疾病過程中的損傷和抗損傷反應，有著重要的實踐意義。在治療疾病時，應具體問題具體分析，採取適當的治療措施，加強抗損傷反應而去除或減輕損傷變化，促進疾病的康復。

(二) 因果轉化關係

因果轉化是疾病發生發展的基本規律之一。原始病因作用於機體引起的損傷（結果），又可引起新的病變，成為新的病理變化的原因。原因與結果不斷轉換，形成鏈式發展的疾病過程。

例如機械力造成創傷，使血管破裂而引起大出血，大出血使心輸出量減少和血壓下降，血壓下降可造成組織供血減少和缺氧，組織缺氧又可導致中樞神經、呼吸及循環各系統功能下降，引起失血性休克。這種因果轉化，使疾病在鏈式發展過程中不斷惡化而形成惡性循環。如果及時採取止血、補充血容量等措施，即可在某一環節上切斷因果轉化和疾病的鏈式發展，阻斷惡性循環，使疾病向著有利於康復的方向發展。

值得注意的是，疾病過程的因果轉化有時很複雜，同一個原因可能引出幾個結果，要注意掌握因果轉化鏈上的主要病理變化結果，即主導環節，採取合理的醫療措施，預防其主導環節的發生或切斷主導環節的發展，防止惡性因果轉化，提高機體的抵抗力，使其形成良性轉化。

（三）局部與整體的關係

機體是一個統一的整體，任何疾病都是完整統一機體的複雜反應，局部病理變化是全身反應的一個組成部分，它既受整體影響，又影響整體，二者有著內在的密切連繫，不可分割。如炎症是局部的，但常常會引起全身性反應。炎症能否擴散，多取決於全身狀況。所以，在治療疾病時，既要考慮局部用藥，又要針對全身狀態增加營養，提高機體抵抗力。

有時局部病理變化可能成為整體疾患的主導環節。如腸梗阻、惡性腫瘤等。另外，局部病變，有的還是整體疾病的象徵，如口蹄疫時的口蹄部病變、豬丹毒的皮膚疹塊、豬瘟的腸鈕扣狀腫等。因此，在進行疾病診治時，既要有整體觀念，又不能忽視局部變化，只有進行全面具體的分析，才能正確認識和防治疾病。

任務五　疾病的經過

疾病從發生到結束的整個過程，稱為疾病的經過或疾病過程。由於損傷和抗損傷矛盾雙方力量的對比不斷變化，疾病的經過常呈現不同的階段性，有的疾病經過階段性表現明顯，有的表現不明顯。一般由生物性致病因素引起的傳染病，其階段性表現明顯，通常可分為四個階段，即潛伏期、前驅期、症狀明顯期和恢復期。

（一）潛伏期

從致病因素作用於機體開始，到機體出現最初的臨床症狀為止的一段時間稱為潛伏期。潛伏期的長短主要取決於微生物的致病能力、機體所處的環境及自身的免疫力。一般來說，微生物的毒力強，機體抵抗力弱時，潛伏期短，反之則長。如豬瘟自然感染的潛伏期一般為 5～7 d；雞新城疫的潛伏期為 3～5 d，豬丹毒潛伏期為 3～5 d。有的疾病潛伏期與致病因素的作用部位有關，如狂犬病毒入侵部位離中樞越近，則潛伏期越短。

（二）前驅期

從疾病出現最初症狀開始，到疾病的主要症狀出現為止的這一段時期稱前驅期。前驅期長短可由數小時到數天不等。在這一段時期內，機體的活動及反應性均有所改變，損傷與抗損傷變化均加重，出現一些非特徵性的臨床症狀，如精神沉鬱、食慾減退、呼吸和脈搏增數、體溫升高、生產性能降低等。在此期如果治療得當，機體防禦功能增強，疾病可向好的方面轉化，反之，疾病將繼續發展。

（三）症狀明顯期

症狀明顯期是指疾病的特徵性症狀或全部主要症狀表現出來的時期。不同疾病在這一時期持續的時間是不一樣的，如口蹄疫為 1～2 週；馬腺疫為 1 週左右。在這一時期裡，動物機體的損傷與抗損傷達到一個新的水準，但以病因造成的損傷更具有優勢，故患病動物呈現出一系列的特徵性症狀。研究此期機體的功能、代謝和形態結構的變化，對疾病的正確診斷和合理治療有著十分重要的意義。

（四）恢復期

恢復期是指疾病的最後階段。在這一階段中，如果機體的防禦功能、代償適應和修復能力得到充分的發揮，並在損傷與抗損傷的鬥爭中占優勢，則疾病好轉最後康復；反之，機體的抵抗力減弱，則損傷加劇，疾病惡化，甚至死亡。疾病的恢復可分為完全康復、不完全康復和死亡。

1. 完全康復　也稱痊癒。此時，病因作用停止，患病動物的臨床症狀消失，損傷的組織細胞形態結構、功能和代謝完全恢復正常，機體內部各器官系統之間以及機體與外界環境之間的平衡關係完全恢復，重新建立「穩態」，動物的生產能力也恢復正常。傳染病痊癒後的機體還能獲得特異性免疫力。

2. 不完全康復　也稱不完全痊癒。特點是雖然病因作用停止，臨床主要症狀基本消失，但機體的形態結構、功能和代謝未能完全恢復正常，機體處於病理狀態，往往遺留下某些持久性的損傷殘跡，機體藉助於代償作用來維持正常生命活動。如心內膜炎時瓣膜孔狹窄，風濕病遺留下的心瓣膜病變，類風濕性關節炎遺留下的關節畸形，乳腺炎造成的結締組織增生等。這些病理狀態常可因負荷過重導致代償失調而引起疾病再發。

3. 死亡　死亡是生命活動的終止。死亡過程有其特殊規律，機體的瞬間死亡稱為急死或驟死，往往沒有任何前驅期症狀而突然死亡，常見於生命重要器官的嚴重損傷，如心肌梗塞和腦出血等。一般疾病的死亡，有一定的發展過程，可分為三個階段。

（1）瀕死期。又稱臨終期，是臨床死亡的一種特殊狀態，此時全身各系統功能活動嚴重障礙和失調，腦幹以上中樞神經功能喪失或深度抑制，腦幹以下功能尚存，主要表現為反射基本消失，心跳變慢，血壓下降，呼吸時斷時續，體溫降低，糞尿失禁等。

（2）臨床死亡期。此期的主要特徵為心跳、呼吸停止，各種反射消失，瞳孔散大，延髓處於深度抑制和功能喪失狀態，但細胞組織仍維持微弱代謝。

在瀕死期或臨床死亡期，因機體的重要器官的代謝活動尚未停止，此時若採取急救措施，機體有復活的可能，因此，這兩期也稱死亡的可逆時期。

（3）生物學死亡期。是死亡的不可逆階段。此時從大腦皮層開始，各器官組織細胞代謝活動停止，出現不可逆的變化，是動物真正死亡的時期。

知識拓展

緊　迫

緊迫本身不是一種疾病，但卻是誘發多種疾病發生的原因。在獸醫臨床中，往往有一些疾病找不到特異性病原，實際上很多是由緊迫引起的。對規模養殖場來說，採取適當措施，預防緊迫性疾病的發生，對於保護畜禽健康、提高養殖效益具有十分重要的意義。

一、緊迫與緊迫原

1. 緊迫　也稱壓力反應，是指機體在受到體內外各種強烈因素刺激時，出現的以交感神經興奮和垂體-腎上腺皮質分泌增多為主的一種全身適應性反應。

任何刺激，只要達到一定的強度，除了引起與刺激因素直接相關的特異性變化外，還可以引起與刺激因素性質無直接關係的全身性非特異性反應，如心跳加快、血壓升高、肌肉緊張、分解代謝加快、血漿中某些蛋白的濃度升高等，以提高機體的適應能力和維持內環境的穩定。因此可以認為，緊迫是機體應對各種內外因素刺激時出現的一種非特異性防禦反應。

緊迫反應可分為急性和慢性兩種情況，急性緊迫是指機體受到突然的刺激發生的緊迫（如驚嚇），慢性緊迫是指機體長期而持久的緊張狀態（如豬水腫病）。

許多疾病或病理過程都伴有緊迫，這些疾病，除了有其本身的特異性的變化外，又有緊迫所引起的一系列非特異性的變化，因此緊迫也是這些疾病的一個組成部分。但這些還不能算是緊迫性疾病，只有以緊迫所引起的損害為主要表現的疾病，才稱為緊迫性疾病。

2. 緊迫原　引起緊迫反應的各種刺激因素，稱為緊迫原。任何刺激因素只要達到一定強度，都可成為緊迫原。來自於外界的緊迫原有氣溫劇變、手術、感染、缺氧、中毒、運輸時震動或擁擠、注射、噪音、過度勞役、斷乳、斷喙等。動物體內因素如飢餓、各種因素引起的精神緊張、內分泌激素增加、酶和血液成分改變等，既可以是緊迫原，也可以是緊迫反應的一部分。

二、緊迫時機體病理生理變化

（一）神經內分泌反應

主要表現為以交感神經興奮、兒茶酚胺分泌增多和下視丘、垂體-腎上腺皮質分泌增多為主的一系列神經內分泌反應，以適應強烈刺激，提高機體抗病的能力。

1. 交感-腎上腺髓質反應　緊迫時，交感神經興奮，血漿中腎上腺素、去甲腎上腺素和多巴胺的濃度迅速增高，使動物心率加快、呼吸加深加快、血糖和血壓升高、血液重新分布，以保證心、腦和骨骼肌的血液供應。透過這些變化可以充分動員機體的潛在力量，應付環境的急遽變化，以保持內環境的相對穩定。但也會給機體帶來不利的影響，如過多能量消耗，心肌耗氧量增加，易導致心肌缺血；外周小血管收縮，導致組織缺血；兒茶酚胺可促使血小板數目增多及黏附聚集性增強，增加了血液黏滯度，促進血栓形成。

2. 下視丘-垂體-腎上腺皮質變化　緊迫時，透過下視丘-垂體-腎上腺皮質系統相互作用，產生大量的糖皮質激素，並快速釋放到循環血液中。這是緊迫最重要的一個反應，對機體的抗有害刺激起著極為重要的作用。關於其提高機體對刺激的抵抗力的機制，目前認為，糖皮質激素有促進蛋白質分解和糖異生作用，可以補充肝糖原的儲備，提高血糖水準；可提高心血管對兒茶酚胺的敏感性；抑制化學介質的生成、釋放和啟動，防止發生過強的炎症、變態反應等。腎上腺皮質分泌的皮質類固醇如果長時期增多，對身體能起破壞作用，例如能逐漸減慢抗體的產生，損傷胸腺及淋巴結，使機體的免疫功能下降等。

3. 其他激素分泌變化 除上述內分泌變化外，緊迫時機體多種激素分泌也會發生改變。如血漿中促腎上腺皮質激素（ACTH）、加壓素（ADH）、醛固酮、胰高血糖素、生長激素等常增多，而血漿胰島素含量通常偏低。胰高血糖素能促進糖原異生和肝糖原分解，是引起緊迫性高血糖的重要激素。生長激素分泌增多，具有促進脂肪的分解和動員，抑制細胞對葡萄糖的利用而升高血糖、促進胺基酸合成蛋白質、保護組織的作用。這些激素的變化，相互促進，以維持體內環境平衡協調，增強機體的非特異性抵抗力。

（二）物質代謝變化

嚴重緊迫時，代謝率升高十分顯著。機體處於分解代謝大於合成代謝狀態，其意義在於為機體應付「緊急情況」提供足夠的能量。但如持續時間長，則可因消耗過多，造成物質代謝的負平衡，導致患畜出現消瘦、衰弱、抵抗力下降等不良後果。超高代謝主要與兒茶酚胺分泌量的增加密切相關。

1. 糖代謝的變化 緊迫時，由於糖原分解和糖異生增強，可出現緊迫性高血糖或緊迫性糖尿。主要是由於兒茶酚胺、胰高血糖素、生長激素、腎上腺糖皮質激素等促進糖原分解和糖原異生以及胰島素的相對不足所致。肝糖原和肌糖原在緊迫的開始階段有短暫的減少。隨後由於糖的異生作用加強而得到補充。組織對葡萄糖的利用減少（但腦組織不受影響）。這些變化與緊迫的強度相平行。

2. 脂肪代謝的變化 由於腎上腺素、去甲腎上腺素、胰高血糖素等脂解激素增多，脂肪的動員和分解加強，因而血中游離脂肪酸和酮體有不同程度的增加，同時組織對脂肪酸的利用增加。

3. 蛋白質代謝的變化 蛋白質分解加強，而合成減弱，尿氮排出量增多，出現負氮平衡。嚴重緊迫時，負氮平衡可持續較久。

（三）機體機能變化

1. 循環系統變化 緊迫時，由於交感神經興奮和兒茶酚胺釋放增多，心血管系統整體功能全面提高，出現心率加快、心收縮力加強、外周總阻力增高以及血液的重分布等變化，有利於提高心排血量，提高血壓，保證心、腦和骨骼肌的血液供應，有十分重要的防禦代償意義。但同時也因外周小血管收縮，微循環血液灌流量減少，皮膚、腹腔內臟和腎缺血缺氧，心肌耗氧量增多、心肌壞死等，當緊迫原的作用強烈而持久時，會導致循環衰竭而使重要器官損害，引起休克甚至死亡。

2. 消化道變化 緊迫時，由於交感-腎上腺髓質系統的興奮，使胃和十二指腸黏膜的小血管也發生收縮，胃腸黏膜的血液灌流量顯著減少，於是黏膜發生缺血缺氧，導致黏膜損傷。同時糖皮質激素分泌過多抑制黏膜的修復。前列腺素的降低減少了胃黏液的合成，加強了胃酸及胃蛋白酶的分泌，可以使胃腸黏膜上皮細胞變性，甚至壞死，並易受胃酸和蛋白酶的消化而引起出血、糜爛以致潰瘍。因此胃腸黏膜急性出血、糜爛或潰瘍是緊迫的主要特徵之一，常稱為急性緊迫性潰瘍。

3. 血液變化 急性緊迫時外周血中白血球數目增多，臨床上常用外周血液的嗜酸性粒細胞計數作為緊迫的指標之一。血小板數增多、黏附力增強、部分凝血因子濃度升高，表現出抗感染能力和凝血能力增強，但也易於引起血栓和瀰漫性血管內凝血（DIC）。由於兒茶酚胺分泌增多，促使血管內皮細胞釋放出纖溶酶原刺激物，引起纖溶酶活性增強。

慢性緊迫時，動物機體可出現貧血，血清鐵降低，狀似缺鐵性貧血，但補鐵治療無效。

4. 泌尿機能變化 緊迫時，腎血管收縮，腎血流量減少，腎小球濾過率降低，加壓素（ADH）分泌增加，水的重吸收增強，出現尿少症狀。腎泌尿功能變化的防禦意義在於減少水、鈉的排出，有利於維持循環血量。但腎缺血引起泌尿功能障礙，可導致內環境紊亂。

5. 免疫功能變化 免疫功能變化較為複雜，這主要是由於神經內分泌功能變化，可以多種途徑和水準改變機體的免疫力。急性緊迫時，血漿中非特異性急性期蛋白（如 α_1 抗胰蛋白酶、纖維蛋白原、纖溶酶原、凝血因子Ⅷ等）的變化，對機體有重要的防禦意義。而持續強烈的緊迫反應時，血清中出現多種免疫抑制因子，抑制巨噬細胞對抗原的吞噬和處理，抑制 NK 細胞的殺傷活性，阻礙淋巴細胞 DNA 合成，損傷漿細胞，使細胞免疫和體液免疫均受到抑制。這種免疫抑制可保護機體免受更嚴重的損傷，但也降低了機體的免疫功能和對病原體的抵抗力。

6. 主要病理變化 緊迫引起的器官形態學變化主要見於腎上腺和消化道。

（1）腎上腺。急性緊迫時，腎上腺體積變小、顏色淺黃色，有散在的小出血點。當緊迫原很快消除後，腎上腺能迅速再現脂肪顆粒和表現正常脂質水準。當緊迫原弱而持久時，可見腎上腺皮質增厚，腺體寬度增加。長期緊迫，可見腎上腺腫大。腎上腺病變可做緊迫的指征。

（2）消化道。胃腸黏膜出血、糜爛或潰瘍。由緊迫引起的消化道潰瘍，稱為緊迫性潰瘍。主要發生在胃和十二指腸黏膜，表現為黏膜缺損、多發糜爛，或表現為單個或多個潰瘍。

三、緊迫的生物學意義

緊迫可分為生理性（良性）緊迫和病理性（惡性）緊迫。生理性緊迫是日常生活的重要組成部分，動物機體總是處於一定的緊迫狀態下，沒有緊迫反應，機體將無法適應隨時變化的內外環境。適度的緊迫可以激發體內神經內分泌系統變化，引起機體功能和代謝改變，維持機體平衡，提高了機體對內外環境因素的適應能力。當緊迫反應過於強烈或持久，超過了機體的代償限度時，內環境的穩定性破壞，這就意味著疾病的開始甚至死亡的到來，這種緊迫就稱為病理性緊迫。

在現代化的畜牧業規模經營和生產管理中，存在著很多緊迫原，這些緊迫原可引起機體表現出不同的臨床症狀和病理反應，使動物的生產性能下降，甚至發病、死亡。因此在畜牧獸醫實踐中，緊迫已被人們越來越重視。從改良品種、改善飼養管理條件和方式、注重動物福利、調整飼料配方等各個方面，採取多種措施，盡量減輕或避免緊迫原引起的病理反應，防止疾病的發生。

四、緊迫的防治原則

(1) 培育抗緊迫品種。不同品種的動物對緊迫的敏感性不同，可透過培育，選擇抗緊迫性能強的品種。

(2) 養殖場畜禽舍的建築結構應科學合理，生產中注意維持和改善舍內溫度、濕度、空氣品質等小環境條件。

(3) 實行科學飼養管理，合理分群分欄，保持適宜的飼養密度。飼料營養水準要能滿足動物的需要，定時定量飼餵。不餵發霉飼料，飲水要清潔消毒，飼槽及水槽設施充足，防止搶食鬥毆。飼料中適當添加維他命、微量元素（鉻、銅、硒等），可提高動物抗緊迫能力。

(4) 注意畜禽舍衛生，及時做好滅鼠、滅蠅、滅蚊和防疫消毒工作。

(5) 及時正確地處理伴有病理性緊迫的疾病或病理過程，如創傷、感染等，以盡量防止或減輕對機體的不利影響。

五、動物常見緊迫性疾病

(一) 豬緊迫性疾病

1. 猝死症候群　一般發生於驅趕捕捉、注射、公畜配種、炎夏擁擠、互相咬鬥、運輸、驚嚇等情況，無任何臨床症狀而突然死亡。有的死前可見尾巴快速震顫、全身僵硬、張口呼吸、體溫升高，白色豬可見皮膚紅斑，一般病程只有 4～6 min。動物屍僵完全，屍體腐敗迅速。剖檢可見內臟充血，心包液增加，肺充血、水腫，甚至出血。有的還可見臀中肌、股二頭肌、背最長肌呈蒼白色。本病的發生可能與交感-腎上腺髓質系統高度興奮，使心律嚴重失常並迅速引起心肌缺血而導致突發性心臟衰竭有關。

2. 豬緊迫症候群　多發生於緊迫敏感豬。見於運輸、過熱、擁擠緊迫等。早期出現肌肉震顫、尾抖，繼而發生呼吸困難，心悸，皮膚出現紅斑或紫斑，體溫升高，可視黏膜發紺，最後衰竭死亡。屍僵快，屍體酸度高，肉質呈現如水豬肉、暗豬肉、背最長肌壞死等變化。

(1) 水豬肉。亦稱白肌肉、PSE 豬肉，多與遺傳易感性有關。因過度緊迫，糖原酵解加快，乳酸增加，pH5.7 以下，肌纖維膜變性，肌漿蛋白凝固收縮，肌肉保水能力降低。可見腰肌、股肌等處豬肉色澤灰白，質地鬆軟，缺乏彈性，切面多汁。組織學檢查，可見肌纖維變粗，橫紋消失，肌纖維分離，甚至壞死。常被誤認為肌肉變性，易與白肌病相混淆。

(2) 暗豬肉。即黑乾豬肉、DFD 豬肉，多因宰前受強度較小、但時間較長的緊迫原刺激所致。由於肌糖原消耗較多，產生乳酸少，宰後肌肉的 pH 相應偏高。眼觀豬肉色澤暗紅，質地粗硬，切面乾燥，不見汁液滲出。

(3) 成年豬背肌壞死。表現為雙側或單側性背肌的無痛性腫脹，背肌蒼白、變性、壞死。個別豬因酸中毒死亡。

(4) 腿肌壞死。病變主要發生在腿肌，外觀特點與白肌肉相似，色澤蒼白，切面多水，但質度較硬，鏡下觀察主要為急性漿液性壞死性肌炎，肌肉呈壞死、自溶及炎症變化，宰後 45 min 以後病變部肌肉 pH 高達 7.0～7.7，甚至更高。主要因長途運輸中捆綁、擠壓引起。

3. 豬咬尾症 是由於營養代謝機能紊亂、味覺異常和飼養管理不當等引起的一種緊迫症候群，如豬群密度太大，飼料中缺乏蛋白質或某些胺基酸、維他命、礦物質和微量元素等均可引發。24～40 kg 豬發生率較高，尤其多見於仔豬斷乳分群飼養時，常從一兩頭仔豬咬尾開始，多頭仔豬咬成一團。

4. 豬緊迫性潰瘍 是豬的一種慢性緊迫病。目前認為，飼料過燙、過冷，穀物粉碎過細，驚恐、飢渴等多種緊迫因素，引起機體腎上腺皮質機能亢進，導致胃酸分泌過多而使胃黏膜受損，從而誘發本病。

患病豬平時症狀不明顯，常於運動、鬥毆和運輸中，因胃潰瘍灶大出血而突然死亡。剖檢可見胃質軟、膨大，胃內充滿血塊、未凝固的血液及黃褐色水樣液狀內容物，有時有發酵酸敗氣味。胃食管區黏膜表面出現不規則皺紋，粗糙不平，易於揭起，或見瀰漫性、不規則的糜爛、潰瘍和疤痕病灶混合存在。

(二) 禽的緊迫症候群

多因氣候突變、管理不當、營養失調、通風不良、噪音等引起。雞生長發育受阻，採食量減少。產蛋雞產蛋率下降，蛋重減輕，蛋內容物稀薄，破蛋、軟蛋比例增加。公雞精液品質降低，受精率、孵化率降低。長期在緊迫環境下，雞免疫水準降低，往往伴隨有繼發性疾病如慢性呼吸道疾病、沙門氏菌病的發生，甚至猝死。

(三) 牛運輸熱

長途運輸、車廂通風不良、擁擠、飢渴、疲勞、過冷過熱、恐懼、噪音及去勢等引起緊迫反應時，牛發生多種病原微生物感染，臨床上表現為發燒與支氣管肺炎症狀。

實踐應用

1. 調查統計一下，你所在的地區引起動物疾病的常見因素有哪些？根據調查結果，就預防工作提出你的見解。

2. 為何有些疾病有潛伏期？潛伏期在獸醫臨床中有何意義？

3. 某雞場在一次免疫接種過程中出現少量死亡雞隻，試分析其可能的原因。

4. 某豬場飼養肉豬 1 000 頭，入秋後一週內有 80 多頭豬陸續發病，輕微咳嗽、腹瀉，請分析其可能的病因。如要確定病因，還需做哪些檢查？

5. 某豬場在對斷乳仔豬分群後，有少數豬隻出現發燒、食慾不振等，用抗生素治療效果不明顯。剖檢個別病死豬，發現腎上腺腫大，胃腸黏膜出血、糜爛。據此，請分析該豬群的發病原因。

6. 分別舉例說明疾病中損傷和抗損傷轉化、因果轉化的過程，並指出如何防止疾病的惡性轉化?

7. 調查一個規模化養殖場，分析該場可能的緊迫原，並提出防止緊迫性疾病的措施。

8. 透過本章學習，試說明應從哪些方面、採取哪些措施預防動物疾病發生?

9. 某地擬建一個萬頭豬場，試從疾病防控的角度，說明該場建設如何才能防止可能的病因對動物的影響，有利於動物疾病防控（如場址選擇、建築布局、場內防疫設施等)? 在日常飼養管理中應注意哪些?

10. 試根據疾病內外因的相互關係，說明在同一個養殖場內，當受到致病因素作用時，為什麼有的發病，有的不發病?

第二章 血液循環障礙

學習目標

能說出充血、瘀血、貧血、出血、血栓形成、栓塞、梗塞和休克的概念；能分析充血、瘀血、貧血、出血、血栓形成、栓塞、梗塞和休克的形成的原因和類型；能辨識充血、瘀血、貧血、出血、血栓形成、栓塞、梗塞和休克的病理變化。

心血管系統是由心臟、動脈、靜脈和微血管組成的一個封閉的管道系統，血液循環是維持機體生命活動的重要保證。血液循環障礙是指心臟、血管系統受到損傷或血液性狀發生改變，從而導致血液在血管內的運行發生異常，並於機體的相應部位出現一系列病理變化過程，常可引起各組織器官的代謝紊亂、機能失調和形態結構的改變。

血液循環障礙可分為全身性和局部性兩種類型。全身性血液循環障礙是整個心血管系統機能障礙或血液本身性狀改變的結果，如心臟衰竭、休克等；局部性血液循環障礙是指病因作用於機體局部而引起的個別器官或局部組織發生的病變過程，表現為局部血量異常，如充血、瘀血和貧血等；血管內容物的性狀改變，如血栓形成和栓塞等；以及血管壁通透性和完整性的改變，如水腫和出血等。

全身性與局部性血液循環障礙，雖然在表現形式和對機體的影響上有所不同，但又有著密切的連繫。例如當心臟機能不全導致全身性血液循環障礙時，多種組織、器官可發生瘀血，尤其以肝臟和肺臟的瘀血最為嚴重；當心臟冠狀動脈發生循環障礙時，可導致心臟機能不全，從而使全身血液循環發生障礙。由此可見，將血液循環障礙分為全身性和局部性是相對的，二者辯證統一。

任務一 充　血

局部組織、器官由於血管擴張，血液含量增多的現象稱為充血。充血可分為動脈性充血（充血）和靜脈性充血（瘀血）兩種類型。

動脈性充血是指局部組織或器官的小動脈及微血管擴張，輸入過多的動脈性血液，而靜脈回流正常，使組織或器官內血液增多的現象，簡稱充血，一般所說的充血就是指動脈性充血（圖 2－1）。

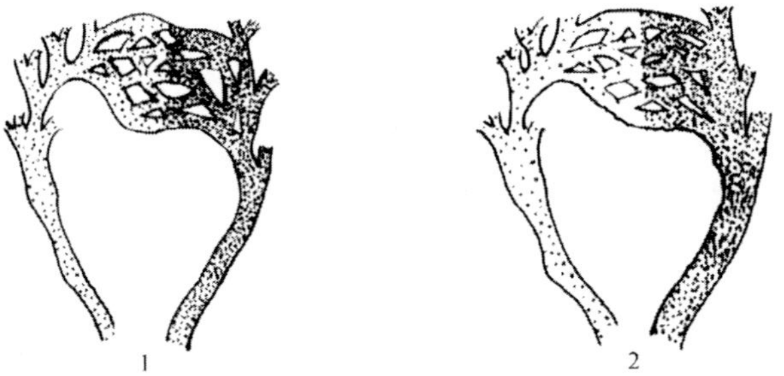

圖 2－1　動脈性充血

1. 正常血流狀態　2. 動脈充血狀態

（一）原因和類型

凡是能引起小動脈及微血管擴張的任何因素，都能引起局部組織和器官充血。根據其發生的原因和機理不同，可分為生理性充血和病理性充血。

1. 生理性充血　在生理條件下，某些組織、器官機能活動增強時，支配該器官組織的小動脈和微血管反射性地擴張引起的充血，稱為生理性充血。如採食後胃腸黏膜的充血、妊娠時的子宮充血、運動時横紋肌充血等。

2. 病理性充血　各種致病因素作用於局部組織引起的充血，稱為病理性充血。常見於各種病理過程，根據病因可分為以下幾個類型。

（1）側支性充血。當某一動脈內腔被栓子阻塞或受腫瘤壓迫而使血流受阻時，與其相鄰的動脈吻合支（側支）為了恢復血液供應，發生反射性擴張而充血，以代償局部血管受阻所造成的缺血性病理過程，即側支性充血。側支性充血的發生，是由於阻塞處上部血管內的血壓增高和阻塞局部氧化不全產物蓄積刺激血管共同作用的結果，它在一定程度上改善了阻塞處下方的缺血狀況，對機體是一種有益的反應（圖 2－2）。

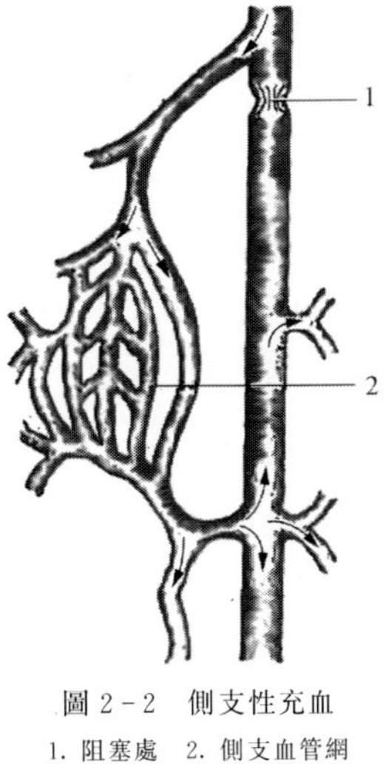

圖 2－2　側支性充血

1. 阻塞處　2. 側支血管網

（2）炎性充血。炎性充血是最常見的充血過程。在炎症過程中，由於致炎因子直接刺激舒血管神經或麻痺縮血管神經，以及炎症時組織釋放的血管活性物質如激肽、組織胺、白血球三烯、5－羥色胺等的作用，引起局部組織小動脈及微血管擴張充血。幾乎所有炎症都可看到充血現象，尤其是急性炎症或炎症早期表現得更為明顯，所以常把充血看成炎症的象徵。

（3）貧血後充血。動物機體某部血管因長期受壓，發生貧血和血管緊張性下降，當緊迫突然解除後，受壓組織內的小動脈和微血管立即發生反射性擴張，血液流入量驟然增加而發生充血，即貧血後充血，又稱減壓後充血。例如，當馬、騾發生腸臌脹和牛發生瘤胃臌氣、腹腔積水時，腹腔內其他臟器中的血液大多被擠壓到腹腔以外的血管中，結果造成肝臟、脾臟和胃等臟器發生貧血。治療時，倘若放氣或排除腹水的速度過快，腹腔內壓突然降低，會使大量血液流入腹腔臟器，造成小動脈和微血管強烈擴張充血，而腹腔以外器官的血量短時間內顯著減少，血壓下降，常引起反射性的腦貧血而造成動物昏迷甚至死亡。故在施行瘤胃放氣或排除腹水時應特別注意防止速度過快。

（4）神經性充血。由於溫熱、摩擦等物理性致病因素或各種化學性致病因素、體內局部病理產物作用於組織、器官的感受器，反射性地使縮血管神經興奮性降低，導致小動脈、微血管擴張充血。這種充血也稱為反射性充血，通常認為其機制與炎性充血類似。

（二）病理變化

1. 眼觀 發生充血的組織色澤鮮紅，皮膚和黏膜充血時常稱為「潮紅」，體積輕度增大。因充血時流入的是動脈血而使局部組織代謝加強，溫度升高，腺體和黏膜的分泌增多。位於體表的血管有明顯的波動感。

2. 鏡檢 充血組織的小動脈和微血管擴張，充滿紅血球，平時處於閉鎖狀態的微血管也開放，有微血管數增多的感覺。由於充血大多數是炎性充血，此時在充血的組織中還可見炎性細胞滲出、出血以及實質細胞變性、壞死等病理變化。

需要注意的是，剖檢時充血常不易觀察到。究其原因，一是動物死亡後，動脈常發生痙攣性收縮，使原來擴張充血的小動脈變為空虛狀態；二是動物死亡時心臟衰竭導致的全身性瘀血及死後的墜積性瘀血，掩蓋了生前的充血現象。

（三）結局和對機體的影響

充血對機體的影響常因充血持續時間和發生部位不同而有很大的差異。一般來說，短時間的輕度充血，對機體是有利的，是機體防禦、適應性反應之一。因為充血時血流量增加和血流速度加快，一方面可以輸送更多的氧氣、營養物質、激素、白血球和抗體等，從而增強局部組織的抗病能力；另一方面又可將局部產生的致病因子和病理性產物及時地排除，這對消除病因和恢復組織損傷均有積極作用。根據這一原理，臨床上常用熱敷、塗擦刺激劑和紅外線理療等方法造成局部組織充血，促進組織代謝，以達到治療疾病的目的。

但是，若病因作用較強或充血時間持續較長，會導致血管壁緊張性下降或喪失，血流速度逐漸減慢，進而發生瘀血、水腫和出血等變化。此外，由於充血發生的部位不同，對機體的影響也有很大的差異。如腦部發生嚴重充血時（日射病），常可因顱內壓升高而使動物發生神經機能障礙，甚至昏迷死亡。血管病變嚴重時可因充血而發生破裂性出血。

任務二　瘀　血

靜脈血液回流受阻，血液瘀積在小靜脈和微血管內，使局部組織或器官內的靜脈性血液增多的現象，稱為靜脈性充血，簡稱瘀血（圖 2－3）。

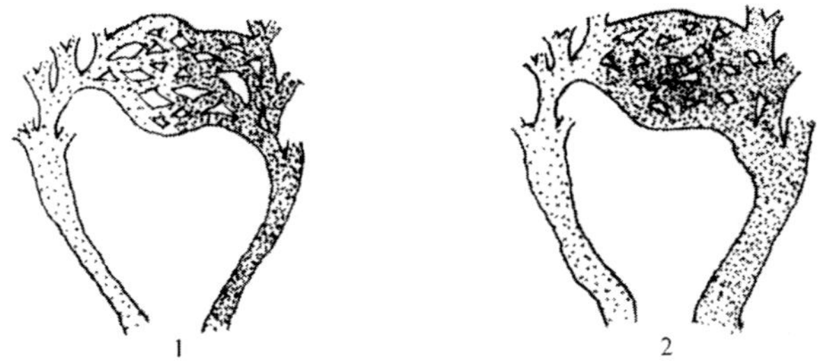

圖 2－3　靜脈性充血
1. 正常血流狀態　2. 瘀血狀態

（一）原因和類型

根據發生原因和範圍不同，可將瘀血分為全身性瘀血和局部性瘀血。

1. 全身性瘀血　常見於動物心臟機能障礙、胸膜及肺臟疾病時。在某些急性傳染病和急性中毒等情況下，體內的有毒產物損害心臟，導致心肌嚴重變性、壞死，心肌收縮力減弱，心排血量減少，靜脈血液回流心臟受阻，使各器官發生瘀血。胸膜炎時，由於胸腔內蓄積大量的炎性滲出物，使胸腔內壓升高，可直接影響心臟的舒張，同時又因胸膜炎時胸廓部疼痛而使擴張受限，使前後腔靜脈內的血液回流受阻，也可引發全身性瘀血。

2. 局部性瘀血　主要見於局部靜脈受壓或靜脈管腔阻塞。當靜脈受到腫瘤、寄生蟲包囊、腫大的淋巴結等壓迫時，其管腔發生狹窄或閉塞，相應部位的器官和組織發生瘀血。如腸扭轉、腸套疊時引起腸繫膜和腸管的瘀血，妊娠子宮壓迫髂靜脈引起的後肢靜脈瘀血，繃帶包紮過緊對肢體靜脈壓迫引起的局部瘀血等。

靜脈管腔受阻常見於靜脈內血栓形成、栓塞或因靜脈內膜炎使血管壁增厚等，而引起相應器官、組織瘀血。但因靜脈分支多，只有當靜脈管腔完全阻塞而血液又不能透過側支回流時，才會發生瘀血。

（二）瘀血的一般病理變化

1. 眼觀　局部瘀血的組織器官，由於血液中氧分壓降低和氧合血紅素減少而還原血紅素增多，血管內充滿紫黑色的血液，故使局部組織呈暗紅色或藍紫色（發紺），指壓褪色。瘀血時血流緩慢，熱量散發增多，局部組織缺氧，代謝降低，產熱減少，故瘀血區溫度下降。瘀血時因局部血量增加，靜脈壓升高而導致體液外滲，結果使瘀血組織體積增大。

2. 鏡檢　瘀血組織的小靜脈及微血管擴張，充滿紅血球。若瘀血時間較長，局部組織缺氧，代謝產物蓄積，使微血管通透性升高，大量液體漏入組織間隙，造成瘀血性水腫。若微血管損傷嚴重，紅血球也可透過損傷的內皮細胞和基底膜進入組織形成出血，稱為瘀血性出血。如瘀血持續發展，局部組織代謝嚴重障礙，可引起瘀血器官實質細胞萎縮、變性甚至壞死，繼而可引起間質結締組織大量增生，結果使瘀血器官變硬，稱為瘀血性硬化。

（三）常見器官瘀血的病理變化

臨床上，動物肺臟、肝臟和腎臟的瘀血最為常見。

1. 肺瘀血 由於左心機能不全或左心衰竭，左心腔內緊迫升高，引起肺靜脈血液回流受阻所致。

急性肺瘀血時，眼觀肺臟體積膨大，肺胸膜呈暗紅色或藍紫色，質地稍變韌，質量增加，被膜緊張而光滑。切面外翻，切面流出大量混有泡沫的血樣液體，切一塊瘀血的肺組織放於水中，呈半浮半沉狀態。鏡檢，肺內小靜脈及肺泡壁微血管高度擴張，充滿大量紅血球，肺泡腔內出現淡紅色的漿液和數量不等的紅血球。

慢性肺瘀血時，支氣管內有大量白色或淡紅色泡沫樣液體，肺間質增寬，呈灰白色半透明狀。肺質地變硬，肺泡壁變厚及纖維化，間質結締組織增生，同時伴有大量含鐵血黃素在肺泡腔和間質內沉積，使肺組織呈棕褐色，稱為肺的「褐色硬化」。鏡檢，在肺泡腔內可見吞噬有紅血球或含鐵血黃素的巨噬細胞，由於這種細胞常見於心臟衰竭的病例，故又稱為心臟衰竭細胞。獸醫臨床上，肺瘀血有明顯氣促、發紺及咳出大量粉紅色泡沫痰等症狀。

2. 肝瘀血 主要由於右心功能不全或右心衰竭，肝靜脈和後腔靜脈回流受阻所致。

急性肝瘀血時，眼觀肝臟稍腫大，被膜緊張，邊緣鈍圓，質量增加，表面呈暗紅色，質地較實。切面外翻，從切面上流出大量暗紅色凝固不良的血液。鏡檢，肝小葉中央靜脈和竇狀隙擴張，充滿紅血球。

慢性肝瘀血時，由於肝小葉中央嚴重瘀血而呈暗紅色，肝小葉周邊肝細胞因瘀血、缺氧發生脂肪變性而呈黃色，在肝切面上形成暗紅色瘀血區和土黃色脂變區相間的網格狀花紋，眼觀如檳榔切面，故有「檳榔肝」之稱。鏡檢，肝小葉中央部的竇狀隙和中央靜脈顯著擴張，充滿紅血球，肝細胞因受壓迫和缺氧而發生萎縮和壞死；而周邊肝細胞因缺氧發生脂肪變性。長期的慢性肝瘀血，使實質細胞萎縮逐漸消失，局部網狀纖維膠原化，間質結締組織增生，發生瘀血性肝硬化。

3. 腎瘀血 多見於右心衰竭的情況下。眼觀，腎臟體積稍腫大，表面呈暗紅色，質地稍變硬。切開時，從切面流出多量暗紅色血液，皮質因變性而呈紅黃色，皮質和髓質界線清晰。鏡檢，腎間質微血管擴張明顯，充滿大量紅血球，腎小管上皮細胞常發生不同程度的變性、壞死。慢性瘀血則可導致間質水腫和增生性變化。

（四）結局和對機體的影響

瘀血對機體的影響取決於瘀血持續的時間、瘀血的程度和發生部位等因素。一般來說，短時間的輕度瘀血，可在病因消除或形成有效的側支循環後恢復正常。如果瘀血時間較長，病因不能及時消除，局部組織微血管內流體靜壓升高，血管壁通透性升高，使血液中的液體大量進入組織而引發水腫。持續長時間的瘀血，由於組織缺氧、營養物質不足、代謝障礙、代謝產物蓄積等，還可引起實質細胞萎縮、變性和壞死，間質增生，器官硬化等。如果瘀血發生在心、腦等生命重要器官，雖然持續時間不長，仍可引起動物死亡。另外，瘀血的組織抵抗力下降，損傷不易修復，容易繼發感染，導致炎症和壞死等。

任務三　貧　血

貧血是指循環血液總量減少或單位容積外周血液中血紅素量、紅血球數低於同齡、同性別健康動物的正常值，並且有紅血球形態改變和運氧障礙的病理現象。獸醫臨床上原發性貧血很少見，往往是某些疾病的繼發反應。長期貧血可以出現疲倦無力、動物生長發育遲緩、消瘦、毛髮乾枯、抵抗力下降等。貧血分類方法很多，根據紅血球的大小和血紅素含量可分為小細胞性低色素性貧血、正細胞性貧血、大細胞性貧血等；按造血原料缺乏可分為缺鐵性貧血、巨幼細胞性貧血等。本任務按貧血發生的範圍將貧血分為局部貧血和全身貧血。

一、局部貧血

局部貧血是指機體局部組織或器官的動脈血液輸入減少。如果完全沒有血液輸入，稱為局部缺血。局部貧血可以是全身性貧血的局部表現，也可以是局部血液循環障礙的結果。

（一）原因和發生機理

1. 壓迫性貧血　因腫瘤、繃帶過緊、積液等對動脈血管的機械性壓迫，使血管腔變窄或閉塞，造成貧血。臨床上，大動物長期躺臥時，髂骨外角等處皮膚容易發生褥瘡，這是由於臥側血管受到壓迫，局部缺血造成組織壞死的結果。故對於長期躺臥的病畜，應經常改變臥位。

2. 阻塞性貧血　動脈管腔內血栓形成、栓塞、動脈瘤和動脈炎時，使管腔狹窄或阻塞，造成貧血。

3. 血管痙攣性貧血　麥角鹼中毒、腎上腺素分泌過多、寒冷、嚴重創傷等，引起縮血管神經興奮，反射性地引起動脈管壁強烈收縮（痙攣），造成局部血液流入減少甚至完全停止。

4. 代償性貧血　局部組織因充血時，血量的增多往往會造成其他部位出現代償性貧血。如迅速排出胸腔積液或腹水時，由於緊迫突然消失，原先受壓的動脈發生反射性擴張充血，這種充血極易造成其他組織器官如心、腦的急性缺血，甚至會危及生命。

（二）病理變化

局部貧血的組織器官因血量減少，會造成體積縮小，局部溫度降低，被膜皺縮，質地柔軟；切面少血或無血；組織器官因缺血而顯露出組織的原有色彩，如肺呈灰白色、肝呈褐色、皮膚黏膜呈蒼白色等。鏡檢，組織細胞常因缺血缺氧而發生萎縮、變性或壞死。

（三）結局和對機體的影響

取決於組織對貧血的耐受性、貧血程度、持續時間以及能否建立有效的側支循環等因素。不同的器官組織對貧血的耐受性不同，例如皮膚和結締組織，可以耐受較長時間而不發生變化，或變化輕微；而腦組織對貧血的耐受性很差，一般在血液循環停止 5～10 min 後，發生不可逆的變化。如果貧血程度較輕，持續時間短，又有較好的側支循環，貧血組織可恢復正常；如果動脈血液完全斷絕，又不能建立側支循環，組織可發生急性死亡。

二、全身貧血

全身性貧血是指由於紅血球生成不足或喪失過多，使得全身血液總量減少、單位體積中的紅血球數和血紅素的含量低於正常範圍（表 2－1）。

表 2－1　正常動物紅血球值

單位	兔	山羊	豬	雞	鴨	馬
萬個/mm^3	500～700	1 400	600～800	270～300	300	700～1 200

血紅素的含量大多數家畜為每 100 mL 血液 13～15 g，泌乳期母牛略低些，為每 100 mL 血液 11～13 g。貧血時，外周血液中不僅紅血球數量和血紅素含量低於正常，而且常伴有紅血球形態和染色性質的變化。根據發生原因，常將全身性貧血分為失血性貧血、溶血性貧血、再生不良性貧血和營養不良性貧血四個類型。

（一）失血性貧血

1. 原因　各類外傷引起的血管或內臟（脾臟）破裂、產後子宮出血等，多為急性失血性貧血。寄生蟲病（雞球蟲病、肝片形吸蟲病、血吸蟲病等）、出血性胃腸炎、消化道潰瘍和腫瘤等長期反覆出血性疾病可造成慢性失血性貧血。

2. 病理變化

（1）急性失血性貧血。初期，血液總量減少，但單位容積的紅血球和血紅素含量仍正常，血色指數也不發生變化，此時的貧血稱為正色素性貧血。此時如果血容量不能得到及時補充，極易發生低血容量性休克甚至死亡。經一定時間後，因血壓降低，刺激主動脈弓和頸動脈竇的緊迫感受器，反射性地使交感神經興奮，兒茶酚胺分泌增多，引起肝臟、脾臟、肌肉等儲血器官血管收縮，將血液排出進入循環，補充循環血量。同時，組織液也大量回流進入血管，體循環血量得到補充。但血液被稀釋，單位容積的紅血球數和血紅素含量低於正常範圍，血色指數下降，稱為低色素性貧血。

由於貧血和缺氧，刺激腎臟產生紅血球生成酶，使肝臟產生的促紅血球生成素原，轉變為紅血球生成素，刺激骨髓造血功能。骨髓內各個發育階段的紅血球增多，導致外周血液中出現大量未成熟紅血球，如網狀紅血球、多染性紅血球及有核紅血球。因骨髓造血消耗大量的鐵，若此時供鐵不足，血紅素的合成較紅血球再生慢，外周血液中可出現淡染紅血球，紅血球體積變小，血紅素平均濃度低於正常。

（2）慢性失血性貧血。由於初期失血量小，骨髓造血功能可實現代償，貧血症狀不明顯。但長期反覆失血，由於鐵元素喪失過多，導致缺鐵性貧血。血象特點為小紅血球低色素性貧血。外周血中未成熟的紅血球增多，大小不均，呈橢圓形、梨形、啞鈴形等異常形態。嚴重時，骨髓造血功能衰竭，肝臟、脾臟內出現髓外造血灶。動物表現為消瘦、被毛凌亂、可視黏膜蒼白等。

（二）溶血性貧血

1. 原因

（1）生物性因素。多種細菌（如溶血性鏈球菌、葡萄球菌）、病毒（如豬瘟病毒、雞傳染性貧血病毒）、血液寄生蟲（如錐蟲、梨形蟲）等感染。

（2）理化因素。高溫、低滲溶液等能引起紅血球大量破壞；含銅、鉛、皂苷等化學物質和某些藥物超量使用（硝基呋喃妥因、非那西汀等）會引發貧血；馬屬動物對吩噻嗪特別敏感，使用不當也會導致溶血性貧血。

（3）有毒植物。食入有毒植物，如蓖麻籽、櫟樹葉、冰凍蕪菁、金雀枝、毛茛屬植物、旋花植物、秋水仙及野蔥等會引發貧血。但因其適口性差，動物極少發生此類中毒，只有在缺少飼料的情況下，動物被迫採食才發生中毒和溶血。

（4）免疫反應。常見於新生幼畜免疫溶血性疾病、異型輸血、自身免疫溶血性疾病如全身性紅斑狼瘡等。

（5）代謝性疾病。乳牛產後血紅素尿，多發生於產後2～3週，可能與磷的攝取不足有關。犢牛或青年牛常發生水中毒，導致血液低滲，紅血球腫脹、破裂而發生溶血和血紅素尿。

2. 病理變化　溶血性貧血時，血液總量一般不減少，由於紅血球被大量破壞，單位容積紅血球和血紅素減少，血漿蛋白濃度升高。由於骨髓造血功能代償性增強，外周血中網狀紅血球明顯增多，還可見到有核紅血球和多染色性紅血球。

病畜臨床出現黃疸和血紅素尿，血中間接膽紅素增多。剖檢時，在心血管內膜、漿膜、黏膜等部位呈明顯的溶血性黃疸。紅血球大量崩解，單核巨噬細胞系統機能增強。肝、脾腫大明顯，並有含鐵血黃素沉著。

（三）再生不良性貧血

1. 原因　與造血幹細胞的受損和造血微環境受損有關。

（1）生物性因素。某些病毒性傳染病，如馬傳染性貧血、牛惡性卡他熱、雞傳染性貧血、雞包含體肝炎等。

（2）物理性因素。動物機體長期暴露在α射線、γ射線、X射線、鐳或放射性同位素的輻射環境下，可以造成選擇性的骨髓功能不全，以中性粒細胞、淋巴細胞、血小板等顯著減少為特徵。

（3）化學性因素。經三氯乙烯抽提的飼料（豆餅）、蕨類植物、50多種化學藥物，如氯霉素、保泰松、抗癌藥、某些抗生素、有機砷化合物等，以及最常見的苯及其衍生物類化學物質等，都可引發再生不良性貧血。

（4）骨髓疾病。白血病或骨髓瘤等使骨髓組織破壞或抑制，不能充分利用造血原料；慢性腎臟疾病造成促紅血球生成素減少。

2. 病理變化 發生貧血的機體，外周血中正常紅血球和網狀紅血球呈進行性減少或消失，紅血球大小不均，呈異形性。除了紅血球減少外，還有白血球、血小板的減少，同時皮膚、黏膜有出血和感染等症狀，動物反覆發燒，對抗貧血藥物治療無效。骨髓造血組織發生脂肪變性和纖維化，紅骨髓逐漸被黃骨髓取代。血清中鐵和鐵蛋白含量增高。

(四) 營養不良性貧血

1. 原因 由於造血原料（銅、鐵、鈷、維他命 B_{12}、維他命 B_6、葉酸、蛋白質等）缺乏或不足，造成紅血球生成不足。臨床上豬、犬等缺鐵性貧血較為多見。動物在缺鐵的草場放牧或舍飼時，飼料中礦物質補充不足、品質低劣，患有慢性消耗性疾病或消化系統疾病時，營養吸收不良或大量丟失等，均可引起營養不良性貧血。另外，銅能促進鐵的吸收利用，促進紅血球的成熟和釋放，銅為許多酶的輔酶，直接參與造血過程，故鉬中毒時會干擾銅的代謝，進而又可干擾鐵的利用。

2. 病理變化 一般病程較長，動物消瘦，血液稀薄，血紅素含量降低，血色淡，嚴重者可出現營養不良性水腫和惡病質。

缺鐵性貧血的特點是骨髓、肝、脾及其他組織中缺乏可利用的鐵，血清鐵蛋白濃度降低，血清鐵濃度和血清轉鐵蛋白飽和度均降低，血象特點為小紅血球低色素性貧血和巨幼細胞性貧血。鈷和維他命 B_{12} 缺乏時，由於紅血球成熟障礙，血象特點為大紅血球高色素性貧血，伴有異形紅血球增多，血紅素含量高於正常。維他命 B_6 缺乏時，可引起異形紅血球增多症和紅血球大小不均，豬可能表現為嚴重的小紅血球低色素性貧血。

綜上所述，貧血的主要原因是出血、溶血和骨髓功能不全等，僅靠臨床症狀不容易區分，還需進行血塗片等實驗室檢查，屍體剖檢所見病理變化特點可做參考。各種類型貧血比較見表 2－2。

表 2－2 各類貧血的特點

項目	類型				
	失血性貧血		溶血性貧血	再生不良性貧血	營養不良性貧血
	急性	慢性			
原因	外傷、肝脾破裂、產後大出血等	寄生蟲病、胃潰瘍、腫瘤等	中毒、病毒性傳染病、輻射等	病原微生物感染、輻射等	蛋白質、銅、鐵、鈷等的缺乏
紅血球數量	減少	減少	減少	減少	略減少
血紅素含量	降低	降低	降低	降低	鐵和銅缺乏時降低，鈷和維他命 B_{12} 缺乏時增高
血色指數	初期正色素性，後期低色素性	正色素性，補鐵不足呈低色素性	無明顯變化	初期為高色素性，後期為低色素性	缺鐵時為低色素性，缺維他命 B_{12} 時為高色素性

（續）

項　目	類　型				
	失血性貧血		溶血性貧血	再生不良性貧血	營養不良性貧血
	急性	慢性			
血細胞象	後期網狀紅血球、有核紅血球增多，也見多染性紅血球	紅血球染色淡，大小不均，嚴重時見有異形紅血球	紅血球大小不均，出現異形紅血球，白血球和血小板減少	網狀紅血球、有核紅血球增多，可見多染性紅血球	紅血球淡染、體積小，有時呈異形
病理變化	貧血性心臟衰竭、休克	見肝脾髓外造血灶，肝脂變，脾呈肉狀，管狀骨內紅髓區擴大	黏膜、皮膚有出血和感染，反覆發燒，管狀骨內紅髓區縮小	貧血、黃疸、脾腫大、血紅素尿	嚴重水腫、貧血、消瘦（惡病質）

（五）結局和對機體的影響

貧血時，動物機體會發生一系列病理生理變化，有些是貧血造成組織缺氧的直接結果，有些則是對缺氧的生理性代償反應。

1. 代償反應　為減輕貧血造成的組織缺氧，血紅素中氧的釋放增加、心排血量增加、血液循環加速，器官組織中血流的重新分布；除再生不良性貧血外，造血功能加強；因氧化不全產物蓄積，刺激呼吸中樞，可引起呼吸加深加快，使組織盡量獲得更多的氧氣。

2. 不利影響　貧血時，血液運送氧的能力大大降低，微血管內的氧氣擴散緊迫過低，以致對遠距離的組織供氧不足，造成組織缺氧、物質代謝障礙、局部組織酸中毒。隨著病程的延長，各器官、組織出現細胞萎縮、變性甚至壞死。貧血還會引起神經興奮性下降，動物精神沉鬱，易疲勞，食慾降低，胃腸消化、蠕動減弱，吸收障礙。營養不良性貧血還兼有營養缺乏的症狀。由於機體的代償反應造成血液中紅血球增多，血液黏稠，阻力增加，心臟長期負荷過重，可誘發心肌原性擴張，導致循環障礙。

任務四　出　血

血液（主要指紅血球）流出心臟或血管之外，稱為出血。血液流出體外稱為外出血，流入組織間隙或體腔內，稱為內出血。

（一）原因和發生機理

1. 破裂性出血　指心血管壁的完整性遭到破壞而引起的出血。一般發生在局部，可發生於心臟和各種血管，發生原因主要有以下幾種：

（1）機械損傷。如刺傷、切傷、火器傷和挫傷等，若損傷大血管，可因大出血而發生休克甚至死亡。

（2）血管壁受到潰瘍、炎症和腫瘤等病變的慢性侵蝕而引起出血，如肺壞疽和結核性肺空洞時引起的肺出血和胃潰瘍引起的胃出血等。

（3）血壓異常升高、動脈硬化、動脈瘤及其他心臟或血管壁自身病變，均可導致血管破裂而出血。

2. 滲出性出血 微血管和微靜脈的內皮細胞受損，血管壁通透性增大或凝血因子數量和質量改變引起的出血。出血常發於漿膜、黏膜和各實質器官的被膜，是臨床上最常見的出血類型。其原因概括起來主要有以下幾種：

（1）血管壁的損傷。如急性傳染病（豬瘟、巴氏桿菌病、雞新城疫等）、寄生蟲病（球蟲病、弓形蟲病等）、中毒病（黴菌毒素中毒、有機磷中毒等）使微血管壁損傷，通透性增大；瘀血和缺氧時，微血管內皮細胞變性、壞死，酸性代謝產物損傷基底膜，加之微血管內流體靜壓升高而引起出血；維他命C缺乏可引起微血管基底膜破裂，微血管外膠原減少及內皮細胞連接處分開而導致血管壁通透性升高；過敏性紫癜時由於免疫複合物沉著於血管壁引起變態反應性血管炎。

（2）血小板減少或功能障礙。再生不良性貧血、白血病、骨髓內廣泛性腫瘤轉移等均可使血小板生成減少；原發性血小板減少性紫癜、瀰漫性血管內凝血（DIC）使血小板破壞或消耗過多；某些藥物在體內誘發抗原抗體反應所形成的免疫複合物吸附於血小板表面，使血小板連同免疫複合物被巨噬細胞所吞噬等。

（3）凝血因子缺乏。凝血因子Ⅷ、凝血因子Ⅸ、纖維蛋白原、凝血酶原等因子的先天性缺乏；DIC、敗血症或休克等病理過程中，凝血因子大量消耗；維他命K缺乏、重症肝炎和肝硬化時，凝血因子合成障礙等，均可引起繼發性廣泛出血。

（二）病理變化

1. 破裂性出血的病理變化 其病變常因損傷的血管不同而異。

（1）血腫。小動脈發生破裂而出血時，由於血壓高而出血量多，流出的血液擠壓周圍組織，呈腫塊樣隆起。

（2）積血。血液流入體腔稱積血，此時體腔內可見到血液或血凝塊。如胸腔積血、心包積血等。

（3）溢血。某些器官的漿膜或組織內常見不規則的瀰漫性出血稱溢血，如腦出血。

2. 滲出性出血的病理變化 滲出性出血只發生於微血管和小靜脈，常伴發組織或細胞的變性、壞死，而血管壁卻不見明顯的組織學變化。其病變常見有以下幾種：

（1）點狀出血。又稱瘀點，出血直徑不大於1 mm，出血量少，多呈粟粒大至高粱米粒大，散在或瀰漫分布，常見於黏膜、漿膜和肝、腎等器官的表面。

（2）斑狀出血。又稱瘀斑，出血直徑1～10 mm，出血量較多，常形成綠豆大、蠶豆大或更大的密集狀出血斑。

（3）出血性浸潤。出血瀰漫性地浸潤於組織內，使出血的局部組織呈大片暗紅色。

機體有全身性出血傾向，各組織出現廣泛出血點，稱為出血性素質。少量組織內出血時，只有在鏡檢時見紅血球出現於血管外。出血區的顏色隨出血發生的時間而不同，通常新鮮的出血斑點呈紅色，陳舊的出血斑點呈暗紅色。

（三）出血和其他病變的臨床鑑別

臨床上，充血與出血容易混淆，應注意鑑別。充血組織指壓褪色，出血指壓不褪色，且出血灶邊界一般較明顯。胃腸瘀血時在動物死後很容易發生溶血，常被誤認為是出血；雞肺臟靜脈瘀血時，從外表看常呈斑點狀暗紅色，往往被誤認為是出血。實際上在某一病變組織內充血和出血經常同時存在，所以鑑別充血和出血有時是很困難的。確診時需要進行病理組織學檢查。

血腫和腫瘤的區別：血腫早期一般呈暗紅色，隨著時間的推移，紅血球崩解，血紅素分解成含鐵血黃素和橙色血質，顏色變為淡黃色，血腫體積逐漸減小。而腫瘤一般顏色不變，體積逐漸增大。必要時可穿刺檢查。

(四) 結局和對機體的影響

出血對機體的影響，取決於出血的原因、部位、出血量和持續時間。出血如發生在腦部或心臟，即使是少量出血，也常常會造成嚴重的後果，甚至導致病畜死亡；大動脈、大靜脈發生破裂而出血時，若搶救不及時，失血量超過機體總血量的 1/3～1/2時，血壓急遽下降，容易發生失血性休克而死亡；少量而長期持續的出血，機體雖然能透過代償適應反應不會致死，但會引起全身性貧血及器官代謝障礙。

一般小血管發生破裂性出血時，局部小血管痙攣收縮，局部血栓形成，從而可自行止血。流入體腔或組織內的血液量少時，紅血球可被巨噬細胞吞噬，出血灶完全吸收而不留痕跡。如出血量較多，則紅血球被破壞，血紅素分解為含鐵血黃素，沉著在組織中或被巨噬細胞吞噬。大的血腫因吸收困難，常在血腫周圍形成結締組織包囊，隨後血腫通常被新生的肉芽組織取代或包裹。

任務五　血　　栓

在活體的心臟或血管內，血液中某些成分析出、黏集或凝固，形成固體物質的過程，稱為血栓形成，所形成的固體物質稱為血栓。

正常的血液中存在著互相拮抗的凝血系統與抗凝血系統（纖維蛋白溶解系統）。在生理狀態下，血液中的凝血因子不斷地被啟動，產生少量凝血酶，形成微量纖維蛋白沉著於血管內膜上；同時，啟動的纖維蛋白溶解系統不斷地將這些微量纖維蛋白溶解，被啟動的凝血因子也被單核巨噬細胞系統所吞噬。上述凝血系統和纖維蛋白溶解系統的動態平衡，既保證了血液有潛在的可凝固性，又始終保持了血液的流體狀態。然而，在某些致病因素的作用下，打破了上述平衡，觸發了凝血過程，血液便在心臟、血管內凝固，形成血栓。

(一) 原因和發生機理

1. 心、血管內膜的損傷　正常的心、血管內膜完整而光滑，對保證血液流動狀態和防止血栓形成有重要作用。內皮細胞表面被覆的一層糖萼，含有硫酸乙醯肝素和 α－2 巨球蛋白（α2－MG），可阻止血液在內皮細胞表面凝結，內皮細胞還能合成和釋放抗凝血酶Ⅲ、纖溶刺激物等。

當心血管內膜受到損傷時，內皮下膠原纖維暴露，凝血因子Ⅻ與膠原纖維接觸而被啟動，啟動內源性凝血系統，釋放凝血酶，成為血栓形成的始動因素。另外，內膜損傷後表面變粗糙，有利於血小板的沉積和黏附。黏附的血小板破裂後，釋放多種血小板因子，如二磷酸腺苷（ADP）、去甲腎上腺素、血栓素 A_2 等，激發凝血過程。其中 ADP 能對抗二磷酸腺苷酶，對血小板聚集有積極作用；血栓素 A_2 使血小板聚整合堆不易分散，是血小板的強促聚物。同時，內膜損傷可釋放組織凝血因子，啟動外源性凝血系統，從而形成血栓。

臨床上，心、血管內膜的損傷常見於各種炎症，如牛肺疫時的肺血管炎、慢性豬丹毒時的心內膜炎以及同一部位反覆進行靜脈注射等，均可促使血栓形成。

2. 血流狀態的改變 正常情況下，血液中的有形成分如紅血球、白血球和血小板在血流的中軸流動，稱軸流，血漿在周邊部流動，稱邊流。邊流的血漿帶將血液中的有形成分與血管壁隔離，避免血小板和內膜接觸。

當血流緩慢或血流產生漩渦時，血小板進入邊流，增加了與血管內膜接觸的機會，進而黏附於內膜。另外，血流緩慢和漩渦產生時，既可使被啟動的凝血因子和凝血酶在局部達到凝血過程所必需的濃度，還可使已形成的血栓不易沖走，固定在血管壁上而不斷地增長。

臨床實踐表明，靜脈血栓發生的機率約比動脈大 4 倍，下肢靜脈血栓發生的機率又比上肢靜脈血栓大 3 倍，而且常發生於久臥和靜脈曲張患畜的靜脈內，這是因為靜脈血比動脈血流動慢，並且靜脈瓣處血流易產生漩渦、靜脈血黏度高也使發生血栓的機率大大增加。心臟和動脈內的血流快，不易形成血栓，但在致病因素的作用下，如二尖瓣狹窄時左心房血流緩慢並出現漩渦；動脈瘤內的血管內皮損傷，血流不規則並呈漩渦狀流動時，均可導致血栓形成。

3. 血液性質的改變 指血液內凝血成份量和質的變化，或因血液的性狀改變而凝固性增高的情況。如嚴重的創傷、產後及大手術後，由於大量失血，血液中補充了大量易於黏集的未成熟血小板，同時纖維蛋白原、凝血酶原及凝血因子等含量也增多，血液呈高凝狀態，故易形成血栓；DIC 時，體內凝血系統被啟動，凝血因子和血小板大量釋放，使血液凝固性增高；嚴重脫水時，由於血液濃縮，相同容積內凝血物質相對增多，再加上血流緩慢，從而使血栓易於形成。

在血栓形成的過程中，上述三個因素往往同時存在並相互影響，如傳染性疾病的血栓形成中，常是心、血管內膜的損傷，血液凝固性增高和血流速度減慢等因素共同作用的結果。但在血栓形成的不同階段，其作用又各有側重。如慢性豬丹毒的疣性心內膜炎，主要是由於心內膜的損傷。故在臨床中應針對實際情況，採取相應措施，防止血栓形成，如外科手術中應注意操作輕柔，盡量避免損傷血管。

（二）血栓形成的過程及類型

1. 血栓形成的過程 無論是心臟還是動脈、靜脈內的血栓，其形成過程都從血小板黏附於受損的內膜開始。血小板成功黏附是血栓得以形成的關鍵，血栓形成過程如下（圖 2－4）。

首先，血小板從軸流中分離、析出，黏附於受損的心血管內膜上，並不斷沉積。沉積的血小板體積增大，伸出偽足而發生變形，呈不規則圓形，同時釋放 ADP，從血流中黏集更多的血小板，形成小丘狀的血小板堆。此時的血小板黏集堆是透過 ADP 作用形成的，可以重新散開，稱為臨時性止血塞。隨著血栓素 A_2 和凝血酶的釋放，血漿纖維蛋白原變成凝固狀態的纖維蛋白；血栓素 A_2 和凝血酶還作用於血小板黏集堆使之發生黏性變態，這樣的血小板黏集堆便不再散開，稱為持久性止血塞。黏性變態的血小板堆牢固附著於血管壁損傷處，體積不斷增大，形成質地較堅實的灰白色小丘，稱為血小板血栓，因為它是血栓形成的起始點，又稱為血栓的頭部。

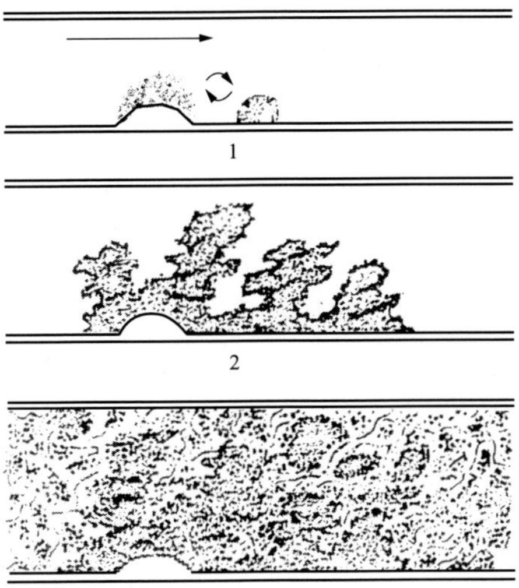

圖 2－4　血栓形成過程

1. 血小板沉著在血管壁上　2. 血小板形成小梁，並有白血球附著　3. 血液凝固，纖維蛋白網形成

血小板血栓形成後，其頭部突入管腔中，使血流進一步減慢和產生渦流，血小板繼續不斷析出和凝集。隨著析出、凝集過程不斷進行，形成許多與血管壁垂直而互相吻合的珊瑚狀血小板梁，表面黏附許多白血球。小梁間血流緩慢，被啟動的凝血因子可達到較高濃度，使大量纖維蛋白單體聚合成大分子的纖維蛋白，並交織成網，在網眼間網羅了大量紅血球及少量白血球，於是形成了紅白相間的層狀波紋樣「混合血栓」，又稱為層狀血栓。它構成靜脈延續性血栓的體部。

隨著血栓繼續延長、增大，血流更加緩慢，當管腔完全被阻塞後，則局部血流停止，血液迅速凝固，形成條索狀的血凝塊，稱為紅色血栓，構成血栓的尾部。

2. 血栓的類型

(1) 白色血栓。即血栓的頭部，通常見於心臟和動脈系統，在靜脈血栓的起始部也可看到。這是由於動脈和心臟的血流速度較快，血小板在動脈內膜和心瓣膜上黏集後，崩解釋放的血小板因子易被血液迅速地稀釋、沖走，血液不易發生凝固。眼觀，血栓呈灰白色，質地堅實，表面粗糙有波紋，牢固地黏附於心瓣膜及血管壁上。鏡檢，白色血栓由許多聚集呈珊瑚狀的血小板小梁和少量的白血球及纖維蛋白構成，血小板緊密接觸，保持一定的輪廓，但顆粒已經消失。白色血栓的形態隨部位不同而異，如在心瓣膜上為疣狀物，在心房內或動脈內膜上多為球狀或塊狀，甚至呈小結節狀。

(2) 混合血栓。即血栓的體部，多發生於血流緩慢的靜脈內。眼觀，呈紅白相間的層狀結構，無光澤，乾燥，質地較堅實。如果時間較久，由於血栓內的纖維蛋白收縮，表面呈波紋狀。鏡檢，混合血栓主要由淡紅色無結構的珊瑚狀血小板小梁和充滿於小梁間的纖維蛋白網及紅血球構成，在血小板梁的邊緣，有大量中性粒細胞黏附。

(3) 紅色血栓。即血栓的尾部，多發生於靜脈，其形成過程與血管外凝血相同，常發生在血流極度緩慢或血流停止之後，構成延續性血栓的尾部。眼觀，新鮮血栓表面呈暗紅色，光滑、濕潤並富有彈性，與一般死後血凝塊一樣。陳舊的紅色血栓因水分被吸收，變得乾燥，表面粗糙，質脆易碎，失去彈性。鏡檢，可見纖維蛋白網眼內充滿紅血球、白血球。紅色血栓易脫落隨血流運行，從而阻塞血管形成血栓性栓塞。

（4）纖維素性血栓。又稱為透明血栓。因其主要發生於微血管內，只能透過顯微鏡才能觀察到，故又稱微血栓。纖維素性血栓主要由纖維蛋白和血小板構成，光鏡下呈現嗜酸性粉紅色、均質透明狀。在一些敗血性傳染病、中毒病、藥物過敏、創傷、休克等病程中，纖維素性血栓常廣泛地出現於許多器官、組織的微循環血管內，可導致一系列病變和嚴重後果。

動物死後，血液在心血管內凝固形成死後血凝塊，它與血栓在形態上大體相似，臨床上要注意區別，防止混淆。血栓與死後血凝塊的區別見表 2－3。

表 2－3　血栓與死後血凝塊的區別

項　目	死後血凝塊	血　栓
表面	濕潤、表面光滑、有光澤	乾燥、表面粗糙、無光澤
質地	柔軟、有彈性	較硬、脆
色澤	暗紅色或血凝塊上層呈雞脂樣	色澤混雜，灰紅相間、尾部暗紅
與血管壁的關係	易與血管壁分離	與心血管壁黏著
組織結構	無特殊結構	具有特殊結構

（三）血栓的結局

1. 軟化、溶解、吸收　血栓形成以後，血栓中的血小板可釋放纖溶酶啟動因子，使不溶性的纖維蛋白變為可溶性多肽，血栓被軟化。同時血栓內中性粒細胞崩解釋放蛋白水解酶，使血栓中的蛋白質樣物質溶解，變為小顆粒狀或膿樣液體，最後被巨噬細胞吞噬。

血栓的溶解過程取決於血栓的大小，血栓和血管接觸面積的大小及血栓的新舊程度。新形成的血栓，如手術後形成的靜脈血栓，30％在 72 h 內溶解，較小的血栓可完全溶解、吸收而消失；較大的血栓軟化後，可部分或全部脫落成為栓子，隨血流運行阻塞血管，引起血栓性栓塞。

2. 機化與再通　血栓形成後的 1～2 d，由內皮細胞和成纖維細胞構成的肉芽組織，從血管壁向血栓內生長，將血栓逐漸溶解、吸收、取代的過程稱為機化。在機化過程中，由於血栓收縮，在血管壁和血栓之間出現空隙，或由於血栓本身自溶發生裂隙，裂隙的表面會被增殖的血管內皮細胞覆蓋，隨著血栓內原有的細胞成分崩解吸收，纖維素被機化，由內皮細胞被覆的裂隙逐漸增多，形成微血管性的結構，漸漸吻合呈網狀或迷路狀，在有了血液流通之後它又逐漸擴張，並隨血流動力學而在其走向和口徑方面加以適應和改建，這種現象稱血栓的再通。

值得注意的是，再通的血管並不能達到血栓發生前的血流量，此時，雖有血流透過，但在血栓處容易形成漩渦，又可導致血栓的再次發生。

3. 鈣化　沒有發生軟化和機化的血栓，可由鈣鹽沉著使血栓部分或全部形成堅硬的鈣化質塊。鈣化後的血栓在血管內形成結石，動脈管腔內血栓鈣化形成的結石稱動脈石，靜脈管腔內血栓鈣化形成的結石稱靜脈石。

(四) 血栓形成的意義和影響

1. 積極影響 血栓形成是機體自行止血的防禦反應，具有一定的抗損傷意義。如血管破裂口血栓形成，可阻止出血；炎灶周圍小血管內血栓形成，可防止病原擴散蔓延。

2. 不利影響

(1) 阻塞血管。動脈血栓未完全阻塞血管時，可引起局部缺血而發生萎縮或變性；如完全阻塞而又缺乏有效的側支循環時，可引起局部器官的缺血性壞死（梗塞）。靜脈血栓形成後，如未能建立有效的側支循環，則可引起局部瘀血、水腫和出血，甚至壞死。

(2) 形成栓子、造成栓塞。在血栓未和血管壁牢固黏著之前，或血栓的整體或部分溶解脫落，常形成栓子，隨血流運行引起栓塞。

(3) 引起心瓣膜病。心瓣膜血栓機化，可引起瓣膜增厚、黏連，造成瓣膜狹窄。如果在機化過程中纖維結締組織增生而後疤痕收縮，可造成瓣膜閉鎖不全，導致全身性血液循環障礙。

(4) 微血栓形成。機體廣泛的微血栓形成，消耗大量凝血因子和血小板，可引起全身性出血和休克。

任務六 栓　　塞

循環血液中出現不溶於血的異常物質，隨血流運行，阻塞相應血管的現象，稱為栓塞。引起栓塞的異常物質稱為栓子。

(一) 栓塞的種類

1. 血栓性栓塞 由血栓軟化、脫落引起的栓塞，是栓塞中最常見的一種，約占栓塞的99%。

(1) 肺動脈栓塞。有90%的栓子來自靜脈血栓脫落，隨血液循環回流到達右心，然後阻塞肺動脈及其分支。因為肺動脈和支氣管動脈之間有豐富的吻合支，若僅阻塞肺動脈小分支，一般不會引起嚴重的後果。但若肺臟瘀血嚴重，或被栓塞的動脈較多，側支循環不能有效代償，可導致患畜呼吸急促、黏膜發紺、休克，甚至突然死亡。

(2) 大循環動脈栓塞。來自動脈及左心的栓子，可隨血流運行引起全身各組織器官栓塞，若心、腦發生栓塞，則會導致動物突然死亡。慢性豬丹毒伴發心內膜炎時，瓣膜上的白色血栓脫落，隨血流運行到腎臟、脾臟等器官，引起相應組織的缺血和梗塞，有時還會引起腦部梗塞和心肌梗塞等。肝有肝動脈和門靜脈雙重血液供應，故肝動脈分支栓塞時很少引起梗塞。

2. 脂肪性栓塞 是指脂肪滴進入血液引起的栓塞，多見於長骨骨折、骨手術和脂肪組織嚴重挫傷，脂肪細胞破裂釋放出的脂肪滴透過破裂的血管進入血流而引起器官組織的栓塞；偶見於脂肪肝、胰腺炎、糖尿病和燒傷等情況，如脂肪肝受壓後，肝細胞破裂，釋放脂肪滴進入肝竇，隨後進入血液循環。臨床上還可見誤將含脂質的藥物靜脈注射引起脂肪性栓塞。少量的脂肪栓子主要影響小動脈和微血管，血液中的脂肪滴可被血液內酯酶分解或被巨噬細胞吞噬而清除；大量脂肪栓子阻塞肺微血管可引起肺內循環血量減少，最後引起呼吸加快、缺氧、發燒、意識障礙、心跳加快等。有研究表明，人肺脂肪栓塞量達 9～20 g 時，肺循環會減少 3/4，從而導致急性右心衰竭。

3. 氣體性栓塞 是指大量氣體進入血液，或溶解於血液內的氣體迅速游離，在循環血液中形成氣泡並阻塞血管引起的栓塞。氣體性栓塞多見於外傷、手術時導致的大靜脈破裂；胎盤早期剝離導致的子宮靜脈破裂；靜脈注射時誤將空氣帶入血流等。人在深水或高空作業時，緊迫增高，溶解於血中的氣體增多，當緊迫減小時，則游離出氣體，形成氣體性栓塞。靜脈破裂時，空氣可因靜脈腔內負壓而經破裂口進入靜脈，形成氣體栓子。

空氣經血流到達右心後，由於心臟的搏動，將空氣和心腔內的血液攪拌形成泡沫狀血液，這些泡沫狀血液具有很大的伸縮性，可隨心臟舒縮而變大或縮小，當右心腔充滿泡沫狀血液時，靜脈血回心受阻，並使肺動脈充滿空氣栓子，引起血管反射性痙攣、呼吸麻痺、心臟衰竭，甚至急性死亡。但進入血液內的氣體量少時，可被溶解於血液而不引起栓塞。

4. 寄生蟲及蟲卵栓塞 是指某些寄生蟲或蟲卵進入血流而引起的栓塞。如血吸蟲寄生在門靜脈系統內，所產的蟲卵常造成肝門靜脈分支阻塞，或逆流進入腸壁小靜脈形成栓塞；旋毛蟲進入腸壁淋巴管，經胸導管進入血液等均可形成寄生蟲性栓塞。寄生蟲和蟲卵不但能造成栓塞，死亡的成蟲還可釋放出毒性物質而引起局部血栓形成、動脈壁壞死和周圍組織壞死。

5. 細胞及組織性栓塞 是指組織碎片或細胞團塊進入血流引起的栓塞。多見於組織外傷、壞死及惡性腫瘤等。惡性腫瘤細胞形成的瘤細胞栓塞不僅構成一般組織性栓塞的惡果，還可以引起腫瘤的轉移。

6. 細菌性栓塞 機體內感染灶中的病原菌，可能以單純菌團的形式或與壞死組織、血栓相混雜，進入血液循環引起細菌性栓塞。細菌性栓塞多見於細菌性心內膜炎及膿毒血症，帶有細菌的栓子可以導致病原體在全身擴散，並在全身各處造成新的感染病灶，引起敗血症或膿毒敗血症。

（二）栓子的運行途徑

栓子在體內運行與血流方向一致。各種栓子在體內運行和阻塞血管的部位都具有一定的規律性，根據栓子栓塞部位，一般可追溯到栓子的來源。

1. 來自肺靜脈、左心或動脈系統的栓子 隨動脈血流運行，最後多阻塞在脾臟、腎臟、腦等器官的小動脈和微血管，稱為動脈性栓塞（大循環性栓塞）。

2. 來自右心及靜脈系統的栓子 一般經右心室進入肺動脈，隨血流運行而阻塞肺動脈的大小分支，稱為靜脈性栓塞（小循環性栓塞）。

3. 來自門脈系統的栓子 多隨血流進入肝臟，一般在肝臟的門靜脈分支處形成栓塞，稱為門脈性栓塞。

（三）栓塞對機體的影響

栓塞對機體的影響，主要取決於栓塞發生的部位，栓子的大小、數量及其性質。微小的栓子阻塞少數微血管，一般不引起嚴重後果。動脈性栓塞發生以後，如果能迅速建立側支循環，一般也不會造成嚴重影響；如側支循環不能很快建立，其供血區的組織細胞將發生缺血性梗塞。如腦和心臟發生栓塞，就會造成嚴重後果，甚至導致動物急性死亡。小氣泡、小脂滴易被吸收而對機體的影響較小。而由細菌團塊或瘤細胞所造成的栓塞，除造成栓塞處的血管堵塞外，還會形成新病灶，使病變蔓延。

任務七　梗　　死

組織或器官的動脈血流供應中斷而導致的缺血性壞死稱為梗塞。梗塞通常是由於動脈阻塞引起，但在一些器官，靜脈或廣泛的微循環阻塞也可引起梗塞。

(一) 原因和發生機理

1. 動脈血栓形成　如心冠狀動脈血栓形成引起的心肌梗塞；馬前腸繫膜動脈乾和迴腸結腸動脈因普通圓線蟲寄生，發生慢性動脈炎時誘發的血栓形成，可將動脈完全阻塞，而引起結腸或盲腸梗阻。

2. 動脈栓塞　各種類型的栓子隨血液循環運行阻塞血管，造成局部組織血流斷絕而發生梗塞。多見於腎臟、肺臟、脾臟梗塞中，如腎小葉間動脈栓塞引起的腎臟梗塞等。

3. 動脈受壓　如腫瘤、腹水或腸扭轉、腸套疊等外力壓迫動脈血管，使動脈管腔狹窄或閉塞，引起局部貧血，甚至血流斷絕（圖 2－5）。

4. 動脈持續性痙攣　單純動脈痙攣一般不會引起梗塞，但當某種刺激（低溫、化學物質和創傷等）作用於縮血管神經，反射性引起動脈管壁的強烈收縮（痙攣），造成局部血液流入減少，或完全停止，則可發生梗塞。如嚴寒刺激、過度使役等均可引起動脈持續性痙攣而使血流供應中斷造成壞死。

(二) 梗塞的類型和一般病理變化

1. 貧血性梗塞　多發生於血管吻合支少，側支循環不豐富，且組織結構比較緻密的實質器官，如心臟、脾臟、腎臟等。當這些器官的小動脈被阻塞時，其分支及鄰近的動脈發生反射性痙攣，一方面將梗塞灶內的血液擠出病灶區，另一方面又妨礙血液經微血管吻合支流入缺血組織，使局部組織呈現貧血狀態，隨後，梗塞灶內紅血球溶解消失，使梗塞灶呈灰白色，故又稱白色梗塞。

病理變化特點：眼觀，新形成的梗塞灶因吸收水分而稍腫脹，向器官表面隆起，經數日後，梗塞灶變乾、變硬，稍低陷於器官表面。梗塞灶與周圍健康組織有明顯的界線，在交界處常形成明顯的充血和出血帶，顏色暗紅，稱為炎性反應帶。梗塞灶的形狀因血管分布不同而各異。脾臟、腎臟等器官內的動脈血管分支呈錐體形，故其梗塞灶切面也呈

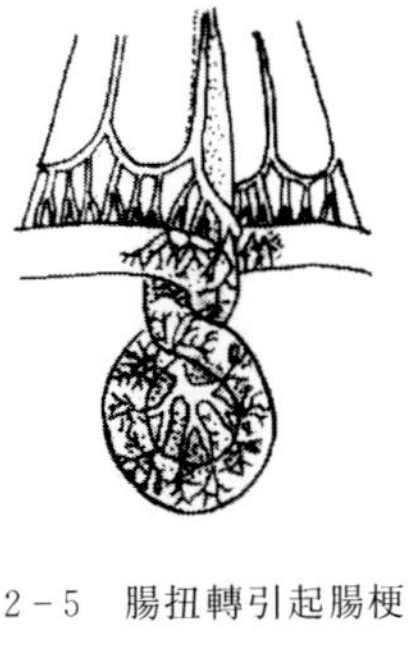

圖 2－5　腸扭轉引起腸梗阻

錐形，錐尖朝向血管阻塞部位，錐底位於器官的表面呈不正圓形。心肌發生梗塞時由於冠狀動脈分支不呈樹枝狀，故梗塞灶呈不規則的地圖狀。光鏡下，早期實質細胞無明顯變化，之後呈現壞死的特徵，細胞核逐漸溶解、消失，細胞質呈顆粒狀，嗜伊紅性增強，但組織的結構輪廓尚能辨認。在梗塞灶的外圍有數量不等的炎性細胞浸潤，形成炎性細胞浸潤帶。陳舊的梗塞灶還可見肉芽組織或結締組織增生，形成疤痕。

2. 出血性梗塞 又稱紅色梗塞，多發生於側支循環豐富、血管吻合支多而組織結構疏鬆的臟器，如肺臟、腸等。當局部動脈發生阻塞時，局部小動脈發生反射性痙攣，但由於肺臟、腸等組織結構疏鬆，富有彈性，加之梗塞之前這些器官就已處於高度瘀血狀態，靜脈和微血管內壓升高，因而不能把血液擠出梗塞區，隨著血管壁的破損，通透性升高，進而發生出血，使梗塞灶呈現暗紅色（圖 2－6）。

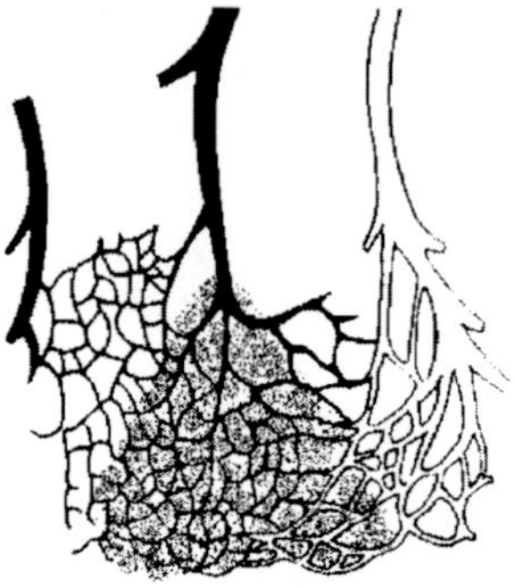
圖 2－6 出血性梗塞

病理變化特點：眼觀，梗塞灶呈暗紅色，切面濕潤，與周圍健康組織有明顯的界線。腸管發生梗塞時，因腸繫膜血管呈扇形分布，故梗塞灶呈節段狀；肺的梗塞灶呈倒圓錐形。光鏡下，組織結構大體輪廓尚可辨認，但精細結構不清。細胞變性、壞死，小血管內充滿紅血球，間質充血水腫。

（三）常見器官的梗塞病理變化

1. 心肌梗塞 由於冠狀動脈供血區持續性缺血，引起較大範圍的心肌壞死，是一種貧血性梗塞。動物的心肌梗塞很少發生，一般和冠狀動脈栓塞和持續性痙攣有關。

眼觀：初期梗塞灶病變輕微，肉眼很難看到，但 1～2 d 後，由於發生梗塞的部位出血，而將土黃色的梗塞灶襯托出來。2～3 週後，這些小梗塞灶可被機化為灰白色的小疤痕。

鏡檢：若心肌發生凝固性壞死，則壞死心肌細胞的細胞質嗜伊紅性增強，細胞變長、變細，核消失，肌原纖維結構可保持較長時間，最終變為均質紅染。梗塞灶周圍可見充血、出血帶以及炎性細胞浸潤；若心肌發生液化性壞死，則心肌肌原纖維溶解。

2. 脾梗塞 動物的脾梗塞多發生於豬瘟和牛惡性卡他熱等疾病，是脾臟的小動脈受損使脾組織局部缺血所致。

眼觀：脾梗塞多位於前緣部，梗塞灶大小不一，可單發也可多發，有時多個梗塞灶互相融合或相連成片。切面上梗塞灶多呈楔形或不整形，周邊常見較明顯的出血帶。

鏡檢：脾臟實質細胞壞死特別明顯，在白髓和紅髓均可見壞死灶，其中多數淋巴細胞和網狀細胞已經壞死，細胞核溶解、破碎或消失，細胞質腫脹，壞死灶周圍可見漿液滲出和中性粒細胞浸潤。

3. 肺梗塞 見於豬肺疫、牛傳染性胸膜肺炎等引起纖維素性肺炎的病理過程，絕大多數都是出血性梗塞。

眼觀：梗塞灶大小不一，楔形，尖端指向肺門，基底部緊靠肺膜，肺膜面有纖維素性滲出物；梗塞區質地硬實，呈暗紅色，時間久後由於紅血球崩解，顏色逐漸變淡。

鏡檢：肺泡腔、小支氣管腔及肺間質均充滿紅血球，局部組織呈凝固性壞死。梗塞灶與正常肺組織交界處的肺組織出血、水腫。梗塞灶形成 1 週後由於肉芽組織增生，逐漸機化形成疤痕。

4. 腦梗塞 腦組織需氧程度極高，對缺氧非常敏感。腦梗塞的原因包括腦血管阻塞及腦循環功能不全兩大類，前者多見於豬丹毒的亞急性心內膜炎脫落的贅生物所引起的栓塞；後者多見於由牛惡性卡他熱、慢性豬瘟和日本腦炎等引起的腦血管損傷。

眼觀：梗塞灶腫脹，體積增大，質地變軟，色澤變暗，數日後梗塞灶變得更軟，部分液化。

鏡檢：神經細胞腫脹，尼氏小體溶解消失，核染色變深，細胞質嗜伊紅染色增強。梗塞灶周圍的血管擴張充血，內皮細胞增生腫脹，隨著病程的發展，成纖維細胞和膠質細胞增生。

5. 腸梗阻 動物的腸梗阻主要發生於腸繫膜動脈的血栓性、寄生蟲和其蟲卵的栓塞，腸扭轉、腸套疊和腸嵌頓所致的靜脈阻塞和動靜脈同時阻塞，一般為出血性梗塞。

眼觀：梗塞早期，病變腸管高度瘀血，呈汙濁的暗綠色，漿膜及黏膜都有斑點狀出血，以後整段腸管發生水腫和廣泛出血，腸漿膜面可見纖維素性膿性分泌物。

鏡檢：腸壁各層出血，以黏膜下層最為明顯，腸壁壞死嚴重者累及各層，較輕者則基層仍保存。

6. 腎梗塞 腎梗塞多由細菌性和血栓性栓塞及緊迫性動脈血管痙攣引起。

眼觀：梗塞部的切面呈典型的楔形病灶，基底部緊靠器官表面，尖端指向血管阻塞的部位。梗塞灶與周圍正常組織界線清晰，有充血、出血反應帶。

鏡檢：梗塞剛發生時，光鏡下尚未見任何變化，隨著時間的推移，梗塞灶內小血管因缺氧而明顯擴張，腎小管上皮細胞變性、壞死，腎小球的壞死崩解則不太明顯。梗塞灶外圍有中性粒細胞浸潤帶及出血帶。梗塞時間稍長，梗塞灶外圍有巨噬細胞浸潤和肉芽組織形成，逐漸將梗塞灶機化而形成疤痕。陳舊的梗塞灶也可發生灶性鈣化。

(四) 梗塞的結局及影響

梗塞的後果主要取決於梗塞發生的器官、部位、大小、有無感染等。梗塞灶較小，壞死組織經酶解後發生自溶、軟化和液化，然後吸收。非感染性梗塞灶一般在感染後 24～48 h 即有肉芽組織從病灶周圍長入，逐漸機化形成疤痕而取代壞死組織。較大的梗塞灶不能完全被機化時，則由病灶周圍增生的纖維結締組織將其包裹，病灶內部壞死組織可發生鈣化。

腎、脾梗塞一般影響較小，通常只引起腰痛、血尿或脾區刺痛等症狀；肺梗塞可引起咳血及並發肺炎；腸梗阻常出現劇烈腹痛並引起腹膜炎，需立即手術切除；

心肌梗塞輕者可導致心功能障礙、休克、心臟衰竭，重者常致猝死；腦梗塞輕者因部位不同而有不同症狀，重者常可致偏癱、死亡。

任務八 休　　克

休克（shock）是各種強烈致病因子作用於機體引起的以微循環障礙為主的急性循環衰竭、重要臟器（如心、肺、腎等）灌流量不足和細胞功能代謝障礙的全身性危重的病理過程。臨床常伴隨各種危重病症出現，其主要表現為：可視黏膜蒼白，耳、鼻和四肢末端發涼，皮膚溫度下降，血壓下降、脈搏細速，呼吸淺表，尿量減少或無尿，動物精神高度沉鬱，肌肉無力、衰弱，反應遲鈍，嚴重者可在昏迷中死亡。

近年來專家對休克的研究焦點轉向敗血症休克，從亞細胞和分子水準來研究休克發生機制，發現休克的發生與許多炎症介質和細胞因子混亂有關，提出全身炎症反應症候群（SIRS）概念，認為休克是指機體過度的自我持續放大和自我破壞的炎症。

休克不應同暈厥（syncope）相混淆。暈厥是短暫的心血管系統反射性調節障礙，主要是由於血壓突然降低、腦部缺血等引起的暫時性意識喪失。臨床表現為面色蒼白、心率減慢、血壓下降和意識障礙。常見於直立性低血壓、嚴重心律不整、疲勞、悶熱等情況；恐懼、緊張等可誘發，平臥休息或採取頭低位後即可恢復。休克在中醫學上屬「厥證」、「脫證」範疇。

一、正常微循環的特點

微循環（microcirculation）是指由微動脈到微靜脈之間的微細血管組成的血液循環，它是血液循環的基本功能單位。通常由微動脈、後微動脈、微血管前括約肌、真微血管和微靜脈等組成（圖2－7）。有的還包括動-靜脈吻合支，當吻合支開放，則大量血液經吻合支短路回心臟，可導致微循環灌流量不足。微循環的血流量主要取決於動脈血壓和微循環各部位的血管阻力。倘若微循環血管阻力不變，則血壓增高，血量增大；如果微動脈、微血管前括約肌收縮，則微循環血流量減少；如果微靜脈收縮或回流受阻，則血液瘀積於真微血管內。

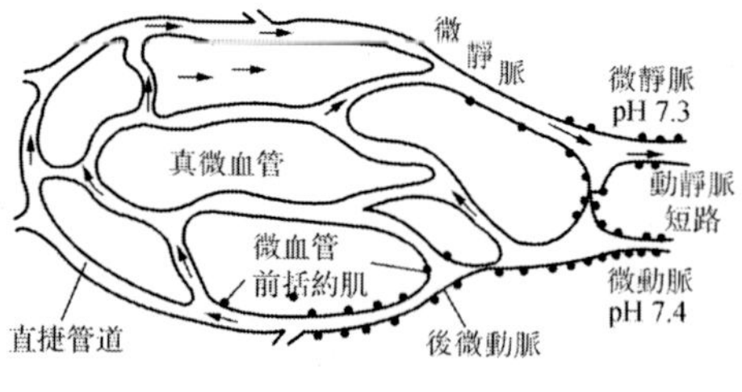

圖2－7　微循環

微循環主要受神經體液的調節，有以下幾個特點：

（1）真微血管在神經-體液的調節下，交替開放，僅20%左右血管在同一時間開放，其餘關閉。

（2）兒茶酚胺、血管緊張素、血管升壓素和皮內素等物質可使微血管括約肌收縮；組織胺、激肽、腺苷、乳酸、腫瘤壞死因子和一氧化氮等可使之舒張。

（3）小靜脈、微靜脈對缺氧和酸中毒耐受性大；小動脈和微動脈對缺氧和酸中毒敏感。

二、休克的原因和類型

臨床上引起休克的原因非常繁多，根據病因不同，休克可分為低血容量性休克、感染性休克、過敏性休克、心源性休克、創傷性休克、神經性休克等類型。

（一）低血容量性休克

1. 原因

（1）失血。機體短時間內大量失血，血容量迅速減少導致失血性休克，見於外傷、胃潰瘍、內臟破損和產後大出血等。

（2）脫水。劇烈嘔吐或腹瀉、大出汗等導致體液丟失，引起有效循環血量（血容量減少）的銳減，造成脫水性休克。

（3）燒傷。大面積燒傷時伴有大量血漿丟失以及水分透過燒傷的皮膚蒸發，引起燒傷性休克。

2. 病理特點 失血性休克根據出血速度的不同，其後果也不一樣。慢性失血常引起缺鐵性貧血，而急性出血則引起即時性嚴重後果。一般情況下，動物失血20％不會危及生命，但迅速丟失30％血量會導致死亡。另外，動物個體對失血的反應差異較大。失血後機體會產生一系列代償反應，透過交感-腎上腺髓質系統興奮等作用補充血量。如大量失血，代償不能維持血壓，則進入休克狀態。通常單純的出血性休克不易發生全身性血管內凝血（DIC），但合併創傷、繼發感染時則可能發生不可逆性休克，導致動物死亡。

燒傷時常有血漿和紅血球的丟失，並因血管通透性增加和水分透過燒傷的皮膚蒸發加劇了體液丟失，同時，由於組織和血管壁的損害，機體極易發生DIC。

（二）感染性休克

1. 原因 細菌、病毒、黴菌、立克次體等病原感染時會導致感染性休克，常見於動物嚴重感染並發生敗血症過程中，因此又稱為敗血症休克。如燒傷後期繼發感染引發的休克。

2. 病理特點 因感染導致微循環障礙，血管通透性升高，回心血量、輸出量均減少。其中，革蘭氏陰性菌引起的休克中，細菌內毒素起著主要作用，一般透過以下途徑促使休克發生發展。

（1）內毒素引起血液中血小板、白血球釋放血管活性物質，啟動激肽釋放酶原為激肽釋放酶，水解激肽原產生緩激肽。這些物質能引起血管擴張、靜脈回流減少、心排血量降低。另外，中性粒細胞吞噬內毒素後細胞腫脹，陷入肺臟和肝竇等微血管中，由於溶酶體破裂，引起組織損傷和通透性增高，促使休克肺、腸道病變進一步發展。

（2）內毒素能啟動纖溶酶原，促進DIC形成。

（3）內毒素有擬交感神經的作用，引起兒茶酚胺的釋放。

（三）過敏性休克

1. 原因 過敏體質的動物機體，注射青黴素等藥物、血清製劑或疫苗等會引起過敏性休克，此型休克屬於Ⅰ型變態反應。

2. 病理特點 過敏性休克的發病機制主要是抗體（肥大細胞表面 IgE）與抗原結合，引起細胞的脫顆粒，血管活性物質如組織胺和緩激肽被釋放進入血中，激發補體和抗體系統，引起血管床容積迅速擴張，微血管通透性增加，血漿大量滲出，造成有效循環血量相對不足，導致休克。

（四）心源性休克

1. 原因 常見於急性心肌炎及嚴重的心律失常，急性心臟衰竭、大面積急性心肌梗塞、嚴重的心律障礙等心臟疾病。

2. 病理特點 由於心臟泵血功能急遽下降，導致心排血量降低，外周有效循環血量和灌流量顯著下降，外周血液循環阻力增加，常伴有中心靜脈壓升高。

（五）創傷性休克

1. 原因 常見於嚴重創傷、骨折等疾病，有失血、組織損傷等因子參與休克的發生。

2. 病理特點 大量失血、劇痛和組織損傷導致血管活性物質大量釋放，引起全身廣泛性小血管擴張，導致微循環缺血或瘀血而發生休克。如創口發生感染，則還可發生感染性休克。

（六）神經性休克

1. 原因 常因劇烈疼痛、高位脊髓麻醉或大面積損傷等引起血管運動中樞受抑制，血管擴張，外周阻力降低，回心血量減少，血壓下降，導致神經性休克。

2. 病理特點 神經性休克的發病機理為外周血管擴張引起有效循環血量減少，血壓下降，血液瘀積在擴張的血管床內。如馬的急性胃擴張和高位腸梗阻時發生的休克，並沒有大量體液丟失，主要與劇烈疼痛因素有關。

三、休克過程及機理

雖然不同類型的休克，各有特點，但發生機理有相似之處，最基本的發病環節表現為微循環障礙，有效循環血量減少，心臟血管舒縮失常引起泵血功能障礙，導致微循環有效灌注量不足，從而促進休克的發生發展。根據微循環的變化情況，可將休克的發生、發展過程分為三個時期。

（一）微循環缺血期

又稱為休克前期、休克代償期、缺血缺氧期。

1. 病理過程 由創傷、疼痛、感染、失血等引起的休克初期，都會引起交感-

腎上腺髓質系統興奮，兒茶酚胺分泌增多，引起除心、腦以外各個組織器官的小動脈、微動脈、後微動脈、微血管前括約肌和微靜脈、小靜脈收縮，大量真微血管閘道器閉，組織灌流量減少，呈缺血狀態（圖2－8）。微循環反應的不均一性導致了血液重新分配，以確保心、腦等生命重要器官的血液供應。這對維持動脈血壓和有效循環血量具有一定的代償意義，但也存在危機，如肺臟、腎臟、肝臟、脾臟及各消化器官的缺血、缺氧，必將導致這些器官組織功能障礙。

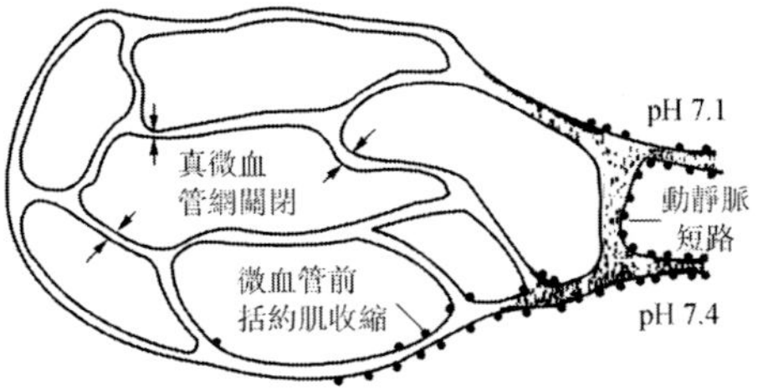

圖2－8　微循環缺血期

2. 臨床表現　主要表現為皮膚、可視黏膜蒼白、皮溫降低、四肢和耳朵發涼、脈搏細弱、尿量減少、血壓稍微下降、出汗、煩躁不安。中毒性休克者，臨床上還有腹瀉症狀。該期為休克的可逆期，若儘早消除病因，及時補充血容量，可防止休克發展。

（二）微循環瘀血期

又稱為休克中期、代償不全期、瘀血性缺氧期。

1. 病理過程

（1）瘀血形成階段。如果休克病因不能及時消除，組織持續缺血缺氧，局部酸性代謝產物增加，酸性環境使微動脈對兒茶酚胺的反應性降低，而微循環的靜脈端對酸性環境耐受性較強，仍處於收縮狀態，動脈端先於靜脈端開放，故血液經過開放的微血管前括約肌大量湧入真微血管網，但是不能及時流出，組織灌大於流，從而導致嚴重瘀血現象。此期交感-腎上腺髓質更為興奮，組織血液灌流量進行性下降，組織缺氧日趨嚴重。

（2）瘀血加重階段。伴隨著微循環大面積瘀血，導致微血管內流體靜壓增高，血管通透性增大，血漿滲出，血液濃縮，紅血球聚集，血小板黏附聚集形成血小板微聚物，從而進一步加重了瘀血，血流進一步變慢，白血球由軸流變貼壁、滾動黏附於內皮細胞上。啟動的白血球釋放大量生物活性因子如氧自由基和溶酶體酶等，導致內皮細胞和其他組織細胞損傷。

（3）瘀血失代償期。由於微循環瘀血加重，機體組織嚴重缺氧，發生氧分壓下降、二氧化碳和乳酸積聚，導致酸中毒，平滑肌對兒茶酚胺的反應性降低。缺血、缺氧和酸中毒能刺激肥大細胞脫顆粒，大量釋放組胺，三磷酸腺苷（ATP）分解產物腺苷增多，細胞分解釋放過多的鉀離子，組織滲透壓升高；激肽類物質生成增多，這些物質能造成血管進一步擴張，加重微循環障礙（圖2－9）。

2. 臨床表現　微循環組織缺氧和酸中毒加重，皮膚、可視黏膜有發紺現象，皮膚溫度下降，心跳快而弱，腎臟血流不足而表現為少尿或者無尿，血壓持續下降。因腦血流量不足，動物精神沉鬱，神志淡漠甚至昏迷。

（三）微循環凝血期

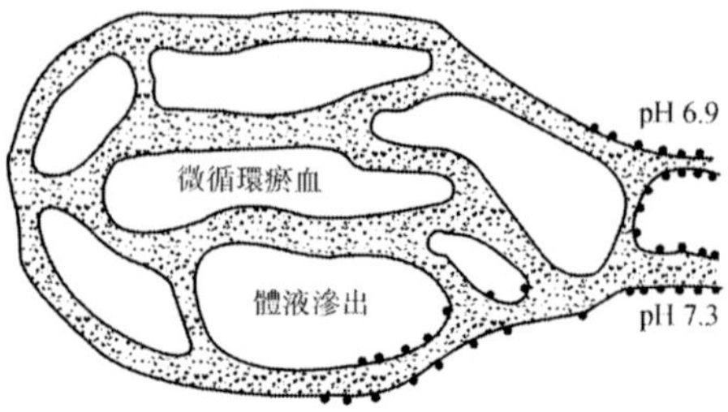

圖 2－9　微循環瘀血期

又稱為休克後期、休克失代償期、微循環凝血期（DIC 期）。

1. 病理過程

（1）瀰漫性血管內凝血。由於缺氧和酸中毒加重、血液黏稠、血流速度減慢、血管內皮細胞受損，血液處於高凝狀態，因而促進發生瀰漫性血管內凝血（DIC），使回心血量銳減。凝血物質耗竭、纖溶系統啟動等又引起出血。此期微循環內微血管擴張，但血流停止，組織得不到足夠的氧氣和營養物質供應，微血管平滑肌麻痺，對任何血管活性藥物均失去反應，所以又稱為微循環衰竭期（圖2－10）。

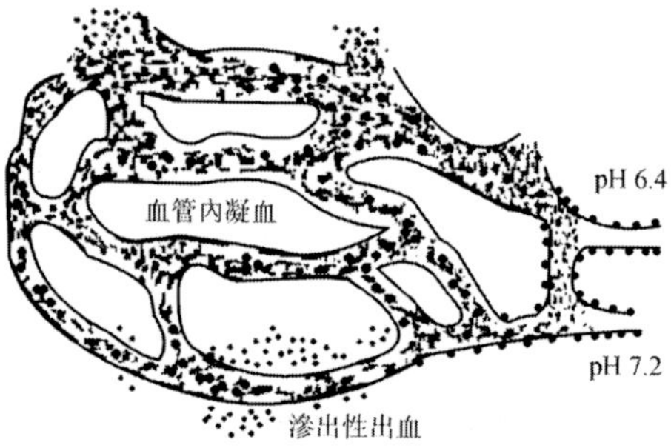

圖 2－10　微循環衰竭期

燒傷、創傷等引起的休克，常伴隨大量組織被破壞，使組織因子釋放入血，啟動外源性凝血系統；感染性休克時，內毒素致使中性粒細胞合成並釋放組織因子也可啟動外源性凝血系統。而異型輸血導致休克時，紅血球大量被破壞而釋放出腺苷二磷酸（ADP）引起血小板大量釋放，使血小板第三因子大量入血而促進凝血。

（2）多器官功能衰竭。休克後期，組織有效血液灌流進行性減少，局部缺氧、酸中毒及休克過程中產生的有毒物質如氧自由基、溶酶體酶等使細胞損傷越來越嚴重，心、腦、肝臟、肺臟、腎臟等各種重要器官代謝嚴重障礙，功能衰竭，可發生不可逆性損傷。

2. 臨床表現　組織器官的小血管內廣泛形成微血栓，動物全身皮膚可見出血點或出血斑，四肢厥冷，血壓急遽降低，呼吸紊亂無序，脈搏弱而不易察覺，少尿或者無尿，各器官機能嚴重衰竭。

四、休克時機體病理變化

（一）細胞變化

1. 細胞代謝紊亂　休克時由於微循環嚴重障礙，血流緩慢，細胞嚴重缺氧，葡萄糖有氧氧化受阻，無氧酵解增強，乳酸生成顯著增多，引起局部酸中毒。同時由於灌流障礙，二氧化碳不能及時清除，也加重了局部酸中毒。

休克時由於組織缺氧，ATP 生成不足，細胞膜上的鈉泵運轉失靈，因而細胞內鈉離子增多，而細胞外鉀離子增多，導致細胞水腫和高鉀血症。

2. 細胞損傷與凋亡　休克時細胞代謝障礙引起細胞膜、細胞器功能降低，酶活性改變。電鏡觀察發現細胞的損傷主要是細胞膜、粒線體和溶酶體的變化。細胞膜是休克中最早發生損傷的部位。粒線體損傷後，造成呼吸鏈運轉紊亂，氧化磷酸化障礙，能量物質進一步減少。

休克時缺血、缺氧和酸中毒能刺激溶酶體大量釋放，溶酶體腫脹後出現空泡，引起細胞自溶。各種休克因子，均可透過啟動核酸內切酶引起炎症細胞的活化。活化後的細胞可進一步刺激機體產生細胞因子分泌炎症介質、釋放氧自由基，攻擊血管內皮細胞、中性粒細胞、單核-巨噬細胞、淋巴細胞和各臟器實質細胞，促使各細胞發生變性、壞死和凋亡。休克時細胞凋亡是細胞損傷的一種表現，也是重要器官功能衰竭的基礎。

（二）多器官功能障礙症候群

在嚴重創傷、感染和休克時，動物機體原本正常的器官相繼出現兩個以上系統和器官功能障礙，稱為多器官功能障礙症候群（MODS）。休克時各系統和器官幾乎均可被累及。常出現功能障礙的器官是肺臟、肝臟、腎臟、心臟、腦和免疫器官等，常因某個或數個重要器官相繼或同時發生功能障礙甚至衰竭而導致死亡。

1. 急性腎功能衰竭　休克最常見發生急性腎功能衰竭，稱為休克腎。主要表現為少尿、高鉀血症、氮質血症以及代謝性酸中毒。其機制主要由於腎臟血液灌流不足，出現少尿或無尿現象，若缺血時間較短，當病因消除血流恢復之後，腎功能可以恢復；若持續時間過長，能引起急性腎小管壞死。此時即使消除休克病因，恢復腎臟血液灌流，腎功能也難以恢復正常。

2. 心功能衰竭　一般發生在心源性休克早期，而在其他類型休克中，常繼發於中後期，伴發心功能障礙甚至急性心臟衰竭，並產生心肌局灶性壞死和心內膜下出血。引起心臟衰竭的機制有：冠狀動脈血流量減少，兒茶酚胺分泌促使心肌收縮，加重心肌缺氧；酸中毒、高血鉀均可使心肌收縮力減弱，而廣泛的 DIC 可使心肌局灶性壞死；此外，細菌內毒素也會直接抑制心臟功能。

3. 腦功能障礙　休克早期，因腦部血液循環的代償性調節，能保證腦部血液供應，動物除了緊迫引起煩躁不安外，無其他腦功能障礙表現。隨著休克的發展，腦血液供應因持續性低血壓而顯著減少，腦組織缺血缺氧加重，動物出現神志淡漠甚至昏迷，同時酸中毒使得腦血管通透性增加，引起明顯的腦水腫和顱內壓升高。

4. 消化系統功能障礙　休克時流經消化道和肝臟的血量大大減少，出現瘀血、缺血、水腫等，腸道是最容易出現休克病變的部位，常稱為休克腸。腸腔中滲出含有大量紅血球的液體，腸道黏膜有顯著壞死，腸道黏膜上皮細胞的屏障功能降低，使病原菌或毒素進入體內。而肝細胞的損傷導致肝功能障礙，不能有效將病原菌或毒素有效處理，導致休克晚期由於感染或內毒素促使休克加重惡化。

5. 急性肺衰竭　發生在休克後期，是引起動物死亡的直接原因。由於急性呼吸衰竭死亡動物的肺稱為休克肺。肺呈暗紅色，質量增加，有充血、水腫、血栓形成及肺不張，伴有肺出血、胸膜出血和肺泡內透明膜形成。

休克肺的發生機制：休克時大量活性物質釋放，如組織胺引起肺小靜脈收縮，肺血管通透性增高，促使血漿從微血管滲出形成肺水腫；休克時肺泡表面活性物質合成與分泌減少，使得肺泡表面張力增大，導致肺萎陷和肺水腫。最終影響肺臟氣體交換的功能，使得動脈血二氧化碳分壓升高而氧分壓降低，引起急性呼吸功能障礙。

五、休克的防治原則

休克防治整體原則為：治療原發病、改善微循環、保護細胞、防止器官功能衰竭和全身性炎症反應症候群。

（一）治療原發病和消除病因

積極防治休克的原發病，應該針對各種具體原因進行處理，除去休克的原始動因，如止血、鎮痛、控制感染、補充血容量等。

（二）改善微循環

1. 糾正酸中毒　臨床應根據酸中毒的程度及時補鹼糾酸（用碳酸氫鈉溶液），特別注意微循環障礙引起的酸中毒所導致的高鉀血症。

2. 擴充血容量　除了心源性休克外，補充血容量是提高心排血量和改善組織灌流的根本措施。輸液應強調及時和儘早，補液量，以往遵循的「失多少，補多少」顯然是不夠的，低血容量性休克發展到微循環瘀血，血漿外滲，補充的量應大於失液量。感染性休克和過敏性休克血管床容量擴大，雖然無明顯的失液，有效循環量也顯著減少，因此正確的輸液原則是「需多少，補多少」。如無血容量減少，可採用擴血管藥以改善微循環（阿托品、酚妥拉明等）。

3. 合理使用血管活性藥物　血管活性藥物分為縮血管藥物和擴血管藥物。在微循環缺血期應選用，當血容量減少時，先補液再使用擴張血管藥，當血壓過低時，應當交替使用。臨床上用大劑量阿托品搶救中毒性休克，縮血管藥物（阿拉明、去甲腎上腺素、新福林等）治療過敏性休克療效不錯，但必須在糾正酸中毒的基礎上使用。

（三）應用細胞膜保護劑

為防止細胞損傷，改善微循環，穩膜和能量補充也是主要的治療措施。如糖皮質激素能保護溶酶體膜，還能抑制內毒素對細胞的損傷。

（四）防止器官功能衰竭和全身性炎症反應症候群

一旦出現 DIC 及重要器官功能衰竭，應針對不同器官採取不同的治療措施。如心臟機能減弱時，可用洋地黃等強心劑以增進心肌收縮功能，另外還要根據需求及時採取利尿、給氧等應急措施。為防止微血栓的發生，可應用肝素等抗凝劑，若已經發生，可以使用鏈激酶等纖溶劑，避免栓塞時間過長引起組織壞死。實驗證明苯海拉明拮抗氨基非林，抑肽酶能減少激肽的生成，皮質激素也能減少前列腺素和白血球三烯的生成，阿斯匹靈等藥物能減少前列腺素的生成。

技能訓練

一、病理實驗實訓方法簡介

病理實驗實訓是動物病理教學的重要組成部分。透過觀察大體標本、病理切片、幻燈、課件、動物實驗和病例討論等，更好地理解和掌握基本理論和技能，使所學理論與獸醫臨床密切連繫，提高分析和解決問題的能力，為臨床學習打下基礎。實驗實訓前應預習相關內容，實訓中應愛護動物、愛護標本，實訓後應及時書寫實驗實訓報告。病理實驗實訓方法有如下幾種。

1. 大體標本觀察方法 大體標本通常是在屍體解剖或外科手術時，將病變臟器或組織取下，用10%福馬林溶液固定並封存在標本瓶中製成。浸泡較久的標本，形態、色澤會有一些改變，觀察時應注意。

（1）首先辨認是什麼臟器和組織。

（2）觀察臟器的外形、大小、色澤、質地、表面和切面狀況（有無被膜、結節、炎性滲出物、光滑度等），空腔臟器還應注意有無擴大或變小，腔壁是否增厚或變薄，腔內有無內容物及性狀。

（3）觀察病灶的特徵。如病灶的位置、大小、形狀、分布（瀰漫或單個）、顏色、質地以及與周圍組織的界線是否清楚。周圍組織有無破壞等。

（4）觀察時不但要注意其形態結構變化，還應結合理論，分析其形成過程，加深對病變的認識。

2. 病理切片觀察方法 切取含有病變的組織，經過切片、染色等工序製作而成，利用光鏡觀察其細胞組織變化。

（1）首先肉眼觀察切片外形和顏色，然後用低倍鏡觀察切片全貌，辨認是何組織（實質臟器由外向內、空腔臟器由內向外逐步觀察），找出病變，注意病變的性質和分布以及與周圍組織的關係等。

（2）換用高倍鏡對病變的細微形態結構進行觀察。

（3）將觀察到的病變描繪成圖，力求真實、準確，並應有標註說明。

（4）根據大體標本、病理切片、臨床表現，綜合分析，做出病理診斷。

3. 動物試驗 利用動物人工造成各種病理過程，如缺氧、酸鹼平衡紊亂等，探討疾病的發生發展規律。實驗過程中應注意觀察動物的前後變化，測定並記錄實驗結果，進行對比分析，最後寫出實驗報告。

4. 屍體剖檢 在獸醫臨床診斷中，動物屍體剖檢因簡便、快速、準確而被廣泛應用。應按剖檢要求規範操作。透過動物剖檢實訓，掌握動物屍體解剖的基本方法和操作要領，掌握病料採集和送檢技術。

5. 多媒體教學課件與病例討論 透過多媒體課件、教學錄影、幻燈片等加深理解，擴大視野；透過病例討論，加強與臨床病理的連繫，培養實踐思維能力，縮短理論與臨床實踐的距離。

二、血液循環障礙病變辨識

【目的要求】掌握並能辨識組織器官局部血液循環障礙的眼觀和鏡檢病理變化。

【實訓材料】相關大體標本、病理組織切片、光學顯微鏡等。

【方法步驟】

1. 肺瘀血

眼觀：肺臟呈暗紅色，體積腫大，質地變硬，質量增加，被膜緊張，切面外翻，流出大量暗紅色、泡沫狀血液。

鏡檢：肺泡壁微血管及小靜脈擴張，充滿紅血球；肺泡腔內有大量均質淡紅染的漿液，有時還可見少量紅血球及「心臟衰竭細胞」。

2. 肝瘀血

眼觀：急性瘀血時，肝呈暗紅色或藍紫色，體積腫大，質脆易碎，被膜緊張，邊緣鈍圓，切面外翻，流出大量暗紅色的液體。慢性瘀血時，肝中央靜脈和鄰近肝竇區呈暗紅色，肝小葉周邊呈黃色，肝臟切面上形成暗紅色瘀血區和土黃色脂變區相間的花紋，如檳榔切面，稱「檳榔肝」。

鏡檢：中央靜脈及其肝竇高度擴張，充滿紅血球，肝細胞索因壓迫，排列紊亂，肝細胞大量萎縮、壞死，小葉周邊肝細胞腫脹，細胞質內出現大小不一的空泡（肝脂變）。

3. 出血

脾臟血腫：病變呈黑紅色硬塊，球形，凸出於器官表面，切開有血液流出。

腦溢血：部分腦組織破壞，被血塊取代，周圍組織水腫，血管有栓塞。

腎瘀點：豬瘟時，腎皮質下有瀰漫性針尖樣紅色出血小點。

肺瘀斑：豬瘟時，肺外觀紅色，肺外膜下有外形不整、大小不一的褐色斑塊（出血斑）。

4. 動脈血栓（慢性豬丹毒疣性心內膜炎）

眼觀：心內膜上有花椰菜狀贅生物，黃白色，質地脆而硬，表面粗糙，與瓣膜及心壁牢固相連，不易剝離。

鏡檢：白色血栓主要由血小板、纖維蛋白構成，後期發生結締組織增生和炎性細胞浸潤，血栓被機化。

（5）脾出血性梗塞（豬瘟）

眼觀：脾臟邊緣部有大小不一的黑紅色突起，質硬，切面呈倒三角錐形，結構模糊不清。

鏡檢：脾臟紅髓、白髓界線不清，組織結構被破壞，小血管和脾竇擴張充血，大量紅血球聚集於組織中，脾臟淋巴細胞顯著減少，細胞核碎裂，消失。

（6）腎貧血性梗塞

眼觀：梗塞區呈灰白色，略向表面突起，乾燥，質地脆弱，切面呈倒三角錐形，梗塞區與周圍組織有明顯界線，並有紅色充血反應帶。

鏡檢：腎組織細胞大體結構尚可辨認，但精細結構不清，細胞核溶解消失，細胞質呈顆粒狀，在其外圍有數量不等的中性粒細胞浸潤。

【實訓報告】

（1）繪出肺瘀血、肝瘀血、腎貧血性梗塞的鏡檢病理變化特徵。

（2）充血、瘀血、出血在大體標本和組織切片上如何區別？

（3）用組織解剖學知識解釋不同器官的梗塞灶具有不同形狀的原因。

（4）進行大體標本觀察，談談你是如何判斷器官組織體積腫大的。

三、氣體性栓塞實驗

【目的要求】掌握栓子運行的途徑，掌握空氣性栓塞所引起的病理變化及兔屍體剖檢的方法。

【實訓材料】家兔、酒精棉球、針筒、溫度計、聽診器等。

【方法步驟】

（1）實驗前觀察家兔可視黏膜的顏色，測定正常體溫、呼吸和心跳。家兔正常的可視黏膜呈粉紅色，可用左手固定頭部，右手食指、拇指撥開眼瞼觀察。用溫度計直腸檢查家兔的體溫，觀察家兔鼻翼翕動情況測定家兔的呼吸數，用聽診器測定家兔的心跳情況。

（2）家兔秤重，每隻兔耳緣靜脈注射空氣每公斤體重 5 mL。

（3）用相同方法測定尚未發生死亡的家兔體溫、呼吸和心跳。

（4）待兔死亡後，立即將家兔進行屍體剖檢，觀察病理變化。

【實訓報告】

（1）空氣性栓塞致死家兔時，分析死亡原因和栓子運行途徑。

（2）記錄實驗前後家兔的呼吸、心跳和體溫變化情況，並分析其原因，描述剖檢各臟器的病理變化。

實踐應用

1. 如果在瘤胃臌氣時放氣過快會引起什麼嚴重後果？試說明其機理。

2. 靜脈輸液時，為什麼要排儘管中的空氣？長期靜脈注射時，為什麼要避免在同一部位扎針？

3. 出血形成的原因和發生機理是什麼？如何鑑別局部組織器官的瘀血、充血和出血？

4. 試比較貧血性梗塞和出血性梗塞二者病理變化的異同點。

5. 全身性貧血的類型和病變特點有哪些？在一群動物中，若有少數發生全身性貧血，試分析其可能的原因，還應進行哪些檢查，以便確定其貧血類型。若多數動物發生全身性貧血又是什麼原因呢？

6. 血栓形成的過程和類型是什麼？有何意義？血栓與死後血凝塊有何區別？

7. 在獸醫臨床上，出血性變化常見於哪些（類）疾病？屬哪種出血類型？發生於哪些血管？病理變化如何？

8. 某經產母豬出現血尿，根據所學的病理知識，試分析可能由哪些疾病引起。

9. 某羊場有部分羊隻，長期腹瀉帶血，精神差，懶動，生長發育遲緩，被毛粗亂，消瘦，可視黏膜蒼白，採食正常，不發燒。試分析其發生的病變和可能的病因。

10. 為什麼肝瘀血時會發生檳榔肝，是如何發生的？

11. 試述瘀血、缺血、血栓形成、栓塞及梗塞間的關係。

第三章 水 腫

學習目標

能說出水腫的概念；能運用水腫的基本知識和理論，對臨床水腫類的疾病進行正確判別和病因分析；能正確辨識各個組織器官水腫時的病理變化特徵。

動物體內含有大量的液體，包括水分和溶解於其中的各種物質，統稱為體液。它占動物體重的60%～70%，其中2/3存在於細胞內稱細胞內液，1/3存在於細胞外稱細胞外液。細胞內液是大多數化學反應進行的場所；而細胞外液主要包括血漿和組織液（細胞間液），此外還有少量的淋巴液、腦脊液等，是組織細胞攝取營養、排除代謝產物、賴以生存的內環境。正常情況下，動物機體水、電解質的攝取與排出保持著動態平衡，細胞間液的產生與回流也保持著動態平衡，一旦這種平衡遭到破壞，即可引起水代謝和酸鹼平衡紊亂，各器官系統機能發生障礙，甚至導致嚴重的後果。

過多的液體在組織間隙或體腔中積聚，稱為水腫。然而通常所稱的水腫乃指組織間隙內的體液增多，當大量液體積聚在漿膜腔時稱積水或積液，如胸腔積水、心包積水等，是水腫的特殊形式。皮下水腫稱為浮腫；細胞內液積聚過多，使細胞腫脹時，稱為細胞水腫（如細胞中毒性腦水腫）。水腫不是一種獨立的疾病，而是許多疾病中都可出現的一種重要的病理過程和體徵。

水腫的分類方法有多種。按發生範圍，可分為全身性水腫（機體多處同時或先後發生水腫）和局部性水腫（水腫侷限於某個組織或器官）；按部位，可分為腦水腫、肺水腫、皮下水腫、喉頭水腫、視神經乳頭水腫等；按臨床表現，可分為隱性水腫（外觀不明顯，僅體重增加）和顯性水腫（局部腫脹，皮膚緊張，按之留痕）；按發生原因，可分為心性水腫、肝性水腫、腎性水腫等。

任務一　水腫的原因和機理

不同類型的水腫發生原因和機理不盡相同，但多數具有一些共同的發病環節，主要是血管內外液體交換平衡失調，引起細胞間液生成過多，以及球-管平衡失調導致水、鈉在體內滯留。

(一) 血管內外液體交換失衡

在生理狀態下，組織液和血液不斷進行交換，生成和回流處於動態平衡，這種恆定是由血管內外多種因素決定的。

促使液體進出微血管壁兩側的因素共有四個：即微血管血壓、組織液膠體滲透壓、組織液靜水壓和血漿膠體滲透壓。前兩個因素促使組織液生成，而後兩個因素則促使回流。這兩種力量加之血管壁通透性和淋巴回流等因素決定液體的濾出或回流（圖 3－1）。

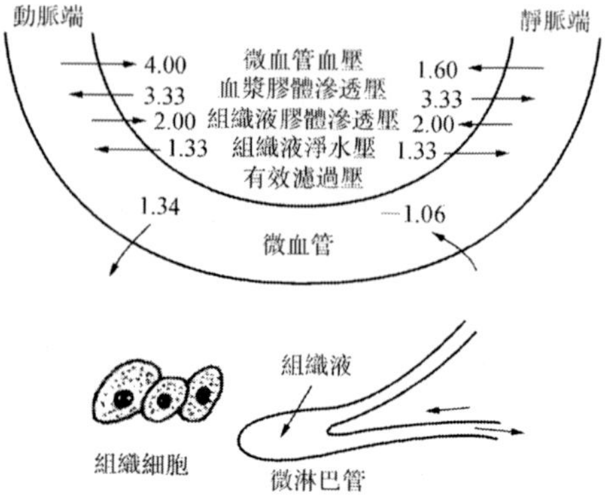

圖 3－1　正常血管內外液體交換示意

（張德興．人體結構生理學．2002）

在病理條件下，組織液生成和回流之間的動態平衡遭到破壞，組織液生成過多，回流減少，液體積聚於組織間隙中則發生水腫。引起組織液生成大於回流的因素有以下幾種。

1. 微血管血壓（流體靜壓）升高　生理條件下，動脈端微血管流體靜壓較高，組織液濾出，靜脈端微血管流體靜壓降低，使組織液回流。當微血管流體靜壓升高，即可導致動脈端有效濾過壓［有效濾過壓＝(微血管血壓＋組織液膠體滲透壓)－(組織液靜水壓＋血漿膠體滲透壓)］增高，它有利於微血管血漿的濾出而不利於組織液的回收，組織液生成過多，若超過淋巴回流的代償限度時即可發生水腫。

全身或局部的靜脈壓升高，可逆向傳遞到微靜脈和微血管靜脈端，使後者流體靜壓升高。全身靜脈壓增高的常見原因是右心衰竭，而肺靜脈壓增高的常見原因則是左心衰竭，心臟衰竭時的腔靜脈回流障礙則引起全身性水腫。局部靜脈壓升高的常見原因是血栓阻塞靜脈腔、腫瘤或疤痕壓迫靜脈壁等，多引起相應部位的組織水腫或積水。

2. 組織液膠體滲透壓升高　組織液膠體滲透壓具有阻止組織液進入淋巴管和回流入血的作用，當其升高時，可促進組織液的生成而引起水腫。引起組織液膠體滲透壓升高的因素有很多，如微血管通透性增高，血漿蛋白滲出，使組織液膠體滲透壓升高；局部炎症時，組織細胞變性、壞死，釋放大量的小分子物質，如蛋白腖、多肽等，這些因素都可使組織液膠體滲透壓升高。

3. 血漿膠體滲透壓降低　血漿膠體滲透壓是組織液回流入血管的主要動力，它的維持主要取決於血漿蛋白尤其是白蛋白的濃度。當血漿蛋白尤其是白蛋白濃度下降時，可引起微血管動脈端有效濾過壓增大，靜脈端有效濾過壓降低，導致液體在組織中滯留，從而引起水腫。這種水腫常為全身性的，其水腫液含蛋白質量較低，10～30 g/L（稱為漏出液）。引起血漿蛋白濃度降低的原因很多，主要包括：

（1）血漿蛋白丟失或消耗過多。如腎病症候群時大量蛋白質從尿中丟失；慢性消耗性疾病、惡性腫瘤時使大量蛋白質消耗。

(2) 白蛋白合成障礙。見於嚴重肝臟疾患，如肝硬變等。

(3) 蛋白攝取不足。見於營養不良、慢性胃腸道疾患引起消化吸收障礙等。

(4) 血漿蛋白稀釋。大量鈉、水滯留或輸入大量非膠體溶液時使血漿蛋白稀釋。

4. 微血管和微靜脈通透性增高　正常時，微血管只允許微量血漿白蛋白濾出。當微血管和微靜脈受損使其通透性增高時，大量血漿蛋白滲出到組織間隙中，導致血漿膠體滲透壓降低而組織液膠體滲透壓升高，使液體在組織間隙積聚而導致水腫。此型水腫的水腫液蛋白質含量較多（如炎症時引起的水腫），可達 30～60 g/L，並含有大分子的纖維蛋白原，稱為滲出液。

引起微血管和微靜脈通透性增高的原因有：細菌毒素、創傷、溫度損傷（燒傷、凍傷）、化學損傷及某些變態反應、組織缺氧、酸中毒等。這些因素一方面可以直接損傷微血管和微靜脈管壁，另一方面，在變態反應和炎症過程中產生的炎症介質，如組胺、激肽等多種生理活性物質，可引起血管內皮細胞收縮，細胞間隙增大使管壁的通透性升高。

5. 淋巴回流受阻　生理條件下，組織液的一小部分（約 10%）由淋巴回流，淋巴管將多餘的組織液及其中少量蛋白質回送到血液循環中。當淋巴回流受阻，一方面使組織液不能經淋巴回流入血，另一方面從微血管中漏出的蛋白質，使組織液膠體滲透壓升高，從而引起水腫。

淋巴液回流障礙最常見於淋巴管炎和淋巴管阻塞，如乳腺癌根治術後的上臂水腫，絲蟲病引起的下肢和陰囊的水腫，疤痕、腫瘤等壓迫淋巴管等。嚴重心功能不全引起靜脈瘀血和靜脈壓升高時，也可導致淋巴回流受阻。

（二）水、鈉滯留

正常機體水、鈉攝取與排出的動態平衡主要是在神經-體液調節下實現的，其中腎臟的濾過和重吸收功能尤為重要。正常情況下，腎小球濾出的鈉、水總量中只有 0.5%～1%被排出，絕大部分被腎小管重吸收，其中 60%～70%的鈉、水由近曲小管重吸收，餘下部分由遠曲小管和集合管重吸收，腎臟的過濾與重吸收過程主要受抗利尿激素（ADH）、醛固酮、心鈉素等激素的調節。如果在病因作用下，腎小球濾過率減少，而腎小管重吸收並未相應減少甚至增強，或腎小球濾過率無明顯變化而腎小管重吸收卻明顯增多時，可使水、鈉在體內滯留（腎小球-腎小管失平衡），從而導致水腫。

1. 腎小球濾過率下降　引起腎小球濾過率下降的主要原因有：

(1) 廣泛腎小球病變。如急性腎小球腎炎時，腎小球微血管內皮細胞增生、腫脹，有時伴發基底膜增厚，使腎小球有效濾過面積減少，可引起原發性腎小球濾過率下降，導致水、鈉滯留。在慢性腎小球腎炎時，由於腎小球嚴重纖維化而影響濾過率。

(2) 有效循環血量下降。如充血性心臟衰竭、肝硬變腹水和腎病症候群、休克、大量出血時，由於有效循環血量減少，腎血流量亦隨之減少，使腎小球濾過率降低。此外，有效循環血量的下降還可反射性地引起交感-腎上腺髓質系統和腎素-血管緊張素系統興奮，使腎小球入球小動脈收縮，導致腎血流量更加減少。它們都能使水、鈉在體內滯留。

2. 腎小管重吸收增強 腎小管重吸收增強是導致體內水、鈉滯留的主要因素，其發生原因有：

（1）激素原因。醛固酮能促進腎遠曲小管對鈉的重吸收；ADH 有促進遠曲小管和集合管重吸收水的作用。任何能使血漿中醛固酮、ADH 分泌增多的因素都可引起腎小管重吸收水、鈉增多。此外，肝功能嚴重損害，可導致醛固酮和 ADH 滅活減少，加重水腫的發生。

有學者發現利鈉激素和心房肽的分泌減少，也可導致水腫的發生。利鈉激素有抑制近曲小管重吸收鈉與醛固酮相抗衡的作用，故當利鈉激素分泌減少時就有利於醛固酮發揮滯鈉的作用；心房肽可能透過環鳥苷磷酸（cGMP）而發揮利鈉、利尿和擴血管作用，並能抑制醛固酮和 ADH 的釋放。因此，心房肽減少也可導致水、鈉滯留而促進水腫的發生。

（2）腎內血流重新分布。動物腎單位可分為兩類，靠近腎皮質外 2/3 的腎單位稱為皮質腎單位，其腎小管髓袢較短，不進入髓質高滲區，對水、鈉的重吸收功能較弱。靠近髓質的內 1/3 腎單位稱為髓旁腎單位，其髓袢較長，深入髓質高滲區，重吸收水、鈉功能較強。正常時腎血流的 90％透過皮質腎單位，只有小部分透過髓旁腎單位。在某些病理情況下，如心臟衰竭時有效循環血量下降，則皮質腎單位的血管收縮，大量的血液流向重吸收水、鈉較強的髓旁腎單位。當出現這種腎血流重新分布時，較多的水、鈉就被重吸收，造成水、鈉滯留。

任務二　水腫類型

在不同類型的水腫發展過程中，各水腫機制可單獨、同時或先後發揮作用。

（一）心性水腫

心性水腫主要因心排血量不足和回流量的減少所致。

1. 左心衰竭 心排血量減少，肺靜脈回流不暢，使肺靜脈壓快速升高，肺微血管血壓隨之升高，使血管內液體滲透到肺間質和肺泡內形成肺水腫（心源性肺水腫）。此外，由於肺水腫的形成，影響了肺泡微血管的氧氣供應，微血管的通透性增加，蛋白質外漏，導致水腫液中蛋白質的含量增加。

2. 右心衰竭 靜脈血回流受阻，體靜脈壓升高，進而微血管的流體靜壓增高，機體的低垂部位由於重力作用，表現的更為嚴重，所以右心衰竭時水腫首先出現於機體的下垂部，如下肢的凹陷性水腫，以踝部最為明顯，若平躺後，則水腫減輕。水腫可波及軀體各部位，嚴重時還可引起腹水、胸腔積液等。此外，右心衰竭時，回流血減少，心排血量也必然減少，機體的有效循環血量降低，進一步影響尿液的產生，主要表現為，腎小球的濾過下降，腎小管對鈉、水的重吸收增加，導致鈉、水滯留。右心衰竭時，還會引起腹腔臟器的瘀血和水腫，影響營養物質的吸收和蛋白質的合成，進一步導致血漿膠體滲透壓下降。體靜脈壓的升高，也會影響淋巴回流的障礙，導致水腫。

（二）腎性水腫

水腫是腎臟疾病的重要體徵。腎性水腫屬於全身水腫，一般首先從眼瞼、顏面開始進而延及全身，發展迅速。導致水腫發生的原因通常有兩種：一種是由蛋白尿所引起的低蛋白血症；另一種是腎小球的濾過下降，導致鈉、水滯留。

1. 血漿膠體滲透壓降低　如腎功能不全、腎小球腎炎、膜性腎小球腎病等，使腎小球微血管基底膜受損，血漿蛋白（主要是白蛋白）從腎小球濾過，而腎小管無法全部重吸收，大量蛋白質隨尿丟失，導致低蛋白血症及因此引起的血漿膠體滲透壓下降，造成組織間液積聚。

2. 鈉、水的排出減少　急性腎小球腎炎時，腎小球微血管內皮細胞和間質細胞發生腫脹和增生，腎血流量減少，腎小球鈉、水濾過下降。但完整的腎小管對鈉、水的重吸收沒有發生任何變化，所以出現了少尿或無尿，導致鈉、水在體內滯留。慢性腎小球腎炎時，腎單位被破壞，使腎小球的濾過面積減少，同樣可以引起鈉、水滯留。

（三）肝性水腫

肝臟疾病引起的水腫，特別是肝硬化，常以腹水為主要表現。引起肝性腹水發生的機理是多因素的。

1. 肝靜脈回流受阻　肝硬化時，大量結締組織增生，將肝小葉重新劃分成若干個假小葉，廣泛增生的結締組織壓迫肝內血管，尤其是肝靜脈分支，使肝靜脈回流受阻，導致肝靜脈和竇狀隙內壓明顯增高，使過多的液體濾出，超出了淋巴回流的代償能力，使液體從肝的被膜表面進入腹腔，形成腹水。

2. 門靜脈高壓　肝硬化、門靜脈分支的阻塞（寄生蟲卵、血栓等）可引起門靜脈高壓，進而引起腸繫膜微血管的流體靜壓升高，腸壁水腫，液體進入腹腔，形成腹水。

3. 鈉、水滯留　肝臟功能受損時，對醛固酮和 ADH 的滅活能力降低，使這兩種物質在血漿中的含量增加，腎小管對鈉、水的重吸收增多。其次，腹水的形成，使機體的有效循環血量降低，也可導致鈉、水的滯留。

除了上述三點外，血漿膠體滲透壓下降在肝性水腫發生過程中也有一定的作用。肝臟受損，使白蛋白的吸收和合成發生了障礙，進而血漿膠體滲透壓下降。此外，腹水的形成促使大量蛋白質進入腹腔，以及鈉、水的滯留對血漿蛋白的稀釋均可導致血漿膠體滲透壓的下降，促使水腫的發生。

（四）營養不良性水腫

營養不足引起的全身水腫稱營養不良性水腫，也稱為惡病質性水腫。主要見於一些慢性消耗性疾病（如嚴重的寄生蟲病、惡性腫瘤的後期等）和動物營養不良（如蛋白質飼料缺乏）時，由於機體消耗較多或補充不足，機體缺乏蛋白質，導致低蛋白血症，血漿膠體滲透壓下降，促使水腫發生。

除了以上所講的幾種水腫類型外，常見的水腫還有瘀血性水腫、炎性水腫、腦水腫等。

任務三　常見水腫病理變化

一般來說，發生水腫的組織器官體積增大，顏色變淡，被膜緊張，切面隆起，有液體流出。但不同組織發生水腫時，其形態學變化又有所不同。

（一）皮膚水腫

皮膚水腫的初期或水腫程度輕微時，水腫液與皮下疏鬆結締組織中的凝膠網狀物（膠原纖維和由透明質酸構成的凝膠基質等）結合而呈隱性水腫。隨病情的發展，可產生自由液體，擴散於組織細胞間，指壓留痕，稱為凹陷性水腫。眼觀皮膚腫脹，局部組織因貧血而呈蒼白、灰白色，彈性降低，觸之如面糰。切開皮膚有大量淺黃色液體流出，皮下組織呈淡黃色膠凍狀。

鏡檢：皮下組織的纖維和細胞間隙增寬，有多量液體，間質中膠原纖維腫脹，甚至崩解。結締組織細胞、肌纖維、腺上皮細胞腫大，細胞質內出現水泡，甚至發生壞死。腺上皮細胞往往與基底膜分離。淋巴管擴張。HE 染色標本中水腫液可因蛋白質含量多少而呈深紅色、淡紅色或不著染（僅見組織疏鬆或出現空隙）。

（二）肺水腫

肺臟發生水腫時，眼觀肺臟體積增大，質量增加，質地變實，被膜緊張，邊緣鈍圓，顏色蒼白（如有瘀血、出血則呈暗紅色），肺間質增寬，尤其是豬、牛的肺臟，因富有間質，故增寬尤為明顯。肺臟切面可見大量的白色泡沫狀液體流出。

鏡檢：非炎性水腫時，肺泡壁微血管擴張充血，間質增寬，肺泡、間質內可見大量淡紅、均質樣的漿液，其中混有少量脫落的肺泡上皮。結締組織疏鬆呈網狀，淋巴管擴張。在炎性水腫時，除有上述病變外，還可見肺泡腔水腫液內混有大量白血球，蛋白質含量明顯增多。慢性水腫時，可見肺泡壁結締組織增生，有時病變組織發生纖維化。

（三）腦水腫

腦水腫時，眼觀軟腦膜充血，腦迴變寬而扁平，腦溝變淺。脈絡叢血管常瘀血，腦室擴張，腦脊液增多。

鏡檢：軟腦膜和腦實質內微血管充血，血管周圍淋巴間隙擴張，充滿水腫液，神經細胞腫脹，體積增大，細胞質內出現大小不等的水泡，核偏位，嚴重時可見核濃縮甚至消失（神經細胞壞死）。神經細胞內尼氏小體數量明顯減少，細胞周圍因水腫液積聚而出現空隙。

（四）漿膜腔積水

心包腔、胸腔、腹腔等都可發生積水。發生積水時，水腫液一般為淡黃色透明液體。漿膜小血管和微血管擴張充血，漿膜面濕潤有光澤。如因炎症所引起，則水腫液內含有較多蛋白質，並混有滲出的炎性細胞、纖維蛋白和脫落的間皮細胞，水腫液混濁黏稠，呈黃白色或黃紅色。此時可見漿膜腫脹、充血或出血，表面常被覆薄層或厚層灰白色呈網狀的纖維蛋白。

（五）實質器官水腫

肝臟、心臟、腎臟等實質器官發生水腫時，器官的腫脹比較輕微，一般見中度腫大，切面外翻，色澤蒼白。肝臟水腫時，水腫液主要積聚在狄氏間隙內，使肝細胞索與竇狀隙發生分離。心臟水腫時，心肌纖維之間出現水腫液，相鄰心肌纖維彼此分離，間隙增寬，受到擠壓的心肌纖維可發生變性。腎臟水腫時，水腫液積聚在腎小管之間，使間隙擴大，腎小管上皮細胞往往變性並與基底膜分離。

任務四　水腫的結局和影響

水腫是一種可逆的病理過程。輕度水腫和持續時間較短的水腫，當病因去除之後，在心血管系統機能改善的條件下，水腫液可被吸收，水腫組織的形態學改變和機能障礙也能恢復正常，對機體影響不大。如果水腫時間較長，組織細胞與微血管間距離增大，微血管受壓，實質細胞可因組織缺血、缺氧，繼發結締組織增生而發生纖維化或硬化。這時即便病因去除，組織器官的結構和機能也難以恢復正常。

水腫對機體的影響主要取決於水腫的原因、發生部位、嚴重程度和持續時間。機體重要器官如心、腦發生水腫時，可造成嚴重後果，甚至危及生命。水腫對機體的影響表現為有利影響和有害影響兩個方面。

（一）有利影響

炎性水腫時，水腫液對毒素或其他有害物質有一定的稀釋作用；透過炎性滲出能將抗體輸送到炎症部位，增強局部抵抗力；水腫液中的蛋白質能吸附有害物質，阻礙其吸收入血，滲出的纖維蛋白凝固可限制微生物在局部的擴散等。

水腫形成在腎臟、心臟病變時有著特別重要的意義。如在腎炎時，大量血漿以水腫液形式儲備於組織間，對減輕血液循環的負擔起著「棄卒保車」的作用。心臟衰竭時水腫液的形成起著降低靜脈壓、改善心肌收縮功能的作用。

（二）有害影響

水腫對機體的有害影響主要表現在以下幾個方面。

1. 管腔不通或管道阻塞　如支氣管黏膜水腫可妨礙肺通氣。

2. 組織營養障礙　水腫液的存在，加大了組織與血管間物質營養交換的距離，可引起細胞代謝障礙，組織內壓升高，血液供應下降，組織營養不良等，從而導致組織抗感染和再生能力下降，長期水腫甚至發生組織萎縮、變性、壞死，結締組織增生而發生硬化，如在水腫部位繼發外傷或潰瘍則往往不易癒合。

3. 器官機能障礙　如肺水腫可導致通氣與換氣障礙；腦水腫時顱內壓升高，壓迫腦組織可出現神經系統機能障礙；胃黏膜水腫可影響物質的消化和吸收；心包積水時則妨礙心臟的泵血機能；急性喉黏膜水腫可引起窒息，甚至死亡。

技能訓練

水腫病變觀察

【目的要求】掌握並能辨識常見組織器官水腫的眼觀和鏡檢病理變化。

【實訓材料】相關大體標本、病理組織切片、光學顯微鏡等。

【方法步驟】

1. 肺水腫

眼觀：肺體積增大，質量增加，質地變實，被膜緊張，邊緣鈍圓，切面外翻，流出大量淡黃紅色、泡沫狀液體。透明感增強，肺間質增寬。

鏡檢：肺泡壁微血管擴張充滿紅血球，肺泡腔內含大量均質紅染的水腫液，水腫液中有脫落的上皮細胞，肺間質因水腫液積聚而增寬。

2. 皮下水腫

眼觀：皮膚腫脹，彈性下降，指壓留痕，如生面糰狀。切面流出大量淡黃色、透明、清亮液體，皮下結締組織富含液體，呈膠凍樣。

鏡檢：皮下組織間隙增寬，結締組織疏鬆，膠原纖維腫脹，彼此分離。組織間隙中有大量均質紅染的水腫液。

3. 胃壁水腫

眼觀：胃壁增厚，黏膜濕潤有光澤，透明感增強。切面外翻，流出大量無色或淡黃色透明液體，黏膜下層明顯增寬，呈透明膠凍樣。

鏡檢：胃壁黏膜固有層、黏膜下層、甚至肌層和漿膜層的間質中有大量均質紅染的液體，組織鬆散，黏膜上皮細胞、膠原纖維、平滑肌彼此分離。

4. 腎盂積水大體標本

眼觀：腎盂、腎盞擴張，呈大小不一的空腔，腎實質萎縮。

5. 肝水腫

眼觀：肝臟變化不太明顯，肝臟稍腫大，質地變實，顏色變淡。

鏡檢：肝小葉的竇狀隙極度擴張，充滿均質粉紅染的漿液，肝細胞受壓迫而萎縮。

【實訓報告】

（1）記錄所觀察標本的病理變化，分析其發生機理。

（2）繪出肺水腫和肝水腫鏡檢病變特徵。

實踐應用

1. 簡述常見水腫的病理變化。

2. 簡述水腫對機體的影響。

3. 試根據水腫發生的機理，分析母畜在懷孕後期為什麼易出現後肢水腫現象。

4. 某豬場有數頭 50 日齡仔豬發病，精神委頓，食慾減退，步態不穩，易跌倒，病豬倒地側臥，四肢亂動如划水狀。病豬體溫微升高或正常，眼瞼及頭頸部水腫。剖檢見胃黏膜水腫，切面流出清亮無色至黃色滲出液，全身淋巴結幾乎都有水腫和不同程度的腫大，肺水腫，大腦水腫。據此，請分析判斷該群仔豬主要病變、病因、可能患有何種疾病。如需確診還需做哪些檢查？

5. 一雞場 1 200 餘隻肉雞在 22 日齡時發病，主要表現為精神沉鬱，羽毛粗亂，不願活動，喜歡臥於墊料上，走動時動作緩慢，狀似企鵝；食慾減少，增重緩慢；有呼吸困難和腹瀉症狀。死後檢查發現冠和肉垂呈紫紅色；皮膚發紺，全身明顯瘀血，腹部腫大，解剖發現腹腔中有大量淡黃色透明液體，並有纖維蛋白凝塊，呈果凍樣；心包積液，心臟增大，右心明顯擴張，心肌鬆弛；肝臟腫大或萎縮，表面常有淡黃色膠凍樣纖維性凝結塊，有的漂浮在腹水中；肺臟瘀血，腎臟腫大、充血，尿酸鹽沉著；腸管瘀血，管壁增厚。請根據上述情況對該雞群所患疾病做出初步判斷。如需確診還需做哪些檢查？如何防治該病？

第四章
細胞與組織損傷

學習目標

能說出萎縮、變性、壞死的概念；能分析萎縮、變性、壞死的發生原因和機理；能正確辨識萎縮、變性、壞死的病理變化。

動物機體在各種致病因素作用下，細胞和組織會發生形態、代謝與功能的應答反應，而當這些致病因素的作用超過細胞、組織的適應能力時，就會使細胞、組織或器官受到損傷，出現一系列形態結構、代謝和功能的變化。根據組織細胞受損傷程度不同可分為萎縮、變性、壞死等。萎縮、變性是一種可復性的損傷過程；壞死則是細胞的「死亡」，是一種不可復性的損傷。

任務一　萎　　縮

發育正常的器官、組織或細胞，由於物質代謝障礙而發生體積縮小和功能減退的過程，稱萎縮。萎縮與發育不全或不發育有著本質的區別。發育不全是指器官或組織不能發育到正常結構，體積一般較小。不發育是指器官不能發育，可能完全缺失或只有結締組織構成的痕跡性結構物。

（一）萎縮的原因和類型

根據萎縮發生的原因，可分為生理性萎縮和病理性萎縮。

1. 生理性萎縮　又稱年齡性萎縮，是指某些組織、器官隨年齡增長逐漸萎縮退化的正常生理現象。例如胸腺、法氏囊在性成熟時發生退化，老齡動物的乳腺、性器官的萎縮等。

2. 病理性萎縮　是指組織、器官受到某些致病因子作用而發生的萎縮。根據病變波及的範圍分為全身性萎縮、局部性萎縮。

（1）全身性萎縮。是在全身物質代謝障礙的基礎上發展起來的，多見於長期飼料不足、慢性消化道疾病（如慢性腸炎）、嚴重的消耗性疾病（如結核、鼻疽、惡性腫瘤等）。

（2）局部性萎縮。是由局部原因引起的器官、組織的萎縮。按其發生原因可分為以下幾種。

① 廢用性萎縮。長期工作負荷減少、久臥不起的肌肉萎縮。多見於骨折、關節炎等。

② 神經性萎縮。外周或中樞神經受到損傷時，受其支配的肌肉發生萎縮。如神經型馬立克病引起的患肢肌肉萎縮。

③ 壓迫性萎縮。多因機械性壓迫所致，如腫瘤、寄生蟲壓迫鄰近器官引起的萎縮。

④ 缺血性萎縮。是因小動脈狹窄或不全阻塞時，血流不暢，局部組織或器官因缺血發生萎縮。多見於動脈硬化或栓塞導致動脈內狹窄等因素。

⑤ 激素性萎縮。是指內分泌器官功能低下、內分泌功能失調引起相應靶器官的萎縮。如垂體功能低下引起的腎上腺、甲狀腺、性腺等器官的萎縮，動物去勢後性器官的萎縮。

（二）萎縮的病理變化

1. 全身性萎縮　全身性萎縮的動物常表現嚴重消瘦，全身貧血，可視黏膜蒼白及水腫等。機體各組織器官的功能不同，發生萎縮的先後順序也是不同的。其中脂肪組織的萎縮發生得最早且最顯著，幾乎完全消失；其次是肌肉組織，可減少45%；然後是肝臟、脾臟、腎臟及淋巴結等實質器官；而心、腦、內分泌腺等重要器官則發生最晚且不明顯。

剖檢：屍體皮下、肌間、腹下、腸繫膜、大網膜脂肪全部被消耗，心冠狀溝、縱溝脂肪消耗後，間隙被漿液填充，外觀呈黃色膠凍樣。全身肌肉萎縮，變薄變輕，眼觀肉色變淡。血液稀薄色淡，凝固不良。實質器官發生萎縮時，器官體積縮小，質量減輕，外形變化不大，韌性增強，邊緣銳薄，切面乾燥。胃腸壁變薄，撕拉時易破裂。萎縮的鄰近組織細胞可發生代償性肥大，臟器表面凹凸不平，呈顆粒狀，稱顆粒萎縮。

鏡檢：萎縮的器官實質細胞體積縮小或數量減少，細胞質減少且染色較深，細胞核皺縮濃染，間質組織相對增多。有些器官發生萎縮後，在細胞質內見到有黃褐色、顆粒狀的脂褐素，量多時使器官呈褐色，這種萎縮稱為褐色萎縮。脂褐素常見於發生萎縮的肝細胞、心肌纖維、神經細胞及腎小管上皮細胞。

2. 局部萎縮　局部萎縮的形態變化與全身性萎縮的相應器官變化相同。

（三）結局和對機體的影響

萎縮是一種可復性的病理過程，在病因消除後，萎縮的器官和組織可恢復其形態、機能及代謝。但嚴重的萎縮，由於體積縮小，細胞數量減少，使器官或組織的功能降低，這對機體的生命活動是不利的，如不能得到及時的改善，則可加速病情的惡化，嚴重者可導致器官功能衰竭或因繼發感染而死亡。

任務二　變　　性

變性是指在細胞或細胞間質內出現異常物質或正常物質明顯增多的病理現象，是由致病因素引起細胞物質代謝和功能障礙的一類形態學變化。變性是一種可復性的病理過程，發生變性的細胞和組織仍保持生活能力，但機能降低，當致病因素被消除後，細胞功能和結構仍可恢復正常狀態。但嚴重時，可進一步發展為壞死。

變性有多種類型，常見的有細胞腫脹、脂肪變性、透明變性、澱粉樣變性、黏液樣變性、纖維素樣變性。

（一）細胞腫脹

細胞腫脹是指細胞因水分增多而腫大或細胞質內布滿了許多微細結構的蛋白質顆粒，是一種常見的輕度變性。多見於肝臟、腎臟、心臟等實質器官的早期病變。

1. 原因和發生機制 多見於急性熱性傳染病、中毒、缺氧、血液循環障礙和飢餓等全身性病理過程。本病發生的機制十分複雜，但主要與粒線體有關。當致病因素作用於細胞時，使細胞內粒線體受損，三羧酸循環和氧化磷酸化過程發生障礙，ATP 生成減少，細胞膜鈉泵功能降低，導致細胞內鈉離子含量增多，於是水分大量進入細胞內，導致細胞腫脹。

2. 病理變化 **眼觀**：變性器官體積增大，被膜緊張，切面隆起，質脆易碎。色澤混濁變淡，呈灰白色且無光澤，似水煮過一樣，故又稱混濁腫脹，簡稱濁腫。

鏡檢：細胞體積腫大，細胞質模糊，初期細胞質內出現大量紅染顆粒，故稱為「顆粒變性」（圖 4－1）；以後細胞因水分增多而進一步加大，細胞質淡染並出現許多大小不等的水泡，故稱為「水泡變性」；如病變嚴重，細胞因水分大量積聚而高度變圓，色淡透亮，形似氣球，故有「氣球樣變」之稱。

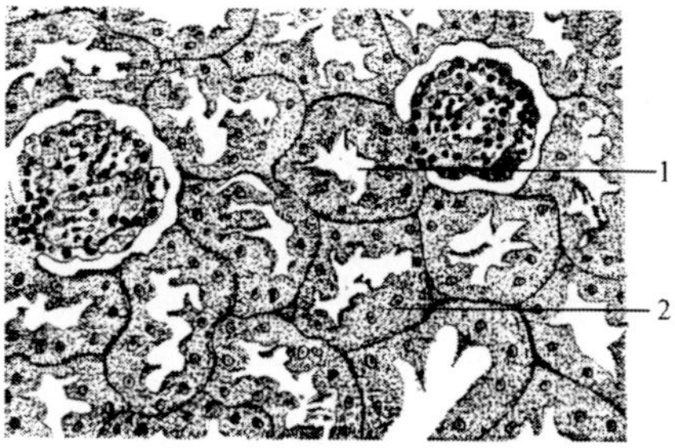

圖 4－1　腎小管上皮顆粒變性
1. 腎小管管腔狹小
2. 腎小管上皮細胞腫脹，細胞質內有顆粒狀物

3. 對機體的影響 發生細胞腫脹的器官，其生理功能有不同程度的降低。但只要病因消除則可以恢復正常；但如病因持續作用，會導致脂肪變性和細胞死亡。

（二）脂肪變性

脂肪變性是指變性的細胞質內出現大小不等的游離脂肪小滴。脂肪滴的主要成分為中性脂肪（甘油三酯），也可能有磷脂和膽固醇。脂肪變性也是一種常見的細胞變性，常發生於細胞腫脹之後，或二者同時發生。多見於肝臟、心臟、腎臟等實質器官，尤以肝臟最為明顯。

1. 原因和發生機制 引起脂肪變性的原因很多，常見的有中毒、缺氧、飢餓、營養缺乏、急性熱性傳染病及敗血症等。這些原因引起脂肪變性的機制各不相同，但其結果都是干擾或破壞脂肪的代謝。現以肝臟為例加以說明。正常情況下，來自脂庫和腸道的脂肪酸進入肝臟時，少部分脂肪酸在粒線體內氧化供能，大部分脂肪酸在內質網中合成磷脂和甘油三酯，並與這裡合成的膽固醇、載脂蛋白組成脂蛋白進入血液，再儲存於脂庫或供其他組織利用；還有少部分磷脂及其他類脂與蛋白質、醣結合形成細胞的各種結構成分（即結構脂肪）。上述過程任何一環節發生障礙均可導致脂肪變性的發生。如結構脂肪破壞、中性脂肪合成過多、脂蛋白合成發生障礙、脂肪酸的氧化發生障礙等。

（1）結構脂肪破壞。在缺氧、中毒和感染等多種病因的作用下，細胞結構破壞，結構脂肪解離，脂肪析出形成脂肪滴。

（2）中性脂肪合成過多。某些疾病造成的飢餓狀態或當糖利用發生障礙時，機體從脂庫動用大量脂肪氧化供能，血液中游離脂肪酸增多，過量的脂肪酸進入肝臟，使肝細胞合成甘油三酯劇增，當其超過了肝細胞將其氧化利用和合成脂蛋白輸出的能力時，脂肪便在肝細胞中積聚。

（3）脂蛋白合成發生障礙。由於合成脂蛋白的原料（如磷脂及組成磷脂的膽鹼、蛋胺酸等物質）缺乏，或由於缺氧、中毒，破壞內質網的結構或抑制某些酶的活性，使脂蛋白合成發生障礙，因此不能及時將甘油三酯組成脂蛋白並運出肝細胞，從而使脂肪在肝細胞內積聚。

（4）脂肪酸的氧化發生障礙。在缺氧時，可使催化脂肪氧化的酶受到抑制，影響脂肪酸的氧化過程，同時缺氧又可影響脂蛋白各種成分的合成，造成甘油三酯在細胞內積聚。

2. 病理變化　眼觀：輕度脂變，常無明顯變化。重度脂變，器官體積增大，質地變軟，呈灰黃色或土黃色。切面結構模糊，觸摸有油膩感。若脂變的肝臟伴有瘀血時，則脂變組織呈灰黃色，瘀血部分呈暗紅色，兩者摻雜在一起形成類似肉荳蔻或檳榔的斷面花紋，稱「檳榔肝」（或肉荳蔻肝）。若心臟發生脂變時，在心外膜下、心內膜特別是在心室乳頭肌和肉柱的靜脈周圍，可見橫行排列的灰黃色的條紋或斑點狀脂肪變性病灶，出現在正常心肌間，似虎皮樣花紋，稱「虎斑心」（常見於幼畜口蹄疫）。

鏡檢：在 HE 染色的石蠟切片中，脂變的細胞腫脹，細胞質內出現大小不等的脂肪空泡，嚴重時這些空泡相互融合成大的空泡，核被擠於一側（圖 4－2），這與水泡變性的空泡不易區別，需以冰凍切片蘇丹Ⅲ或鋨酸作脂肪染色來鑑別，前者將脂肪染成橘紅色，後者將其染成黑色。肝臟脂肪變性時，肝細胞索排列紊亂，肝竇狹窄。心肌脂肪變性時，脂肪空泡呈串珠狀排列在肌原纖維之間，心肌纖維橫紋被掩蓋，細胞核有程度不等的退行性變化。腎臟脂肪變性時，腎小管特別是近曲小管上皮細胞的細胞質內出現大小不一的脂肪空泡（圖 4－3）。

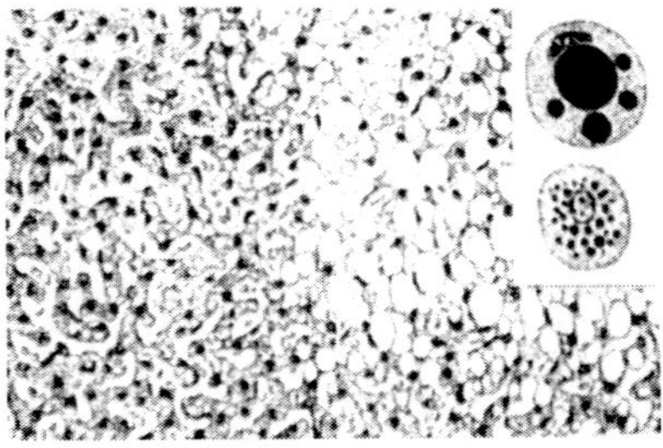

圖 4－2　肝細胞的脂肪變性（豬）
肝細胞高度腫脹，細胞質充滿脂肪滴

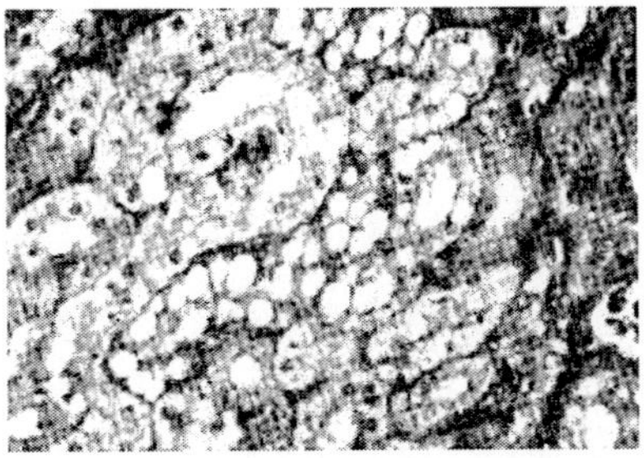

圖 4－3　腎小管上皮細胞的脂肪變性
腎近曲小管上皮細胞呈空泡狀，管腔消失

3. 對機體的影響 脂肪變性也是一種可復性的病理過程，如早期消除病因，其損傷細胞的功能和結構仍可恢復正常。脂肪變性對機體的影響，一般說來較細胞腫脹的影響嚴重。如發生在肝臟、腎臟，可因代謝、功能障礙而造成自身中毒。如發生在心臟則引起心缺血、瘀血、缺氧、心臟衰竭。

知識連結

脂肪肝是指由於各種原因引起的肝細胞內脂肪堆積過多的病變。肝臟中脂肪含量超過5%，醫學上稱為脂肪肝。脂肪含量超過5%為輕度脂肪肝，超過10%為中度脂肪肝，超過25%為重度脂肪肝。近年來，由於生活水準的不斷提高，犬、貓脂肪肝的發生率顯著提高，主要表現為犬、貓肥胖，走路搖擺，B超顯示肝輕度到中度增大，邊緣鈍圓，回音增強。

(三) 透明變性

透明變性又稱玻璃樣變，是指在細胞間質或細胞內出現一種均質、無結構、半透明的蛋白質樣物質。可被伊紅或酸性復紅染成鮮紅色。

1. 類型及發生機制

(1) 血管壁透明變性。主要見於小動脈壁，因血管壁的通透性增高，引起血漿蛋白大量滲出，浸潤於血管內所致。光鏡下，見小動脈內皮細胞下出現均質無結構的嗜伊紅物質，嚴重時中膜的細胞結構破壞，平滑肌纖維變性、結構消失，變成緻密無定形的透明樣物質，管壁變厚，管腔變窄，甚至閉塞。本病變多見於一些傳染病、中毒病、血管病和慢性炎症等，如豬瘟、病毒性動脈炎、鴨瘟、慢性腎小球腎炎等。

(2) 纖維組織透明變性。是由於膠原纖維之間，膠狀蛋白沉積並相互黏著形成一片均質無結構的透明樣物質。眼觀透明變性的纖維組織呈均質的灰白色，半透明狀，質地堅韌緻密，無彈性。常見於慢性炎症、疤痕組織及含纖維較多的腫瘤。

(3) 細胞內透明變性。又稱細胞內的透明滴狀變，是指在某些實質細胞的細胞質內出現圓形、大小不等的均質無結構的嗜伊紅樣物質。如腎小球腎炎時，腎小管上皮細胞的細胞質內常出現此變化。這一方面可能是變性的細胞本身所產生；另一方面可能是上皮細胞吸收了原尿中的蛋白質所形成的。

2. 對機體的影響 輕度變性時，透明蛋白可以被吸收而使組織恢復正常，但透明變性的組織易鈣化。小動脈發生透明變性後，管壁變厚，管腔狹窄甚至閉塞，導致局部組織缺血和壞死，進而可引起機體產生不同程度的機能障礙及不良的後果。

(四) 澱粉樣變性

澱粉樣變性是指澱粉樣物質沉著在某些器官的網狀纖維、血管壁或組織間的病理過程。澱粉樣物質是一種細胞外的糖蛋白，只因其具有遇碘呈紅褐色，再加硫酸呈藍色或紫色的澱粉顯色反應的特性，故稱為澱粉樣變性。澱粉樣物質在HE染色的切片上呈淡紅色、均質無結構的索狀或塊狀物，沿細胞之間的網狀纖維支架沉著。輕度變性時，無明顯眼觀變化，只有在光鏡下才能發現。該變性常發生於脾臟、肝臟、腎臟及淋巴結等器官。脾臟發生澱粉樣變性時，可呈局灶型或瀰漫型。局灶型時，眼觀脾的切面呈半透明灰白色顆粒狀結構，外觀與煮熟的西米相似，故稱為「西米脾」。瀰漫型時，眼觀脾臟的切面呈不規則的灰白色區，沒有沉積的部位仍保留脾髓固有的暗紅色，互相交織成火腿樣花紋，所以俗稱「火腿脾」。肝臟發生澱粉樣變性時，眼觀體積腫大，色澤灰黃或棕黃，質脆軟，常有出血斑點。病變嚴重時可引起肝臟破裂。腎臟發生澱粉樣變性時，眼觀腎腫大，色灰黃，質脆軟，表面光滑，被膜易剝離。淋巴結發生澱粉樣變性時，眼觀淋巴結腫大，色灰黃，質脆軟，切面呈油脂樣。澱粉樣變性的原因和發生機理還不完全清楚，整體來說是蛋白質代謝障礙的一種產物，與全身免疫反應有關。

輕度澱粉樣變性一般是可以恢復的，重症澱粉樣變性不易恢復。發生澱粉樣變性的器官由於實質細胞受損和結構破壞均發生機能障礙。

(五) 黏液樣變性

黏液是由正常黏膜上皮細胞分泌的一種黏性物質。黏液樣變性是指結締組織中出現大量黏稠、灰白色、半透明黏液樣物質的一種變性。其成分為黏多醣與蛋白質的複合物，呈弱酸性，HE 染色為淡藍色。光鏡下可見病變處的間質變疏鬆，有淡藍色的黏液樣物質積聚，其中散在一些多角形、星芒狀纖維細胞。

黏液樣變性是一個可復性的病理過程，病因消除後，變性的組織可以恢復，但如長期存在可引起纖維組織增生，從而引起組織硬化。

(六) 纖維素樣變性

纖維素樣變性是指結締組織中發生的一種病變。該變性主要發生於病變器官的間質膠原纖維及小血管壁中。病變特點是初期結締組織上基質增多，結構模糊，隨後膠原纖維斷裂、崩解，形成一種均質或顆粒狀嗜伊紅樣物質，類似於纖維素，因此稱纖維素樣變性。

纖維素樣變性主要見於過敏性炎症，其發生可以是抗原抗體反應形成的活性物質使局部膠原纖維崩解。此外，也可見於血管壁，由於小血管壁損傷而使其通透性增高，血漿外滲，其中的纖維蛋白原可轉變為纖維蛋白沉著於病變部，形成纖維素樣物質。

任務三　壞　死

在活體內局部組織、細胞的病理性死亡，稱為壞死。壞死的組織或細胞代謝停止、功能喪失、形態結構受到破壞，所以壞死是一種不可逆性變化。大多數壞死是在萎縮、變性的基礎上發展而來的，這個過程是一個從量變到質變的漸進性過程，所以又把壞死稱為漸進性壞死。少部分壞死是突發性的，這樣的壞死一般是由強烈致病因素直接作用於局部造成的，例如強酸、強鹼等。

(一) 原因及發病機理

任何致病因素只要達到一定的強度或持續一定時間，使組織、細胞的物質代謝發生嚴重障礙，都能引起壞死，常見的原因有以下幾種。

1. 機械性因素 直接的機械作用如創傷；持續的機械作用如褥瘡、腫瘤等。

2. 物理性因素 高溫使蛋白質凝固；低溫使細胞內水分凍結，破壞細胞質膠體結構和酶的活性；放射線能破壞細胞的 DNA 或與 DNA 有關的酶系統，從而造成細胞的死亡。

3. 化學性因素 強酸、強鹼及重金屬如磷、砷、鉛、汞等，都可引起蛋白質變性，造成細胞和組織的死亡。

4. 生物性因素 病原微生物、寄生蟲及其毒性產物，能直接破壞細胞內酶系統和造成血液循環障礙，間接地引起組織、細胞的壞死。如結核病的乾酪樣壞死、豬瘟時脾的出血性梗塞等。

5. 營養因素 由於長時間的營養不良，可引起營養不良性貧血，進而引起細胞、組織的變性、壞死。

6. 神經性因素 當中樞神經和外周神經系統損傷時，相應部位的組織因缺乏神經的興奮性衝動而引起局部細胞、組織的萎縮、變性、壞死。

7. 血管源性因素 局部血管受壓、痙攣、血栓形成和栓塞等因素，可造成局部組織缺血缺氧，進而導致局部細胞、組織的變性、壞死。

8. 免疫機制紊亂 過敏反應、自身免疫缺陷等，可造成組織細胞的死亡。

（二）病理變化

1. 眼觀 壞死組織初期外觀與原組織相似，不易辨識。時間稍長的外觀缺乏光澤或變為灰白色，結構模糊、色澤混濁、缺乏彈性，提起或切斷後，組織回縮不良。因局部缺血而溫度降低，切割時無血液流出，感覺及運動功能消失，在壞死組織與活組織之間呈現一條明顯的紅色炎性反應帶。

2. 光鏡下 壞死組織主要表現在細胞核、細胞質及間質的改變。

（1）細胞核的變化。細胞核的變化是細胞壞死的主要象徵，即核濃縮、核破碎和核溶解。

核濃縮：核體積縮小，染色質濃縮深染。

核破碎：核膜破裂，核染色質崩解成大小不等的碎片，分散在細胞質中。

核溶解：核染色質在 DNA 酶的作用下逐漸分解消失，喪失了對鹼性染料的著色反應，染色變淺或僅留下核影（圖 4 - 4）。

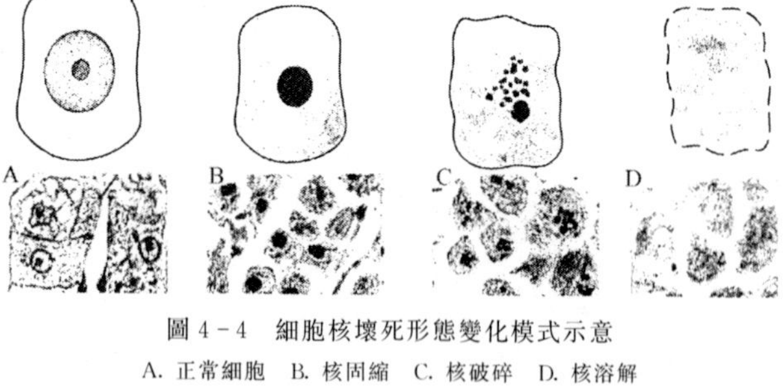

圖 4 - 4　細胞核壞死形態變化模式示意

A. 正常細胞　B. 核固縮　C. 核破碎　D. 核溶解

上列為細胞壞死模式，下列為肝細胞的壞死

（2）細胞質的變化。壞死細胞細胞質內的微細結構破壞，細胞質對酸性染料伊紅的著色加深，呈紅色細顆粒狀。當細胞膜破裂，整個細胞輪廓消失，變成一片紅染的顆粒狀物質。也有細胞壞死後，細胞核破壞消失，細胞質內的水分逐漸喪失而固縮為圓形小體，呈強嗜酸性深紅色，稱為嗜酸性小體。

（3）間質的變化。由於間質比實質細胞對缺血缺氧的耐受性強，因此實質細胞壞死一定時間內，間質常無明顯變化，以後由於各種水解酶的作用，表現為間質細胞、結締組織、基質的解聚，而纖維尤其是膠原纖維的變化最為嚴重，發生腫脹、崩解或斷裂、液化並相互融合，形成一片紅染的顆粒狀或均質無結構的纖維素樣物質，稱為纖維素樣壞死或纖維素樣變。

（三）壞死的類型

1. 凝固性壞死　是指組織壞死後，失水變乾，組織蛋白未發生崩解液化而發生凝固。眼觀：壞死組織早期因吸收周圍的組織液常有輕度腫脹，色澤灰暗，組織紋理模糊，而後壞死組織變為灰白或灰黃色，乾燥、堅實而無光澤，壞死區周圍有暗紅色的充血和出血帶與健康組織分界。光鏡下：壞死組織實質細胞的細胞核溶解消失，或殘留部分碎片，細胞質崩解融合成為一片紅色的無結構的顆粒狀物質，但組織的結構輪廓仍保留。但不同組織的凝固性壞死表現形式不同，如腎臟的貧血性梗塞、肌肉的蠟樣壞死、結核的乾酪樣壞死等。

（1）貧血性梗塞。是一種典型的凝固性壞死。壞死區呈灰白色，乾燥，早期腫脹，稍凸出於臟器的表面，切面壞死區呈楔形，邊緣清楚。

（2）乾酪樣壞死。是由於壞死組織呈灰白色或灰黃色、鬆軟易碎的無結構物質，外觀似乾酪或豆腐渣而得名。光鏡下，壞死組織的固有結構完全破壞消失，細胞徹底崩解融合成均質紅染的顆粒狀物質（圖 4－5）。

（3）蠟樣壞死。是肌肉組織發生的凝固性壞死。外觀呈灰黃或灰白色，乾燥而堅實，混濁無光澤，形如石蠟，故稱蠟樣壞死。光鏡下，肌纖維腫脹、斷裂，細胞核溶解，橫紋消失，細胞質均質紅染或呈著色不均的無結構狀物質（圖 4－6）。

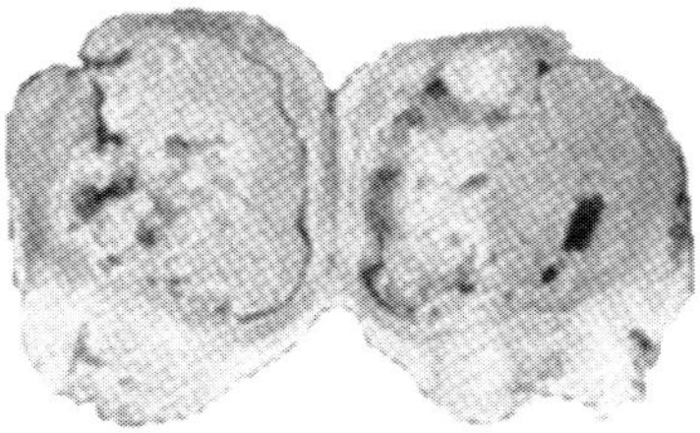

圖 4－5　淋巴結的乾酪樣壞死
（綿羊乾酪樣淋巴結炎）

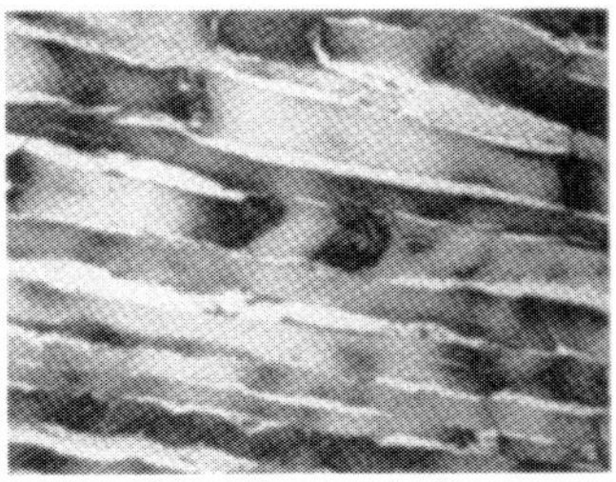

圖 4－6　肌肉的蠟樣壞死

2. 液化性壞死　主要發生於富有蛋白分解酶（如胃腸道、胰腺）或含磷脂和水分多而蛋白質少的組織（如腦），以及有大量中性粒細胞浸潤的化膿性炎灶。腦組織的液化性壞死通常稱為腦軟化，多見於馬屬動物的霉玉米中毒和雛雞的維他命 E 缺乏症。

3. 壞疽 是組織壞死後受到腐敗菌感染引起的繼發性變化。壞疽外觀呈灰褐色或黑色。可分為三種類型。

（1）乾性壞疽。多發於體表，尤其是四肢末端、耳殼和尾尖。由於組織壞死後暴露在空氣中，水分蒸發，腐敗菌不易生長繁殖，病程發展較慢。眼觀壞疽部乾涸皺縮，呈黑色或黑褐色，與周圍健康組織界線清楚，有炎性反應帶（圖 4－7）。乾性壞疽可見於慢性豬丹毒，頸、背、尾根部的皮膚壞死；牛慢性錐蟲病的耳、尾、四肢下部飛節和球節處皮膚壞死；耕牛耳、尾根皮膚凍傷壞死。

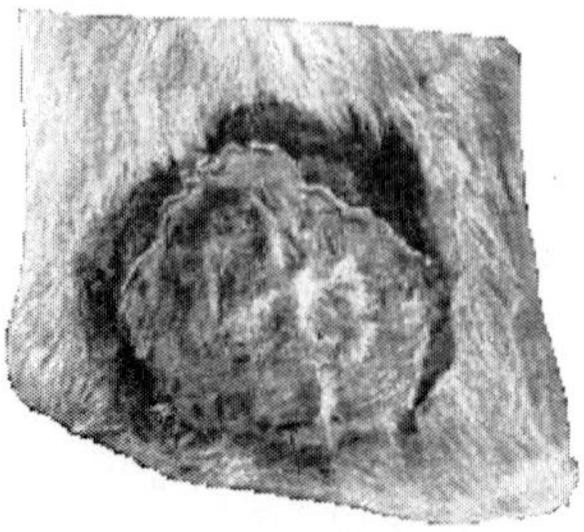

圖 4－7　皮膚褥瘡乾性壞疽

（2）濕性壞疽。是由於壞死組織含水多，一旦繼發腐敗菌感染後，引起腐敗分解液化所致，常發生於與外界相通的器官。眼觀壞疽部位呈汙灰色、暗綠色或黑色的糊狀，有惡臭氣味，與健康組織界線不清，並易造成全身中毒。常見的濕性壞疽有腸變位、腐敗性子宮內膜炎和乳腺炎等。

（3）氣性壞疽。是濕性壞疽的一種特殊類型。主要見於深部創傷感染了厭氧產氣菌，而這些細菌在分解壞死組織時產生大量的氣體（H_2、CO_2、N_2），形成氣泡並造成組織腫脹。眼觀壞死區呈蜂窩狀，汙穢暗棕色，按壓有捻發音；切開病變部位，有黃紅色、帶酸臭氣味、含氣泡的混濁液體流出。如牛氣腫疽。

上述各種壞死的類型並不是固定不變的，由於機體抵抗力的強弱不同以及壞死發生的原因和條件等的改變，壞死的病理變化在一定條件下也可互相轉化。例如凝固性壞死如果繼發化膿細菌感染，也可轉化為液化性壞死。

（四）壞死的結局

壞死組織為體內的異物，如不能及時清除將會對機體造成持續性病理損傷，因此機體會透過各種抗損傷方式將其清除或改造。

1. 吸收再生 較小範圍的壞死灶，被來自壞死組織本身或中性粒細胞釋放的蛋白分解酶分解、液化，隨後由淋巴管、血管吸收，不能吸收的碎片由巨噬細胞吞噬和消化吸收。最後，缺損的組織由鄰近健康組織再生而修復。

2. 腐離脫落 發生在體表或與外界相通器官的較大範圍的壞死灶，由於壞死組織與健康組織之間出現炎症反應，使壞死組織與周圍健康組織分離脫落。皮膚或黏膜的壞死脫落後，局部留下淺的組織缺損稱為糜爛，深達真皮以下的缺損且表面形成凹陷者稱為潰瘍。肺組織壞死脫落排出後留下的較大空腔，稱為空洞。潰瘍和空洞都可透過周圍健康組織再生而修復。

3. 機化、包囊形成和鈣化 多見於較大的壞死組織，不能完全吸收再生和腐離脫落，可逐漸被新生的肉芽組織長入替代，最後形成疤痕，這種由肉芽組織取代壞死組織的過程稱為機化。如果壞死組織不能完全被機化則由新生的肉芽組織將其包裹起來，稱為包囊形成。其中的壞死組織可以進一步發生鈣鹽沉著，即發生鈣化。

組織壞死後對機體的影響取決於壞死發生的部位、範圍和機體的狀態。當壞死發生於心和腦時，即使是很小的壞死灶也可造成嚴重的後果。一般器官小範圍的組織壞死，可透過機能代償而對機體影響不大。倘若繼發感染時，可使患病動物發生毒血症或敗血症而危及生命。因此，在臨床上及時清除壞死組織和有效地控制感染是重要的治療措施。

知識拓展

細 胞 凋 亡

細胞凋亡指生物體為了維持機體內環境的穩定，由基因控制的細胞自主有序性地死亡。細胞凋亡就像秋天時樹葉掉落一樣，是機體為了更好地適應生存環境而主動死亡的過程。

1. 細胞凋亡的影響因素 機體內、外有多種因素可以影響細胞的凋亡，既有生理性的，也有病理性的。其中有些可以誘導細胞凋亡，有些可以抑制細胞凋亡。如腫瘤壞死因子家族、神經遞質、去除細胞生長因子、化療的藥物、細菌、病毒等均可誘導細胞的凋亡；而細胞生長因子、雌激素、雄激素、病毒等可抑制細胞的凋亡。除了這些影響因素外，細胞凋亡還需要多種基因進行調控，這些調控基因對細胞凋亡的作用有促進、抑制和執行三種。調控基因在種屬之間存在一定的保守性，如 Bcl－2 原癌基因家族、caspase 家族、C－myc 原癌基因、抑癌基因 P53 等。隨著研究的深入，人們對多種細胞凋亡的過程有了一定的認識，但到目前為止，細胞凋亡過程的確切機制尚未被研究透徹。

2. 細胞凋亡的病理變化 細胞凋亡多為散在的單個細胞，即使是一小部分細胞一般也並非同步發生，它在形態上的變化是多階段的。鏡下，凋亡的細胞首先要收縮變圓，與周圍的組織細胞脫離，絨毛消失，隨後細胞質的密度增加，細胞核染色質濃縮，在核膜周圍凝聚形成馬蹄狀或新月狀，核膜破裂，DNA 被降解，進而細胞膜多處向細胞內陷入或向外凸出似發芽狀，形成包裹結構將胞內物質包裹其中，並從根部脫離，形成凋亡小體。細胞凋亡後期可將凋亡的細胞分割為幾個凋亡小體，且每個凋亡小體均有完整的包膜。凋亡小體形成後可被鄰近的吞噬細胞所吞噬，一旦被吞入，凋亡小體很快被降解。由於細胞在整個凋亡過程中沒有任何細胞內容物的外溢，所以細胞的凋亡不會引起周圍組織的炎症反應。

3. 細胞凋亡的生物學意義 細胞凋亡和細胞增生、分化一樣，都是生命的基本現象，是機體維持自身穩定的基本措施。生物體在整個生命發育的各階段，組織形態的結構和功能變化，都必須有凋亡的參與。在胚胎發育階段透過細胞凋亡清除不該存在的和已無用的細胞，保證了胚胎的正常發育；在成年階段透過細胞凋亡清除衰老和病變的細胞，保持組織器官形態結構相對穩定。正常情況下，細胞凋亡和增生處於平衡狀態，如果這種平衡發生紊亂就會導致疾病的發生。當正常凋亡受到抑制，可引起增生性疾病的發生，如惡性腫瘤；相反，凋亡異常增加可導致免疫缺陷病等疾病的發生，如愛滋病、再生不良性貧血。此外，細胞凋亡還可幫助機體抵禦來自外環境的各種威脅，如細胞受到細菌或病毒的感染後發生凋亡，可減少病原對機體的侵害。

4. 細胞凋亡和壞死的區別 綜上所述，細胞凋亡和壞死是兩種不同的現象（圖 4－8）。壞死是活體內局部組織、細胞或器官的病理性死亡；細胞凋亡是指生物體為了維持機體內環境的穩定，由基因控制的細胞自主有序性地死亡。壞死是一種被動的過程，而細胞凋亡是由基因控制的一種主動過程。而且兩者在發展過程中的形態變化也有很大的差別，細胞凋亡過程中形成的凋亡小體，被鄰近細胞吞噬溶解，無內容物外溢，不會引起炎症反應；而壞死時細胞膜破裂，細胞內容物外溢，易引起炎症反應。此外，細胞凋亡和壞死對機體的影響也有很大的差別（表 4－1）。

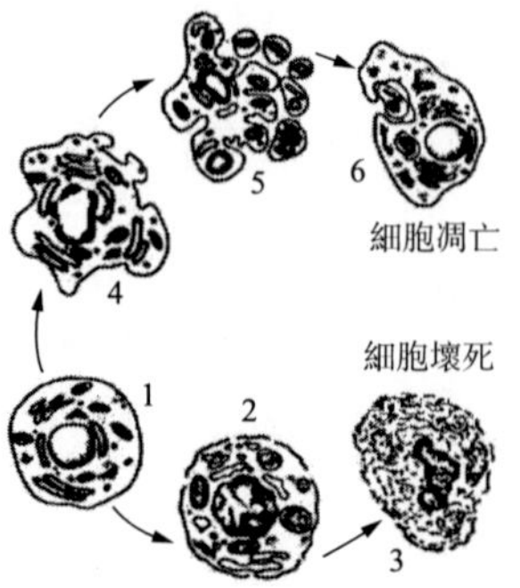

圖 4－8　壞死與細胞凋亡的區別
1. 正常細胞　2. 細胞腫脹、染色質濃縮和凝聚，核染色質加深，核膜皺縮
3. 細胞發生壞死，細胞膜破裂
4. 細胞開始皺縮，核染色質邊集，呈新月狀　5. 凋亡小體的形成
6. 吞噬細胞吞噬凋亡小體

表 4－1　細胞凋亡和壞死的區別

項　目	細胞壞死	細胞凋亡
誘因	病理性因素	生理或病理性因素
分布特點	大片組織或成群細胞	多為單個散在細胞
細胞膜	完整性受到破壞	保持完整性，直到形成凋亡小體
染色質	分散呈絮狀	凝聚在核膜下呈半月形
細胞體積	腫脹增大	固縮變小
凋亡小體	無，細胞自溶，殘餘碎片被巨噬細胞吞噬	有，被鄰近細胞或巨噬細胞吞噬
調節過程	被動、無序進行	受基因調控主動進行
炎症反應	有，釋放內容物	無，細胞內容物不外溢

技能訓練

細胞和組織的損傷病變觀察

【目的要求】 掌握並能辨識常見器官組織萎縮、變性、壞死的眼觀和鏡檢病理變化。

【實訓材料】 相關大體標本、病理組織切片、光學顯微鏡等。

【方法步驟】

1. 肝臟的脂肪變性

眼觀：體積腫大，邊緣鈍圓，呈土黃色或灰黃色，手觸之有油膩感。切面微隆，肝小葉的結構模糊；若同時伴有慢性肝瘀血，則在切面上可見到土黃色的脂變區和暗紅色的瘀血區相間在一起，如檳榔切面的花紋。

鏡檢：肝細胞的細胞質內充滿了大小不等的脂肪滴空泡，空泡大而多時，可占據整個細胞質，細胞腫大，肝竇狹窄。

2. 心臟的脂肪變性

眼觀：心肌色黃無光澤，鬆軟。在心外膜下、心內膜尤其是在心室乳頭肌和肉柱的靜脈血管周圍，可見正常心肌之間夾有灰黃色的條紋或斑點，似虎皮樣花紋。

鏡檢：HE 染色，脂滴呈空泡狀在肌纖維內的肌原纖維間呈串珠狀排列，肌纖維因脂肪的壓迫而發生萎縮。

3. 腎臟的顆粒性變性

眼觀：體積腫大，被膜緊張，質地脆軟。色澤變淡且混濁，切面隆起，邊緣外翻，組織結構模糊。

鏡檢：腎小管上皮細胞的體積腫大，突入管腔，管腔狹窄，腎小管上皮細胞質內有許多嗜伊紅的蛋白質顆粒。

4. 肝臟的水泡變性

鏡檢：低倍鏡下肝細胞排列紊亂，紅色著染不均，肝竇貧血、狹窄甚至閉鎖，高倍鏡下細胞質淡染且出現許多大小不一的空泡，呈蜂窩狀或網狀，細胞核腫大淡染。

5. 腎小球的透明變性

鏡檢：低倍鏡下，腎小管減少，腎小球相對集中。高倍鏡下，整個腎小球著染伊紅呈淡紅色無結構狀態。

6. 淋巴結的乾酪樣壞死

眼觀：淋巴結體積腫大，表面有大小不等的圓形或類圓形結節，切面可見到皮質和髓質中有白色或灰白色的乾酪樣壞死物。

7. 皮膚的乾性壞疽

眼觀：病變皮膚皺縮，呈黑褐色或棕黑色，病變的部位與周圍正常組織之間的界線明顯。

8. 腦的液化性壞死

眼觀：壞死部位可見到黃白色的乳汁狀液體，由於液化可在病變部位看到不規則的空洞。

【實訓報告】

(1) 畫出肝臟脂肪變性、腎臟顆粒性變性時顯微鏡下的病理變化。

(2) 描述所觀察標本的病變特徵（包括大體標本和切片）。

實踐應用

1. 動物長期處於半飢餓狀態時，機體各組織、器官是否會發生萎縮？萎縮程度是否相同？為什麼？

2. 動物長時間採食高能量低蛋白的飼料，而引起突然死亡，剖檢後發現肝臟體積增大，被膜緊張，邊緣鈍圓，質地變軟易碎，呈土黃色，切面結構模糊，觸之有油膩感。你認為肝臟此時發生了什麼病變？試述其發生機理。

3. 腎的貧血性梗塞是壞死嗎？如果是，它屬於壞死的哪一種類型？它與壞疽有何不同？

4. 壞疽有幾種類型？各有何特點？

5. 組織壞死後對機體是有害的，機體將採取哪些方式將其清除？

第五章 代償、適應與修復

學習目標

能分析三種形式代償的關係；能運用各種組織的再生過程和肉芽組織的功能，在臨床上指導不同組織的修復和再生；在獸醫實踐中，能運用骨折和創傷處理的基本原則，促進骨和創傷的癒合。

正常動物機體內的細胞和組織經常受到內外環境因素的刺激，並透過自身的反應和調節機制對刺激做出應答性反應，以適應環境條件的改變，抵禦刺激因素的損害。這種反應能力不僅能保證細胞和組織的正常功能，並且能維護細胞、器官乃至整個機體的生存。機體的組織和細胞受到輕度持續的病理性刺激時，會出現非損傷的適應性反應。主要透過組織、器官的代謝、功能、形態進行反應性調整來實現。當機體的細胞和組織遭受有害刺激的強度和持續時間超越了一定界線時，一方面會出現形態、功能、代謝的損傷變化，如萎縮、變性、壞死；另一方面會出現適應、代償、修復等抗損傷反應。

任務一　代　　償

在致病因子作用下，動物機體一些組織、器官的代謝和功能發生障礙或組織結構遭受破壞時，機體透過相應組織、器官的代謝改變、功能加強或形態結構改變進行代替、補償的過程，稱為代償。代償過程主要透過神經-體液調節實現，可分為代謝代償、功能代償和結構代償三種形式。其中物質代謝的加強（代謝代償）是基礎，在此基礎上出現功能加強（功能代償），最後出現組織、器官形態結構的改變（結構代償），這種形態結構的改變為功能的進一步加強提供物質保障，三者彼此連繫，相輔相成。

1. 代謝代償　代謝代償是指機體在疾病過程中體內出現以物質代謝改變為其主要表現形式的一種代償。如慢性飢餓時機體動員儲脂供能；缺氧時，體內糖的有氧代謝過程受阻，機體會透過加強糖的酵解（無氧代謝）來補充一部分供應不足的能量。

2. 功能代償　功能代償是機體透過器官功能的增強來代償病變器官的功能障礙和損傷的一種代償形式。如一側的腎臟發生損傷而致其功能喪失時，另一側的健康腎臟透過功能加強來補償受損腎臟的功能。

3. 結構代償 結構代償是以器官、組織體積增大（肥大）來實現的一種代償形式，增大的器官、組織實質細胞體積增大和（或）數量增多，因此功能進一步加強。

三種形式的代償常同時存在，互相影響。其中功能代償發生較早，長期功能代償會引起結構的變化，因此結構代償出現比較晚。結構代償能使功能持久增強，而代謝代償則是功能與結構代償的基礎。例如機體在缺血或缺氧時，首先透過心肌纖維的代謝加強，以增強心臟收縮功能，長期的代謝、功能增強，會導致心肌纖維的增粗，形成心臟肥大，肥大的心臟又反過來增強心臟的功能。

應當明確的是，機體的代償能力雖然強大但卻是有限的，如果某一器官的功能障礙超過了機體的代償能力，則發生代償失調，即失代償。

任務二　適　　應

機體內的細胞、組織或器官在受到刺激或環境改變時，能改變其機能與形態結構以適應新的環境條件和新的機能要求，這個過程稱為適應。適應是機體在進化過程中獲得的適應性反應。適應性改變一般是可逆的，只要組織和細胞的局部環境恢復正常，其形態結構的適應性改變即可恢復。

（一）肥大

細胞、組織或器官的體積增大並伴有功能增強，稱為肥大。組織或器官的肥大主要是由於組成該組織或器官的實質細胞體積增大或數目增多，或二者同時發生而形成的。肥大可分為代償性肥大和內分泌性肥大兩類。

1. 代償性肥大 一些器官的功能負荷加重，引起相應組織或器官的肥大，稱代償性肥大。例如一側腎臟手術摘除喪失功能時，另一側腎臟發生肥大代償其功能；心臟瓣膜疾病時心肌細胞體積增大。

2. 內分泌性肥大 某些激素分泌增多時，其效應器官可出現肥大。如雌激素可刺激妊娠子宮平滑肌引起肌纖維肥大。

（二）改建

器官、組織的功能負擔發生改變後，為適應新的功能需要，其形態結構發生相應變化，稱為改建。

1. 血管的改建 動脈內壓長期增高，使小動脈壁彈性纖維和平滑肌增生，管壁增厚，微血管可轉變成小動脈、小靜脈；反之，當血管由於器官的功能減退時，其原有的一部分血管將發生閉塞，如胎兒的臍動脈在它出生後由於血流停止而轉變為膀胱圓韌帶。

2. 骨組織的改建 患關節性疾病或骨折癒合後，由於骨的負重方向發生改變，骨組織結構形式就會發生相應的改變。此時骨小梁將按力學負荷所賦予的新要求而改變其結構與排列，不符合重力負重需要的骨小梁逐漸萎縮，而符合重力負荷需要的則逐漸肥大，經一定時間之後，骨組織內形成適應新的機能要求的新結構。

3. 結締組織的改建 創傷癒合過程中，肉芽組織內膠原纖維的排列也能適應皮膚張力增加的需要而變得與表皮方向平行。

（三）化生

已分化成熟的組織在環境條件改變的情況下，其形態和功能完全轉變為另一種組織的過程，稱為化生。這常常是由於組織適應生活環境的改變，或者某些理化刺激引起的。多發於上皮組織和結締組織。根據化生發生的過程不同，化生可分為鱗狀上皮化生與結締組織化生兩類。

1. 鱗狀上皮化生 多見於氣管和支氣管。此處黏膜長時間受到刺激性氣體刺激或慢性炎症的損傷，黏膜上皮反覆再生，此時可出現化生。如慢性支氣管炎或支氣管擴張症時，支氣管黏膜的柱狀纖毛上皮化生為鱗狀上皮（圖 5－1）；腎盂結石時，腎盂黏膜的移行上皮化生為鱗狀上皮。

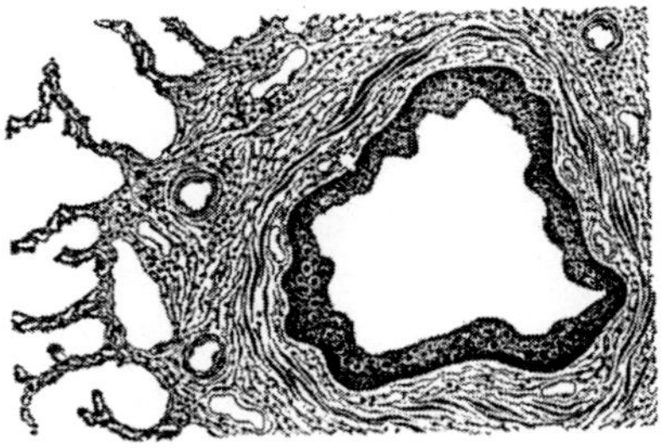

圖 5－1　支氣管黏膜鱗狀上皮化生

2. 結締組織化生 結締組織可化生為骨、軟骨或脂肪組織等。

組織化生後雖然能增強局部組織對某些刺激的抵抗力，但卻喪失了原有組織的功能，例如支氣管黏膜的鱗狀上皮化生，由於喪失了黏液分泌功能和纖毛細胞，反而削弱了支氣管的防禦功能，易發生感染。更有甚者，誘發組織化生的刺激因子如長期存在，可能引起局部組織發生癌變。

任務三　修　　復

修復是損傷組織的重建過程，是機體對細胞、組織損傷所形成的缺損，由周圍健康組織再生進行修補、對生成的病理產物進行改造的過程。修復的內容包括再生、肉芽組織、疤痕組織、創傷癒合、骨折癒合、機化和包囊形成、鈣化等。

一、再　　生

體內細胞或組織損傷後，由鄰近健康細胞分裂增殖進行修補的過程，稱為再生。

（一）再生的類型

1. 生理性再生 是生理條件下的新老交替過程，如表皮細胞角化和脫落後，由基底細胞不斷增生、分化來補充；消化道上皮 1～2 d 更新一次；紅血球平均壽命 120 d。

2. 病理性再生 是機體對致病因素引起的細胞死亡和組織損傷進行修復的過程。再生的組織其結構和功能與原來的組織完全相同，稱為完全再生；如果缺損的組織不能完全由結構和功能相同的原組織修復，而由肉芽組織代替，最後形成疤痕，稱為不完全再生，也稱為疤痕修復。組織能否完全再生主要取決於組織的再生能力及組織損傷程度。機體內不同組織的再生能力不同，這是動物在長期的生物進化過程中獲得的。如低等動物的組織再生能力比高等動物強；分化程度低的組織（結締組織細胞、小血管、淋巴造血組織的一些細胞）再生能力比分化程度高的組織（平滑肌、橫紋肌）強；平常容易遭到損傷的組織（表皮、黏膜）再生能力較強；神經細胞在出生後便缺乏再生能力，缺損後由神經膠質細胞再生修復，形成膠質疤痕。

（二）各種組織的再生過程

1. 上皮組織的再生

（1）被覆上皮再生。皮膚複層鱗狀上皮缺損時，由創緣的基底細胞層細胞分裂增殖修補，先形成單層上皮細胞層，繼而向缺損中心延伸覆蓋整個創面，以後增生分化為複層鱗狀上皮。胃腸黏膜的柱狀上皮細胞缺損後，同樣也由鄰近的上皮細胞分裂增生，初為立方形的未成熟細胞，以後逐漸分化為柱狀或纖毛柱狀上皮細胞，有的還可向深部生長形成管狀腺。

（2）腺上皮再生。腺上皮的再生能力較被覆上皮弱，若腺上皮損傷後，基底膜未被破壞，殘存的上皮細胞分裂修補，能完全再生修復，若腺體結構完全被破壞，則難以再生，如皮膚汗腺完全被破壞後不能再生，僅能由結締組織增生取代。

2. 結締組織再生　結締組織再生能力強大，不僅能修補本身損傷，也能積極參與其他損傷組織的修復。結締組織再生時，受損處的成纖維細胞分裂、增生。成纖維細胞可由靜止狀態的纖維細胞轉變而來，或由未分化的間葉細胞分化而來。未成熟的成纖維細胞體積較大，細胞質嗜鹼性，兩端常有突起，細胞核大而淡染。當成纖維細胞停止分裂後，開始合成並分泌前膠原蛋白與基質，在細胞周圍形成膠原纖維，細胞逐漸成熟，細胞及細胞核逐漸變細變長，成為長梭形的纖維細胞（圖 5－2）。

3. 血細胞的再生　當機體因頻繁的出血而發生失血性貧血時，會出現造血功能亢進，一方面原有紅骨髓中成血細胞分裂增殖能力增強，大量新生的血細胞進入血液循環；另一方面，黃骨髓轉變為紅骨髓，恢復造血功能，甚至在淋巴結、脾臟、肝臟、腎臟以及其他器官出現髓外造血灶，外周血液中出現網狀紅血球、晚幼紅血球增多。

4. 血管的再生　動、靜脈血管不能再生。這類血管損傷後，管腔被血栓堵塞，以後被結締組織取代，血液循環靠側支循環恢復。微血管可以再生而且再生能力強，多以芽生的方式再生，即由原有微血管的內皮細胞肥大並分裂增殖，形成向外突起的幼芽，幼芽繼續向外增長而成實心的內皮細胞條索，隨著血液的衝擊，細胞條索中出現管腔，形成新的微血管，新生微血管彼此吻合形成微血管網（圖 5－3）。微血管再生後可以改建，有的管壁增厚發展成為小動脈或小靜脈。

5. 骨組織的再生　骨組織的再生能力很強，但再生程度取決於損傷的大小、固定的狀況和骨膜的損傷程度。骨組織損傷後主要由骨外膜和骨內膜的內層細胞分裂增生形成一種未成熟的組織，後逐漸分化為骨組織，通常可完全再生。

6. 軟骨組織的再生　軟骨組織的再生能力較弱，小損傷由軟骨膜深層的成軟骨細胞增殖，形成未成熟細胞，以後逐漸分化為軟骨細胞與軟骨基質來修復，大的損傷則由結締組織修復。

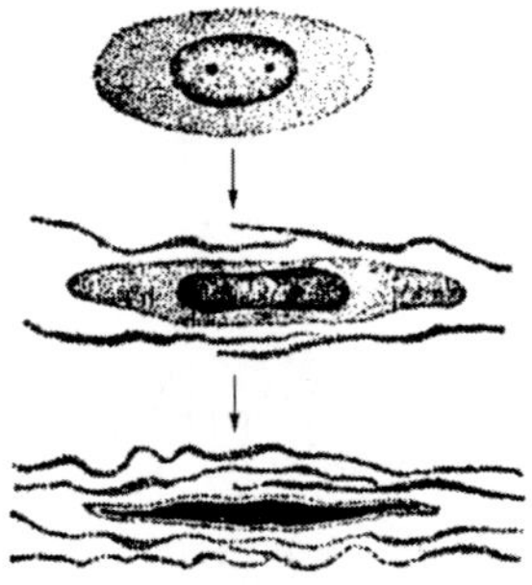

圖 5－2　成纖維細胞產生膠原纖維並轉化為纖維細胞

圖 5－3　微血管再生模式

7. 肌肉組織再生　骨骼肌輕微損傷，如果肌纖維變性或部分發生壞死，肌膜完整和肌纖維未完全斷裂，此時由中性粒細胞和巨噬細胞進入病變肌纖維內，吞噬清除壞死物質，而後由殘留的肌細胞核分裂增殖修復；如果肌纖維完全斷裂，則由斷端肌細胞核分裂增殖，斷端肌漿增多，斷端膨大，形成多核巨細胞樣的肌芽，形如花蕾，又稱肌蕾，但肌蕾不能直接連接肌纖維斷端，而必須依靠結締組織增生來修復連接。骨骼肌損傷嚴重，如果整個肌纖維（包括肌膜）均被破壞，則只能透過結締組織增生形成疤痕修復。平滑肌再生能力有限，損傷不大時，可由殘存的平滑肌細胞再生修復。損傷嚴重時，則由結締組織修復。心肌沒有再生能力，心肌細胞死亡之後，通常均由結締組織修復。

8. 腱的再生　腱能夠再生，但再生過程非常緩慢，而且需要精確的對合，並有一定的張力，否則不能再生而由纖維組織連接。

9. 神經組織的再生　神經細胞沒有再生能力，損傷後由神經膠質細胞修復，形成膠質細胞疤痕。外周神經纖維具有一定的再生能力，只要損傷斷裂很近或尚有接觸，神經元未受損傷，就能完全再生修復（圖 5－4）。但如斷端相隔太遠，或其間有疤痕組織，軸突不能到達遠端，則常與增生的結締組織混雜，捲曲成團，形成結節狀損傷性神經瘤，導致頑固性疼痛。

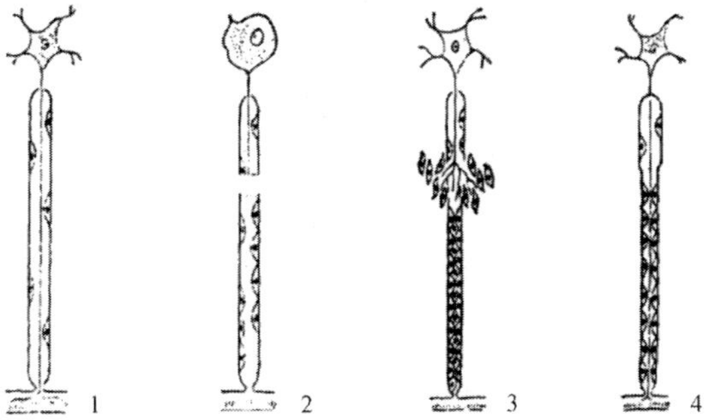

圖 5－4　神經纖維再生

1. 正常神經纖維　2. 神經纖維斷裂，遠端及近端的部分髓鞘及軸突崩解
3. 神經膜細胞增生，軸突生長　4. 神經軸突達末梢，多餘部分消失

二、肉芽組織

1. 肉芽組織的形態 肉芽組織主要由新生的微血管、成纖維細胞、炎性細胞構成。眼觀呈顆粒狀，鮮紅色，柔軟，濕潤，觸之易出血，形似鮮嫩肉芽，故名肉芽組織。但其中尚無神經纖維，故無疼痛。鏡下見肉芽組織的層次性結構明顯，表層多有均質紅染、散在的炎性細胞（主要是中性粒細胞）和破碎核組成的壞死層。因壞死層內有較多的炎性細胞，具有抗感染作用，故對肉芽組織起保護作用。壞死層下主要是未成熟的成纖維細胞和豐富的微血管（垂直於創面生長，近表面處彎曲），混有一定數量的炎性細胞。再下層是基本成熟的結締組織層，由逐漸成熟的成纖維細胞和許多排列紊亂的膠原纖維構成，而微血管和炎性細胞則逐漸減少。最下層或最後為成熟結締組織層（疤痕組織），由排列規則的膠原纖維束和少量纖維細胞構成（圖 5－5）。

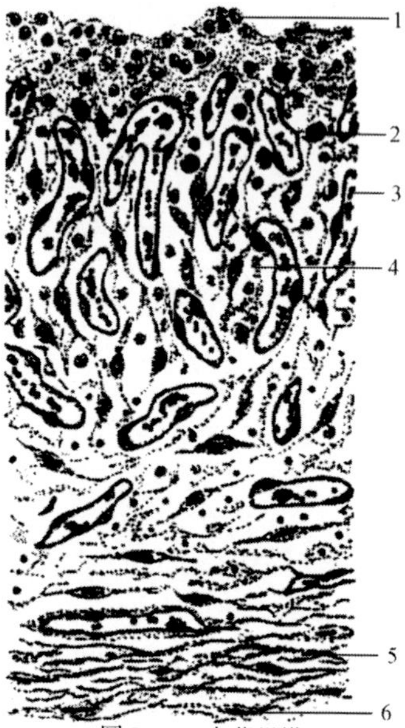

圖 5－5 肉芽組織

1. 中性粒細胞 2. 巨噬細胞 3. 微血管 4. 成纖維細胞 5. 膠原纖維 6. 纖維細胞

2. 肉芽組織的功能 肉芽組織在創傷後 2～3 d 內即可出現。這些新生組織，從創口自下而上或從創緣向中心生長，以填補缺損的組織。隨著時間的推移，肉芽組織逐漸成熟，炎性細胞減少並逐漸消失；間質內水分也逐漸被吸收；其中一部分微血管管腔閉塞並逐漸消失，一部分微血管演變為小動脈和小靜脈；成纖維細胞產生膠原纖維後，逐漸變為纖維細胞。至此，肉芽組織成熟變為纖維結締組織，並逐漸老化為疤痕組織。

肉芽組織在組織損傷修復過程中的重要功能是：填補傷口和其他缺損組織，或連接斷裂的組織；抗感染，保護創面；機化或包裹壞死組織、血栓、血凝塊及其他異物。

3. 健康肉芽組織與不良肉芽組織的區別 健康肉芽組織的形成是傷口癒合的重要條件，呈鮮紅色，柔軟、濕潤、分泌物少，表面有均勻分布的顆粒，觸之易出血。而不健康、生長欠佳的肉芽組織，生長較遲緩，呈蒼白色、水腫狀，鬆弛無彈性，色暗有膿苔，表面顆粒分布不均勻。

三、疤痕組織

（一）疤痕組織的形態

疤痕組織是指肉芽組織經改建成熟形成的纖維結締組織。疤痕組織內血管較少，纖維細胞少，而膠原纖維增粗且互相融合，呈均質紅染狀即玻璃樣變性。外觀呈蒼白色或灰白色，半透明，質地堅實而缺乏彈性。

(二) 疤痕組織的作用及影響

1. 對機體有利的一面 疤痕組織的形成，可使損傷的創口或缺損的組織長期牢固地連接起來，並能保持組織器官的完整性及堅固性。

2. 對機體不利影響

(1) 由於疤痕組織彈性較差，抗拉力的強度弱，只有正常皮膚組織的70%～80%，若局部承受過大的緊迫，可使癒合的疤痕組織向外膨出，如腹壁疤痕處因腹壓增大可形成腹壁疝，心肌梗塞形成的疤痕向外凸出則形成室壁瘤。

(2) 疤痕組織可發生收縮，肉芽組織越多，形成的疤痕也越大，疤痕收縮也越明顯。

(3) 若疤痕發生在有腔器官（胃腸、泌尿道等）可導致管腔狹窄，如腸潰瘍疤痕可致腸道梗阻；關節處的疤痕可致關節攣縮引起關節活動障礙。胸、腹腔內的器官間或器官內損傷，形成的纖維組織可致器官黏連或器官硬化，都不同程度地造成機體功能障礙，引起嚴重後果。

(4) 少數動物疤痕組織過度增生形成隆起的斑塊，稱疤痕疙瘩；具有這種狀況的體質，稱疤痕體質。

經過較長一段時間後，疤痕組織內的膠原纖維在膠原酶的作用下，分解吸收，使疤痕縮小、變軟。膠原酶主要來自巨噬細胞、中性粒細胞和成纖維細胞等。

四、創傷癒合

(一) 創傷癒合的類型

創傷癒合是指創傷造成的組織缺損，透過損傷部位周圍的健康組織再生進行修補的過程。根據損傷程度不同及有無感染，創傷癒合可以分為以下兩種類型。

1. 第一期癒合 又稱直接癒合，多見於組織損傷較小、壞死、出血、滲出物少，創緣互相接近且整齊，對合嚴密，無感染的傷口。典型的一期癒合見於皮膚無菌手術的切口癒合。創口小，出血少，創緣平整，無感染，炎症反應輕微，一般在損傷後1～2 h，創口周圍發生輕度充血和少量炎性細胞浸潤，以溶解吸收創口內的血凝塊和滲出物，12～24 h後，肉芽組織從傷口邊緣長入，將創緣連接起來，同時表皮明顯增生，逐漸把創傷表面覆蓋，1週左右傷口達到臨床癒合，此時可拆線，2～3週可完全癒合，留下一條線狀疤痕。第一期癒合的時間短，形成的疤痕小，對機體一般無大的影響（圖5-6）。

2. 第二期癒合 又稱間接癒合，多見於組織缺損較大、創緣不整齊、創口裂開、無法對合或伴有感染的創傷。這種創口由於壞死組織多，並有不同程度的感染，創口周圍常有明顯的炎症反應，只有感染被控制、壞死組織被清除後，組織再生才能開始。從創口底部和創緣生長大量的肉芽組織逐漸將傷口填平後，表皮自創口邊緣向中心生長，最後覆蓋創口。肉芽組織逐漸成熟，形成疤痕。疤痕組織中通常沒有毛囊、汗腺、皮脂腺、色素等。這種創傷癒合時間長，形成的疤痕大（圖5-7）。

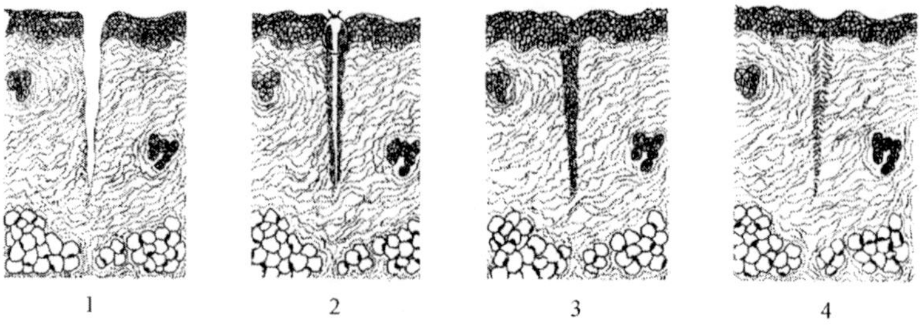

圖 5－6　第一期癒合

1. 外科手術切口，切口平整，損傷少，無感染　2. 2 d 內周圍上皮增生、連接
3. 少量肉芽組織長入切口內，上皮略向下增生呈尖突　4. 肉芽組織成熟，痂皮脫落，創口癒合

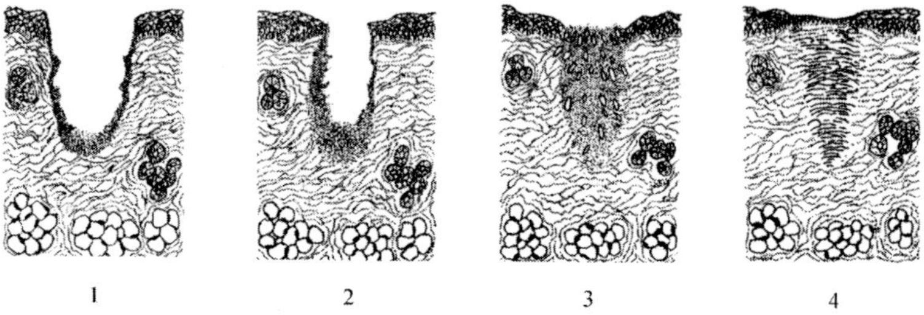

圖 5－7　第二期癒合

1. 創口大，壞死組織多，有感染，充滿血凝塊　2. 創口收縮，肉芽組織長入創口，機化壞死物和凝血塊
3. 創口全部機化，上皮完全覆蓋　4. 肉芽組織成熟，創口收緊

（二）影響創傷癒合的因素

創傷癒合是否完全及時間的長短，除與組織損傷的範圍、大小及組織的再生能力強弱有關外，還受機體全身性和局部性因素的影響。了解這些因素有助於更好地處理各種組織損傷的修復。

1. 全身因素

（1）年齡因素。幼齡動物及成年動物的組織再生能力強，癒合快；老齡動物因組織、細胞的再生能力弱，癒合慢，可能與老齡動物血管硬化，血液供應不足有關。

（2）營養狀況。各種原因引起的營養不良，特別是蛋白質及維他命等缺乏時影響組織的再生。蛋白質缺乏，尤其是含硫胺基酸（如甲硫胺酸、胱胺酸）缺乏時，肉芽組織形成減弱，膠原纖維形成不良，傷口癒合延緩。維他命中尤以維他命 C 缺乏時，成纖維細胞合成膠原纖維減少，傷口癒合慢。這是由於 α－多肽鏈中的兩個胺基酸——脯胺酸和離胺酸，必須經羥化酶羥化，才能形成前膠原分子，而維他命 C 具有催化羥化酶的作用。微量元素鋅缺乏也會延緩癒合。因此，給較大手術後的動物補充必要的營養，有利於手術後創傷的癒合。

（3）激素或藥物的作用。機體的內分泌狀態或一些藥物對再生修復有重要影響。如垂體的促腎上腺皮質激素及腎上腺糖皮質激素，能抑制炎症的滲出、巨噬細胞的吞噬及肉芽組織的形成，且能加速膠原纖維分解，故在炎症創傷癒合過程中要慎重使用此類激素。某些藥物，如青霉胺能抑制結締組織的再生及膠原的合成。

2. 局部因素

（1）感染與異物。局部感染對再生、修復非常不利。傷口感染時，局部滲出物多，傷口張力大，易使傷口裂開。感染菌產生的毒素、酶可加重組織損傷，引起組織壞死，膠原纖維與基質溶解，使感染擴散，致傷口癒合延緩。因此，有感染、壞死組織多的傷口必然是第二期癒合，要對此類傷口進行處理，清除壞死組織、控制感染、縮小創面，使二期癒合傷口達到一期癒合。異物（如絲線、紗布等）既是一種刺激物，同時也加重炎症反應，不利於修復。只有對異物清除後，炎症得到控制，傷口才能癒合。

（2）局部血液供應。局部血液供應好能保證組織再生所需的氧和營養，同時也有利於對壞死組織的吸收及控制局部感染。反之則影響癒合。如有四肢靜脈瘀血的動物，局部損傷後癒合慢。

（3）神經支配。局部神經受到損傷時，可導致局部受累組織因神經營養不良而難以癒合。自主神經損傷，血管的舒縮調節失衡使血液循環障礙，也不利於再生修復。

五、骨折癒合

骨組織具有較強的再生能力，骨折發生後，經過良好的復位、固定，可以完全癒合而恢復正常的結構和功能。骨折癒合的基礎是骨膜的成骨細胞再生，癒合過程可分為以下四個階段（圖 5－8）。

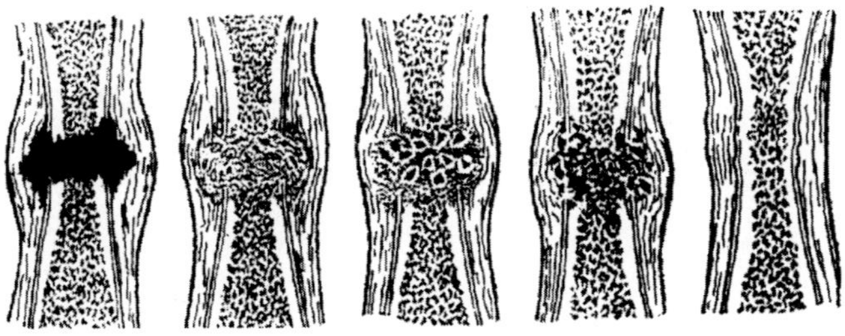

1　　2　　3　　4　　5

圖 5－8　骨折癒合

1. 血腫形成　2. 纖維性骨痂形成　3. 轉化為類骨細胞　4. 骨性骨痂形成　5. 骨痂改建

1. 血腫形成　骨折時因骨和周圍組織損傷，局部血管破裂出血形成血腫，數小時後血腫凝固，將骨折兩斷端初步連接，局部出現炎症反應，故外觀局部紅腫。滲出的白血球清除壞死組織，為肉芽組織長入與機化創造條件。

2. 纖維性骨痂形成　自骨折後第 2～3 天開始，骨外膜及骨內膜處的骨膜細胞增生成為成纖維細胞及微血管構成的肉芽組織，逐漸向凝血塊內長入，最終將其完全取代而機化。肉芽組織 2～3 週逐漸纖維化形成局部呈梭形膨大的纖維性骨痂，將骨折兩斷端緊密連接起來，但此時的連接並不牢固。

3. 骨性骨痂形成　在纖維性骨痂基礎上，成纖維細胞逐漸分化為成骨細胞或成軟骨細胞。成骨細胞初始分泌大量的骨基質，沉積於細胞間，隨後成熟變為骨細胞，形成骨樣組織。骨樣組織結構似骨，但無鈣鹽沉著，後經鈣化成為骨組織。成軟骨細胞同樣經過骨化過程變成骨性組織，形成骨性骨痂，骨性骨痂雖然使斷骨連接比較牢固，但由於骨小梁排列比較紊亂，結構較疏鬆，比正常骨脆弱，仍達不到正常骨組織的功能要求。這一過程需 4～8 週。

4. 骨痂改建 骨性骨痂雖然達到臨床癒合階段，但根據功能要求，骨性骨痂需進一步改建形成板骨層。改建是在破骨細胞和成骨細胞協調作用下完成的。破骨細胞將不需要的骨組織吸收、清除，而成骨細胞可產生新的骨質，負荷重的部位逐漸加強，使骨小梁排列逐漸適應力學方向，經過 6～12 個月，可以完全恢復正常骨的結構和功能。

骨折後雖然可完全再生，但如骨膜破壞較多（粉碎性骨折）、斷端對位不好，或斷端有軟組織嵌塞，均可影響骨折癒合。因此，保護骨膜、正確復位與固定，對促進骨折癒合十分必要。

六、機化和包囊形成

各種病理產物或異物（如壞死組織、炎性滲出物、血栓、血凝塊、寄生蟲、縫線等），被新生的肉芽組織取代或包裹過程，前者稱機化，後者稱包囊形成（圖 5－9）。但腦組織壞死後，機化由神經膠質細胞來完成。

機化與包囊的形成作為機體抗禦疾病的重要手段之一，能夠消除或限制各種病理性產物或異物的致病作用。但機化能造成永久性病理狀態，有時會給機體帶來嚴重的不良後果。如心肌梗塞後機化形成疤痕，引起心臟機能障礙。心瓣膜贅生物機化能導致心瓣膜增厚、黏連、變硬、變形，造成瓣膜口狹窄或閉鎖不全，嚴重影響瓣膜機能。漿膜面纖維素性滲出物機化，可使漿膜增厚、不平，形成一層灰白、半透明絨毛狀或斑塊狀的結締組織，有時造成內臟之間或內臟與胸、腹膜間的結締組織性黏連。肺泡內纖維素性滲出物發生機化，肺組織形成紅褐色，質地如肉的組織，稱為「肺肉變」，使肺組織呼吸機能喪失。

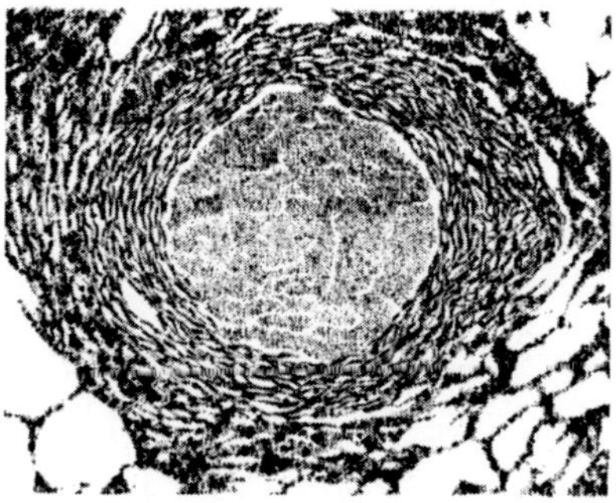

圖 5－9　包囊形成

（肺壞死灶周圍形成結締組織的包囊）

七、鈣　　化

體液中的鈣鹽以固體狀態析出並沉著於病理產物或局部組織中的現象，稱病理性鈣鹽沉著，簡稱鈣化。沉著的鈣鹽主要是磷酸鈣，其次為碳酸鈣。病理性鈣化以營養不良性鈣化為主，而轉移性鈣化極為少見。

1. 原因和發生機理 鈣鹽常沉積在結核病壞死灶、鼻疽結節、脂肪壞死灶、梗塞、乾涸的膿液、血栓、細菌團塊、死亡寄生蟲（如棘球蚴、囊尾蚴、旋毛蟲等）與蟲卵（如血吸蟲卵）以及其他異物中。此型鈣化並無血鈣含量升高，即沒有全身性鈣磷代謝障礙，而僅是鈣鹽在局部組織的析出和沉積。鈣化的基本機理是組織液中呈解離狀態的鈣離子（Ca^{2+}）和磷酸根離子（PO_4^{3-}）結合而發生沉澱所致。

2. 病理變化　組織中少量鈣鹽沉著時，肉眼難以辨認。量多時，則表現為白色石灰樣的堅硬顆粒或團塊，刀切時有沙沙聲。例如，宰後常見牛和馬肝臟表面形成大量鈣化的寄生蟲小結節，稱為沙礫肝。在蘇木素-伊紅染色的組織切片中，鈣鹽呈藍色粉末、顆粒或斑塊狀。

3. 結局及影響　少量的局灶性鈣化是一種可復性變化，可被溶解吸收；若鈣化量很多時，因溶解吸收困難而成為異物，長期存在於機體內，刺激周圍結締組織增生，將其包裹使鈣化灶侷限在一定部位。

鈣化是機體的一種防禦適應性反應，可使病變侷限化，固定和殺滅病原微生物，消除其致病作用。如結核病灶的鈣化，可使分枝桿菌侷限在結核灶內，並逐漸使其失去致病作用。但是，鈣化也有不利的一面，即不能恢復病變部位的功能，有時甚至給局部功能帶來障礙。例如，血管壁發生鈣化時，血管壁失去彈性，變脆，容易破裂出血；膽管寄生蟲損害引起鈣化，可導致膽管狹窄或阻塞。

技能訓練

代償、適應與修復病變觀察

【目的要求】掌握並能辨識常見器官組織代償、適應、修復的眼觀和鏡檢病理變化。

【實訓材料】相關大體標本、病理組織切片、圖片、光學顯微鏡等。

【方法步驟】

1. 肝臟假性肥大大體標本（肝片吸蟲病）

眼觀：因肝片吸蟲在肝臟內寄生，導致慢性炎症，肝間質內結締組織大量增生並深入肝實質內，壓迫肝實質使之發生萎縮，肝臟體積增大，質地變硬。

2. 心肌肥大

眼觀：心臟體積明顯增大，心尖鈍圓，心腔變大，乳頭肌、肉柱變粗，心室壁和室中隔增厚。

鏡檢：心肌纖維變粗，橫紋明顯，肌細胞核變大，肌纖維數量增多，間質相對減少，血管增粗。

3. 肉芽組織

眼觀：肉芽組織表面覆蓋有炎性分泌物形成的痂皮，痂皮下肉芽色澤鮮紅，呈顆粒狀，柔軟濕潤，觸之易出血。

鏡檢：肉芽組織表面均質紅染，散在多量炎性細胞；下層為未成熟的成纖維細胞和豐富的微血管，成纖維細胞形態不一，細胞體大，細胞質豐富，細胞核呈橢圓形。微血管內皮細胞較大，細胞核著色較淺，其管腔大小不一，向創面垂直生長；再下層成纖維細胞逐漸成熟，並分泌合成膠原纖維，但排列紊亂，微血管和炎性細胞減少；最下層是排列規則的膠原纖維束和少量的成熟結締組織。

4. 疤痕組織

眼觀：疤痕組織局部呈收縮狀態，色澤蒼白，質硬。

鏡檢：疤痕組織由大量平行或交錯分布、均質紅染的膠原纖維束組成，纖維細胞稀少，核細長且深染，組織內血管較少。

5. 鈣化和包囊形成

（1）牛肺結核。

眼觀：肺組織中散在灰白色、大小不一的斑點狀結節，觸之如砂粒，堅硬，刀切有沙沙聲。

鏡檢：HE 染色鈣鹽呈藍紫色細顆粒狀。壞死灶外圍為上皮樣細胞、多核巨細胞等構成的特殊肉芽組織，再外層為淋巴細胞、結締組織構成的普通肉芽組織形成的包囊。

（2）肝寄生蟲結節包囊形成。肝臟表面可見大小不一的結節，結節呈半球樣隆起，邊緣規整，結節中央為白色石灰樣物質，結節周圍包以灰白色膜樣結構，即為包囊。

6. 橫紋肌再生

鏡檢：橫紋肌纖維壞死、斷裂，一些肌纖維的斷端膨大，有數個淡染的肌細胞核增生聚集，呈花蕾狀，橫斷面上形成多核巨細胞樣細胞。

7. 腸壁增生

眼觀：腸黏膜表面被覆多量黏液，腸黏膜固有層結締組織增生、肥厚，結締組織增生不均，使黏膜表面呈現顆粒狀。

鏡檢：黏膜固有層和黏膜下層結締組織大量增生，侵及肌層和黏膜下組織，並有大量淋巴細胞、漿細胞和巨噬細胞浸潤。

8. 機化（豬肺疫）

眼觀：肺胸膜和肋膜增厚呈灰白色，其間有堅韌的絨毛樣結締組織增生，使肺臟與胸壁發生黏連，這是因為大量的纖維素性滲出物被增生的結締組織機化的結果。

【實訓報告】

（1）繪出心肌肥大、肉芽組織的顯微病理變化。

（2）說明機化和包囊形成的組織結構和作用。

（3）說明肉芽組織是怎麼形成的、有何結構特點，肉芽組織的功能有哪些。

（4）鈣化灶眼觀有什麼特徵，常見於哪些病理過程？

實踐應用

1. 代償有哪幾種方式？幾種代償之間的關係如何？

2. 說明血管再生的方式及意義。

3. 簡述神經纖維的再生過程。

4. 試述肉芽組織的結構及功能。

5. 犬骨折後是怎樣癒合的？治療時應注意哪些？

6. 手術創傷和感染創傷癒合各有何特點？
7. 創傷動物護理時應注意哪些因素？

第六章
炎　症

學習目標

能說出炎症的基本概念、炎症的類型和本質；能辨識不同組織各類炎症的病理變化特徵；能透過大體標本和組織切片，辨識組織器官炎症的性質，並正確分析炎症病因的發展過程。

任務一　炎症的概念和原因

（一）炎症的概念和特徵

炎症是機體對致炎因素引起的損傷所產生的以防禦反應為主的應答性反應。其基本病理變化表現為局部組織變質、滲出和增生。發炎組織器官局部症狀為紅、腫、熱、痛和機能障礙。炎症過程還會出現不同程度的全身性病理反應，主要表現為發燒、白血球增多、單核巨噬細胞系統機能增強和血清急性期反應物形成。

炎症是十分常見而複雜的病理過程，炎症過程中既有組織細胞變性、壞死性變化，又有炎性充血、炎性滲出及組織細胞增生修復的過程。許多疾病如傳染病、寄生蟲病、內科病及外科病等都是以炎症為基礎的。炎症可發生於各種組織器官，正確認識炎症的本質，掌握其發生發展的基本規律，可以幫助人們了解疾病發生發展機制，更好地防治動物疾病。

（二）炎症的原因

凡是能夠引起組織損傷的致病因素都可成為炎症的原因，但是否發生炎症還取決於機體內部因素，包括機體的防禦機能、免疫狀態、緊迫機能、營養狀態、遺傳性等。常見致炎因素如下。

1. 生物性因素　是最常見的致炎因素，如細菌、病毒、支原體等病原微生物和寄生蟲等，它們透過機械性損傷或產生內、外毒素使組織損傷，亦可透過誘發免疫反應導致炎症。

2. 化學性因素　包括內、外源性化學物質。強酸、強鹼、機體內的組織壞死產物、代謝廢物等均可引起炎症，如黴菌毒素可引起動物胃腸炎，某些植物毒素可引起出血性胃腸炎。

3. 物理性因素　高溫、低溫、放射線及紫外線等均可造成組織損傷引起炎症。機械性因素如機械性創傷、挫傷等也可引起炎症。

4. 免疫反應　各種變態反應均能造成組織細胞損傷而導致炎症，如過敏性皮膚炎、變態反應性甲狀腺炎等。

任務二　炎症的基本病理變化

炎症的基本病理變化過程包括局部組織損傷、血管反應和細胞增生，概括為變質、滲出和增生三個基本病理變化。在炎症過程中這些病理變化按照一定的先後順序發生，一般炎症早期以變質、滲出變化為主，後期以增生為主，三者互相連繫和影響。一般地說，變質屬於損傷過程，而從滲出和增生開始炎症進入抗損傷過程。

一、變質性變化

變質是炎症局部組織細胞物質代謝障礙並發生變性和壞死的總稱。具體包括實質細胞發生各種變性和壞死；間質結締組織中的纖維斷裂、溶解、基質解聚或發生黏液樣變性、纖維素樣壞死等；炎灶內組織物質代謝的特點是分解代謝加強和氧化不全產物堆積，導致炎區組織滲透壓升高，pH 下降。

炎症局部的變質變化，一方面是由於致炎因素直接干擾、破壞細胞代謝及引起局部血液循環障礙造成的；另一方面，組織細胞崩解後，形成多種病理性分解產物或釋放一些酶類物質，進一步加重炎區組織細胞的損傷。一般炎症早期變質變化十分明顯，隨後出現炎症的滲出和增生等反應。

炎區組織滲透壓升高，pH 下降，是由於炎灶內組織分解代謝加強和氧化不全產物堆積。糖無氧酵解加強引起乳酸含量在炎灶局部急遽增多，脂肪分解增加，但因氧化不全而導致酸性中間代謝產物如脂肪酸和酮體蓄積，引起炎灶內各種酸性產物增多。炎症初期，炎灶及其周圍組織發生充血，酸性代謝產物可被血液、淋巴液吸收帶走，或被組織液中的鹼儲所中和，局部酸鹼度可無明顯改變。但隨著炎症的發展，炎灶內酸性產物不斷增多，加之血液循環障礙，鹼儲消耗過多，可引起酸中毒。一般在炎灶中心 pH 降低最明顯，從炎灶邊緣到中心呈梯度降低。如急性化膿性炎時 pH 可降至 6.5～5.6。此外，細胞崩解導致 K^+ 釋放增多，炎灶內 K^+、H^+ 堆積引起離子濃度升高；炎灶內醣、蛋白質、脂肪分解生成許多小分子微粒，加之血管壁通透性升高、血漿蛋白滲出等因素，又可引起分子濃度升高。上述因素的綜合作用使局部滲透壓增高，炎灶中心最明顯，周圍漸次降低。

二、滲出性變化

滲出性變化是指炎區組織發生的血管反應、液體滲出和細胞滲出。在炎症過程中，局部組織的小血管發生短暫的痙攣後擴張充血，然後，血液中的液體成分和細胞成分透過血管壁進入炎區間質、體表、體腔或黏膜表面，形成滲出性變化過程。

(一) 血管反應

當致炎因子作於局部組織時，炎區組織的小血管發生短暫的痙攣，隨即擴張充血，在炎症介質的作用下發生炎性充血，局部血流加快，血流量增加，充血持續時間長短不等。炎性充血時間過久，血管壁緊張性下降，並由於局部代謝障礙，酸性代謝產物（如乳酸等）堆積，導致血管內皮細胞腫脹。同時，由於炎症介質的作用使微血管和細靜脈壁的通透性增加，血液中液體成分滲出，局部血液濃縮，黏稠度增加，微血管和細靜脈血流減慢，從而出現瘀血。

隨著瘀血的發生，大量白血球逐漸向血管壁靠近，並黏著在血管內膜上，稱為白血球附壁。血管內皮細胞腫脹和白血球附壁使血流阻力升高，可進一步造成血流減慢甚至血流停滯。

(二) 液體滲出

伴發炎區充血、瘀血後，血液中的液體成分包括血漿和血漿蛋白透過血管壁滲出。滲出的液體稱為炎性滲出液。血管壁損傷較輕時，滲出液中僅含有電解質和相對分子質量較小的白蛋白；損害嚴重時，大分子的球蛋白，甚至纖維蛋白原也能滲出。滲出液和一般水腫時的漏出液不同（表 6－1）。

表 6－1　滲出液與漏出液的比較

滲　出　液	漏　出　液
混濁	澄清
濃厚，含有組織碎片	稀薄，不含組織碎片
相對密度在 1.018 以上	相對密度在 1.015 以下
蛋白質含量高，超過 4%	蛋白質含量低於 3%
在活體內外均凝固	不凝固，只含少量纖維蛋白質
細胞含量多	細胞含量少
與炎症有關	與炎症無關

液體的滲出是由多種因素引起的。首先，致炎因子、炎區酸性環境、炎症介質的作用，使血管內皮細胞收縮，內皮細胞之間的連接受損，導致血管壁通透性升高，這是引起滲出的主要原因。其次，炎區靜脈瘀血，血管內壓升高，炎區組織滲透壓升高，均促使了液體滲出。炎性滲出液的作用和影響如下：

1. 作用　炎性滲出液含有多種成分，對機體有重要的防禦作用。

（1）滲出液中含有各種特異性免疫球蛋白、補體、調理素等多種抗菌物質，對病原微生物及其毒素有中和、抑制或稀釋的作用。

（2）滲出液中的纖維蛋白凝固後，交織成網可限制病原體的擴散，因而有利於吞噬細胞發揮吞噬作用。

（3）滲出液可為炎區組織細胞帶來營養物質，並帶走炎症灶中的代謝產物。

2. 影響　滲出液過多，會對機體產生不利影響。如胸腔滲出液過多可阻礙肺臟呼吸和心臟舒張活動，腦膜炎症時滲出液使顱內壓升高引起頭痛、神經功能紊亂。

（三）細胞滲出

在炎症過程中，伴隨著炎區組織血流減慢及血漿成分的滲出，白血球主動由微血管壁滲出到炎區組織間隙內，稱為炎性細胞浸潤。白血球滲出，吞噬和降解病原微生物、免疫複合物及壞死組織碎片，是最主要的炎症防禦反應，但白血球釋放的酶類、炎症介質等也可加劇正常組織細胞損傷。

1. 白血球的滲出過程　白血球經過邊移、貼壁、游出等階段，在趨化因子的作用下到達炎症中心，完成滲出過程。

（1）邊移。白血球從血液的軸流進入邊流，滾動並靠近血管壁的現象稱為邊移，白血球邊移是由選擇素介導的，透過選擇素及其相應配體間的作用，引起白血球滾動、流速變慢並向血管內皮細胞靠近。

（2）貼壁。繼邊移之後，白血球與血管內皮細胞發生緊密黏附稱為貼壁。白血球貼壁是由整合素介導的，白血球滾動，啟動整合素，整合素的表達阻止白血球繼續滾動，並在細胞黏附分子的作用下，與血管內皮緊密黏附。

（3）游出。白血球穿過血管壁進入周圍發炎組織的過程稱為游出。電鏡觀察證實，白血球黏附於內皮細胞連接處，伸出偽足，逐漸以變形運動方式從內皮細胞間的連接處逸出，並穿過基底膜，到達血管外（圖 6－1）。

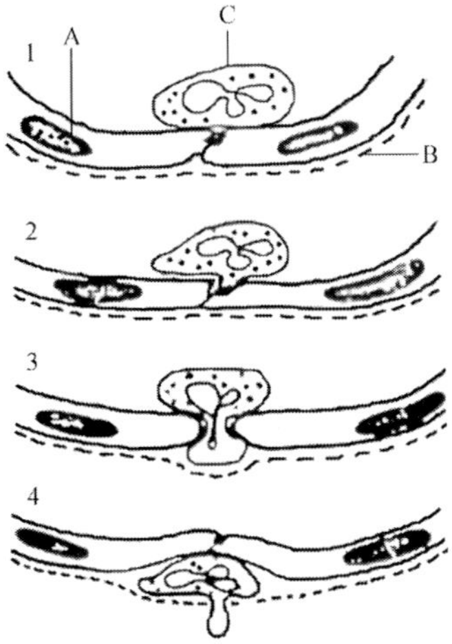

圖 6－1　中性粒細胞游出

1. 白血球黏附在血管內膜上　2. 白血球伸出偽足
3. 偽足插入血管壁內皮細胞之間
4. 偽足已伸出血管外膜
A. 血管內皮細胞核　B. 血管外膜　C. 中性粒細胞
（陸桂平．動物病理．2001）

白血球穿過血管壁後，便向炎灶集中。白血球這種向著炎症部位定向運動的特性稱為趨化作用。調節白血球定向運動的化學刺激物稱為趨化因子。趨化因子的作用有特異性，有的趨化因子只吸引中性粒細胞，而另一些趨化因子則吸引單核細胞或嗜酸性粒細胞。

2. 白血球的吞噬過程　滲出到炎灶內的白血球，吞噬和消化病原微生物、抗原抗體複合物、異物或組織壞死崩解產物的過程稱為吞噬作用。具有吞噬功能的細胞主要是中性粒細胞和巨噬細胞，其吞噬異物體的過程大體包括黏附、攝取和消化三個階段。

被吞噬的物質首先在調理素的參與下黏附在吞噬細胞的細胞膜上。調理素為一類能增強吞噬細胞吞噬活性的血清蛋白質，主要是免疫球蛋白（IgG）和活化補體成分（C3a）等。吞噬細胞透過表面受體，能辨識被抗體和補體包被的細菌，經抗體或補體與相應受體結合後，細菌就被黏著在吞噬細胞表面。隨後，吞噬細胞伸出偽足，隨偽足的延伸和互相吻合形成由吞噬細胞膜包圍吞噬物的泡狀小體，稱為吞噬體。吞噬體脫離細胞膜進入細胞內，與溶酶體相融合，形成吞噬溶酶體。最後透過溶酶體的酶解作用及吞噬細胞代謝產物兩條途徑殺傷和降解被吞入的病原和異物。

3. 炎性細胞的種類和功能 炎症過程中，滲出的白血球主要有中性粒細胞、嗜酸性粒細胞、單核細胞、淋巴細胞和漿細胞。不同致炎因子所引起的炎症，以及炎症過程中不同階段出現的炎性細胞種類和數量也不盡相同（圖 6－2）。

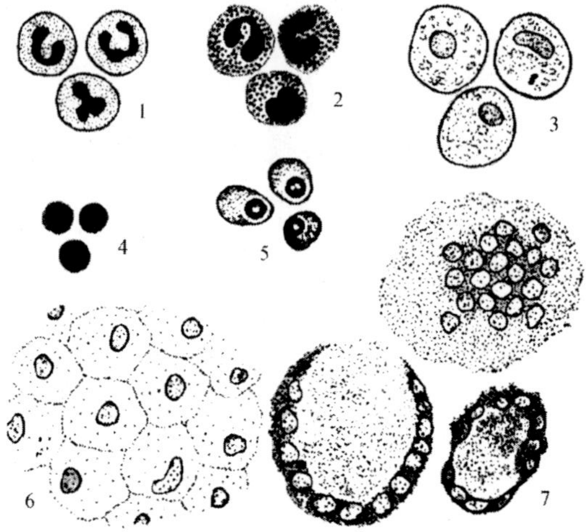

圖 6－2 幾種炎性細胞形態

1. 中性粒細胞 2. 嗜酸性粒細胞 3. 巨噬細胞 4. 淋巴細胞 5. 漿細胞 6. 上皮樣細胞 7. 多核巨細胞

（1）中性粒細胞。

形態：中性粒細胞起源於骨髓幹細胞，細胞核一般都分成 2～5 葉，未成熟中性粒細胞的細胞核呈彎曲的帶狀、桿狀或鋸齒狀而不分葉。HE 染色細胞質內含淡紅色中性顆粒。

作用：中性粒細胞具有很強的遊走運動能力，主要吞噬細菌，也能吞噬組織碎片、抗原抗體複合物以及細小的異物顆粒。其細胞質中所含的顆粒相當於溶酶體，其內含有多種酶，這種顆粒在炎症時可見增多。中性粒細胞還能釋放血管活性物質和趨化因子，促進炎症的發生、發展，是機體防禦作用的主要成分之一。

診斷意義：中性粒細胞多在化膿性炎症和急性炎症初期滲出。在病原微生物引起的急性炎症時，外周血液中的中性粒細胞也增多；在一些病毒疾病時，中性粒細胞可能減少。中性粒細胞減少或未成熟中性粒細胞增多，往往是病情嚴重的表現。

（2）嗜酸性粒細胞。

形態：嗜酸性粒細胞也起源於骨髓幹細胞，細胞核一般分為二葉，各自成卵圓形。細胞質豐富，內含粗大的強嗜酸性顆粒。

作用：嗜酸性粒細胞具有遊走運動能力，主要作用是吞噬抗原抗體複合物，抑制變態反應，同時對寄生蟲有直接殺傷作用。嗜酸性粒細胞的顆粒主要含有鹼性蛋白、陽離子蛋白、過氧化物酶、組胺酶、活性氧等，對寄生蟲有直接殺滅作用，對組織胺等過敏反應中的化學介質有降解滅活作用。

診斷意義：嗜酸性粒細胞主要在寄生蟲感染和過敏反應引起的炎症時滲出。如反覆感染或重度感染時不僅局部組織內嗜酸性粒細胞增多，循環血液中也顯著增加。在過敏反應時，嗜酸性粒細胞可占白血球總數的20%～25%。

(3) 單核細胞和巨噬細胞。

形態：單核細胞和巨噬細胞均來源於骨髓幹細胞，單核細胞占血液中白血球總數的3%～6%。血液中的單核細胞受刺激後，離開血液到結締組織或其他器官後轉變為組織巨噬細胞。這類細胞體積較大，圓形或橢圓形，常有鈍圓的偽足樣突起，核呈卵圓形或馬蹄形，染色質細粒狀，細胞質豐富，內含許多溶酶體及少數空泡，空泡中常含一些消化中的吞噬物。

作用：巨噬細胞具有趨化能力，其遊走速度慢於中性粒細胞，但有較強的吞噬能力，能夠吞噬非化膿菌、原蟲、衰老細胞、腫瘤細胞、組織碎片和體積較大的異物，特別是對於慢性細胞內感染的細菌如分枝桿菌、布魯氏菌和李氏桿菌的清除有重要意義。巨噬細胞還可以辨識抗原資訊並傳遞給免疫活性細胞，從而參與特異性免疫反應。巨噬細胞能產生許多炎症介質，促進調整炎症反應。巨噬細胞還可轉變為上皮樣細胞和多核巨細胞。

診斷意義：巨噬細胞主要出現於急性炎症的後期、慢性炎症、非化膿性炎症(分枝桿菌、布魯氏菌感染)、病毒性感染和原蟲病。

(4) 上皮樣細胞和多核巨細胞。炎症反應過程中，炎灶內存在某些病原體（如分枝桿菌、鼻疽桿菌等）或異物（如縫線、芒刺等）時，巨噬細胞可轉變為上皮樣細胞或多個巨噬細胞融合成多核巨細胞。

上皮樣細胞：外形與巨噬細胞相似，呈梭形或多角形，細胞質豐富，內含大量內質網和許多溶酶體。細胞膜不清晰，細胞核呈圓形、卵圓形或兩端粗細不等的桿狀，核內染色質較少，著色淡。此類細胞的形態與複層扁平細胞中的棘細胞相似，故稱上皮樣細胞。上皮樣細胞具有強大的吞噬能力，它的細胞質內含有豐富的脂酶，對菌體外表覆有蠟質的分枝桿菌也能消化，主要見於肉芽腫性炎症。

多核巨細胞：這種細胞是由多個巨噬細胞融合而成。細胞體積巨大，細胞質豐富，在一個細胞體內含有許多個大小相似的細胞核。細胞核的排列有三種不同形式：一是細胞核沿著細胞體的外周排列，呈馬蹄狀，這種細胞又稱蘭格漢氏細胞；二是細胞核聚集在細胞體的一端或兩極；三是細胞核散布在整個巨細胞的細胞質中。多核巨細胞可見於結核病、副結核病、鼻疽、放線菌病及曲黴菌病病灶中，也可常出現在壞死組織的邊緣。多核巨細胞具有十分強大的吞噬能力，有時可見它包圍著嵌進組織的異物，如芒刺、縫線等。

(5) 淋巴細胞。

形態：淋巴細胞產生於淋巴結及其他淋巴組織，經胸導管進入血液循環。血液中的淋巴細胞大小不一，有大、中、小型之分。在白血球分類中的比例因動物而異。大多數是小型的成熟淋巴細胞，細胞核為圓形或卵圓形，常見在核的一側有小缺痕；細胞核染色質較緻密，染色深；細胞質很少，嗜鹼性，但在組織切片中常看不見。大淋巴細胞數量較少，是未成熟的，細胞質較多。雖然各型淋巴細胞的形態在外表看來都很相似，但實際上，淋巴細胞是一群混雜的細胞，它們的功能、壽命及特異性都有差別。根據免疫學的研究，淋巴細胞可分為 T 細胞（胸腺依賴淋巴細胞）和 B 細胞（腔上囊依賴淋巴細胞或稱骨髓依賴淋巴細胞）。

作用：淋巴細胞主要是產生特異性免疫反應，在炎症過程中，被抗原致敏的 T 淋巴細胞產生和釋放 IL－6、淋巴因子等多種炎症介質，具有抗病毒、殺傷靶細胞、啟動巨噬細胞等多種重要作用。而 B 淋巴細胞可產生抗體，參與體液免疫。

診斷意義：主要見於慢性炎症、炎症恢復期及病毒性炎症和遲發性變態反應過程中。

（6）漿細胞。

形態：漿細胞是 B 淋巴細胞受抗原刺激後演變而成。細胞呈圓形，較淋巴細胞略大，細胞質豐富，輕度嗜鹼性，細胞核圓形，位於一端，染色質緻密呈粗塊狀，多位於核膜的周邊呈輻射狀排列，呈車輪狀，這種特徵是辨識漿細胞的象徵之一。

作用：漿細胞主要具有合成免疫球蛋白（免疫球蛋白包括 IgG、IgA、IgM、IgD 和 IgE）的能力，參與體液免疫。

診斷意義：主要在慢性炎症和病毒感染時滲出。

三、增生性變化

增生是炎症發展過程中以局部細胞活化增殖為主的變化，增生的細胞主要有巨噬細胞、成纖維細胞和血管內皮細胞。有時也有上皮細胞和實質細胞增生。

增生變化在炎症的晚期和慢性炎症時表現明顯，但也有些急性增生性炎症開始就表現以細胞增生為主，炎症早期有較多的血管外膜細胞活化增殖參與吞噬活動，炎症後期主要有成纖維細胞和微血管內皮細胞增生，形成肉芽組織以侷限炎症和修復損傷。

增生的原因是致炎因子、組織崩解產物或某些理化因子的刺激，近年來研究證明，一些細胞因子具有刺激細胞增生的作用，如巨噬細胞衍生的生長因子（MDGF）具有促進成纖維細胞增生和纖維化的作用。淋巴細胞釋放的促分裂因子可促進血管內皮的增殖和肉芽組織的生成。

炎症的變質、滲出、增生三個基本過程是互相連繫的，在任何炎症過程中，都有這三個基本過程的存在，但在不同類型的炎症或炎症的不同階段，其表現程度各有差異。例如，在炎症的早期和急性炎症時，常以組織變質和滲出為主。而在炎症的後期和慢性炎症時，則以增生反應為主。

知識連結

血常規檢查是指透過觀察血細胞的數量變化及形態分布從而判斷血液狀況及疾病情況。隨著檢驗現代化、自動化的發展，現在的血常規檢驗是由機器檢測完成的。血常規檢查包括紅血球計數（RBC）、血紅素（Hb）、白血球（WBC）、白血球分類計數及血小板（PLT）等，通常可分為三大系統，即紅血球系統、白血球系統和血小板系統。

血常規中的許多項具體指標都是一些常用的敏感指標，對機體內許多病理改變都有敏感反應，其中又以白血球計數、紅血球計數、血紅素和血小板最具有診斷參考價值，許多患畜在病因不明時可以做血常規檢查對其進行輔助診斷。此外，血常規檢查還是觀察治療效果、用藥或停藥、繼續治療或停止治療、疾病復發或痊癒的常用指標。

任務三　炎症的類型

根據炎症的基本病理變化——變質、滲出、增生的表現程度，將炎症分為三大類，即變質性炎、滲出性炎、增生性炎。滲出性炎又分為漿液性炎、卡他性炎、化膿性炎、纖維素性炎、出血性炎；增生性炎又分為普通增生性炎和特異性增生性炎。

一、變質性炎

1. 病理特徵　以炎區組織細胞的變質變化為主，主要表現為組織細胞的變性、壞死，而滲出和增生變化表現輕微。發炎器官眼觀腫大，質軟質脆，色澤變淡；以壞死為主的變質性炎（可稱為壞死性炎）在炎症器官表面有大小不一的灰白或灰黃色壞死灶。

變質性炎症多發生於肝、心、腎等實質器官，常在發炎器官形成灰白或灰黃色斑點或病灶，整個器官腫脹不一、紅黃相間、質軟易碎。

2. 類型　常見變質性炎包括以下幾種。

心肌變質性炎：見於惡性口蹄疫、牛惡性卡他熱等（圖 6－3）。

肝臟變質性炎：見於雞副傷寒、禽霍亂、豬弓形蟲病、雞包含體性肝炎、鴨病毒性肝炎等。

腎臟變質性炎：見於豬弓形蟲病、豬附紅血球體病、雞腎型傳支等。

腦變質性炎：見於狂犬病、偽狂犬病、雞傳染性腦脊髓炎、日本腦炎等。

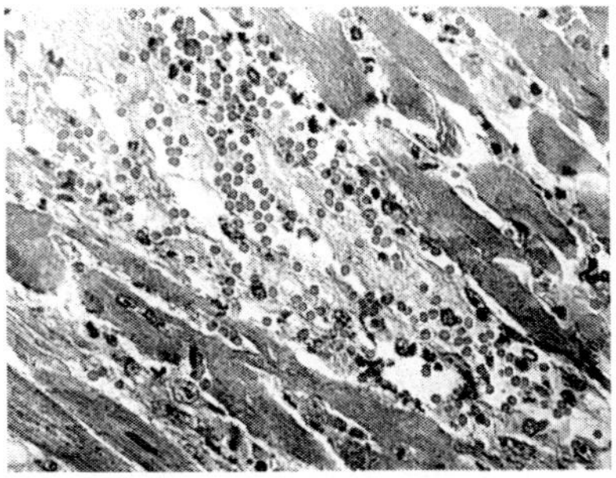

圖 6－3　牛心肌變質性炎
（心肌纖維壞死，大部分消失，
其間有以中性粒細胞為主的炎性浸潤）

3. 原因和結局　變質性炎常見於某些傳染病、中毒病或變態反應性疾病，毒素或毒物直接或間接引起組織細胞代謝的急性障礙，從而發生變性、壞死，形成變質性炎症。變質性炎症多呈急性經過，但也可轉變為慢性，遷延不癒，對機體影響嚴重，發生於心、腦時可危及生命。

二、滲出性炎

滲出性炎是以滲出性變化為主，變質和增生變化表現輕微的炎症。根據滲出物的性質及病變特徵，滲出性炎分為漿液性炎、卡他性炎、化膿性炎、纖維素性炎、出血性炎。

（一）漿液性炎

漿液性炎是指以大量漿液滲出為主要特徵的炎症。

1. 病理特徵　漿液類似血漿或淋巴液，含3%～5%的蛋白質，主要是白蛋白，還有少量白血球和纖維蛋白原，漿液性滲出物眼觀混濁，易於凝固，局部組織潮紅、腫脹或呈膠凍樣變。光鏡下，炎區組織明顯充血，水腫和白血球浸潤。

發生於漿膜時，在體腔內形成積液，如豬肺疫、豬傳染性水疱病、牛出血性敗血症等，表現為胸膜漿液纖維素性炎，初期胸腔蓄積漿液性滲出液。

發生於疏鬆結締組織時，形成炎性水腫，如急性豬肺疫時咽喉周圍組織漿液浸潤。

發生於皮膚時，積聚在表皮和真皮之間形成水疱，見於口蹄疫、豬水疱病等。

發生於黏膜下層時，形成厚層膠凍樣物，如仔豬水腫病時的胃壁下層。

發生於肺臟時，表現漿液性肺炎，如巴氏桿菌引起的豬、牛纖維素性肺炎早期，表現為漿液性肺炎。

2. 原因和結局　各種理化因素、生物性因素等均可引起漿液性炎，呈急性經過，屬於輕度炎症，易於消退，一般結局良好，有些發展為纖維素性炎，則表現嚴重。

（二）卡他性炎

只發生於黏膜，其滲出液由漿液轉變成黏液或黏膿性液的炎症稱為卡他性炎。

1. 病理特徵　眼觀黏膜潮紅、腫脹、粗糙不平，伴有出血斑紋，鏡檢黏膜上皮變性、壞死、脫落，黏膜固有層及黏膜下層充血、水腫、白血球浸潤，有時有少量紅血球滲出。如卡他性上呼吸道炎症、卡他性胃腸炎、卡他性子宮內膜炎等。

2. 原因和結局　卡他性炎多由於較溫和的刺激引起，如變質飼料、寒冷、某些微生物毒素等。卡他性炎常呈急性經過，如病因消除，可迅速康復；如繼發感染，可轉為慢性炎症，發炎器官或因細胞增生和滲出而肥厚，或因纖維結締組織增生而變薄變硬。

（三）化膿性炎

化膿性炎是指以大量中性粒細胞滲出並伴有不同程度的組織壞死和膿液形成為特徵的炎症。

1. 病理特徵　膿液眼觀為灰白色、灰黃色或灰綠色的混濁凝乳狀物，光鏡下可見大量中性粒細胞、膿細胞（變性壞死的白血球），發炎組織壞死溶解，炎區充血、水腫，有時伴有出血或增生（圖 6－4）。化膿性炎症有多種表現形式。

（1）膿性卡他。發生於黏膜表面，眼觀黏膜表面出現大量黃白色、黏稠混濁的黏膿性滲出物，黏膜充血、出血、腫脹、糜爛。光鏡下滲出物內有大量變性的中性粒細胞，黏膜上皮細胞變性、壞死和脫落，黏膜固有層充血、出血和中性粒細胞浸潤。如鼻黏膜膿性卡他性炎、子宮內膜膿性卡他炎等。

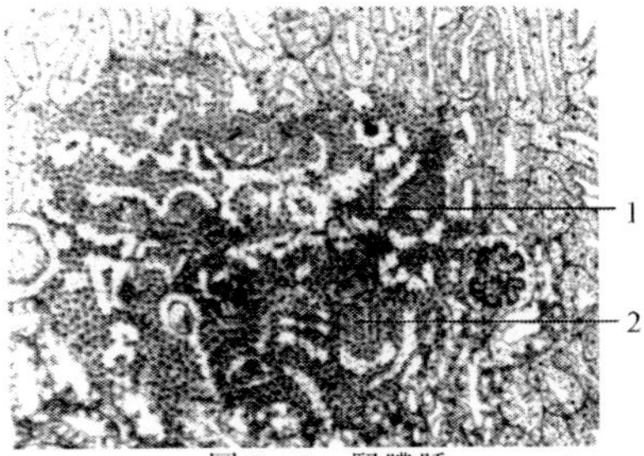

圖 6－4　腎膿腫
1. 腎組織壞死液化，大量膿細胞聚集
2. 膿腫內細菌集落

（2）積膿。指漿膜發生化膿性炎時，膿性滲出物大量蓄積於體腔內的現象，見於牛創傷性心包炎、化膿性胸膜肺炎、化膿性腹膜炎等。

（3）膿腫。是組織內發生的侷限性化膿性炎症。組織中心壞死液化，形成充滿膿液的囊腔，周圍初期充血、水腫和中性粒細胞浸潤，然後逐漸形成結締組織包膜。深部膿腫可以向皮膚、體腔或黏膜表面穿破，其穿破的管道稱為瘻管。如皮膚或皮下膿腫、肝包膜下膿腫、腎包膜下膿腫等。

（4）蜂窩織炎。指發生於結締組織的瀰漫性化膿性炎，常發於皮下組織，發展迅速。如溶血性鏈球菌感染。

2. 原因和結局　化膿性炎主要見於化膿性細菌感染，如葡萄球菌、鏈球菌、化膿棒狀桿菌、銅綠假單胞菌等；某些化學物質如松節油、巴豆油、機體自身組織液化性壞死可導致無菌性化膿性炎。化膿性炎多為急性經過，如及時消除病原，消除膿液，可以痊癒；較大的化膿灶由肉芽組織修補形成疤痕，如果機體抵抗力較低，局部化膿灶的化膿菌侵入血液和淋巴液，可導致膿毒敗血症。

（四）纖維素性炎

纖維素性炎是以滲出大量纖維素為特徵的炎症。

1. 病理特徵　從血管內滲出的纖維蛋白原凝固成的纖維素，在炎區組織內呈網狀、片狀或膜狀，同時伴有充血、水腫、出血、白血球浸潤，組織細胞變性壞死，肉芽組織增生等變化，眼觀發炎器官附有淡黃色或灰黃色偽膜樣、絨毛樣或絮片樣物，器官表面粗糙不平、糜爛或潰瘍，伴有紅腫、實變或黏連等變化。根據形成的纖維素性偽膜是否易於剝離，可分為兩種形式。

（1）浮膜性炎。發炎部位形成的纖維素性偽膜易於剝離，組織損傷較輕。常發於黏膜、漿膜和肺臟。

發生於漿膜時，漿膜表面附有偽膜，漿膜腔積液，漿膜粗糙、充血、出血或黏連。例如，漿液纖維素性胸膜肺炎時，胸腔、心包腔積液，並含有多量絮狀物，肺與心包、胸膜黏連。

發生於氣管或腸道黏膜時，纖維素性偽膜可呈管狀物存在或排出。黏膜充血、出血、糜爛。

發生於肺臟時，形成充血水腫、紅色肝變、灰白色肝變、溶解吸收四個期的變化，肺臟呈大理石樣外觀。如豬肺疫、豬傳染性胸膜肺炎、牛出血性敗血症等，可發生纖維素性肺炎。

（2）固膜性炎（亦稱纖維素性壞死性炎）。發炎部位滲出的纖維素與深層壞死組織牢固地結合，不易剝離，組織損傷嚴重，發炎器官病變部表面粗糙，呈糠麩樣，局灶性或瀰漫性，凸出增厚。如慢性豬瘟時大腸黏膜的鈕扣樣腫，仔豬副傷寒時大腸黏膜的糠麩樣變，雞新城疫時腸黏膜的棗核樣病變，黏膜型雞痘時氣管或腸道黏膜的纖維素性壞死性偽膜。

2. 原因和結局 纖維素性炎常見於病原微生物感染，一般呈急性或亞急性經過，浮膜性炎可消散康復，也可發生機化，形成黏連、肺肉變等，固膜性炎常形成疤痕。

（五）出血性炎

出血性炎是指大量紅血球出現於滲出物中的炎症。

1. 病理特徵 眼觀滲出物呈紅色，發炎組織充血、出血、紅腫和糜爛等，光鏡下觀察炎區血管擴張充血，紅血球、白血球滲出，組織細胞變性、壞死。

出血性炎常和其他類型的炎症混合發生，如漿液性出血性炎、纖維素性出血性炎、化膿性出血性炎、壞死性出血性炎等。常見於炭疽、豬瘟、巴氏桿菌病時的出血性淋巴結炎，豬敗血性鏈球菌病、雞新城疫時的出血性胃腸炎等。

2. 原因和結局 出血性炎常見於烈性傳染病，如炭疽、豬瘟、巴氏桿菌病、禽流感、雞新城疫等，多呈急性經過，必須及時救治才有可能康復，一般不易痊癒。

必須指出，上述幾種滲出性炎可以單獨、混合或先後轉化發生。

三、增生性炎

增生性炎是以結締組織或某些細胞增生為主，變質與滲出變化表現輕微的炎症。分為普通增生性炎和特異性增生性炎。

（一）普通增生性炎

多為慢性增生性炎症過程，以間質纖維結締組織增生為主，其間散在一些淋巴細胞、漿細胞、單核細胞的浸潤，實質細胞發生萎縮、變性和壞死。眼觀發炎器官出現散在的大小不等的灰白色病灶，其體積逐漸縮小，質地變硬，表面凹凸不平，即發生硬化和皺縮。例如，反芻動物的肝片形吸蟲病引起的慢性肝炎和豬的慢性間質性腎炎。

少數為急性增生性炎症，以某些組織細胞增生為主要特徵。例如，豬瘟、狂犬病的急性病毒性非化膿性腦炎中，神經膠質細胞增生形成膠質結節；急性腎小球性腎炎時，腎小球毛細胞血管內皮細胞、血管繫膜細胞（間質細胞）及腎小囊上皮細胞均有增生；急性傳染病時淋巴結發生急性增生性炎症，淋巴結髓樣腫脹，切面多汁，鏡檢可見淋巴細胞、網狀細胞和淋巴竇內皮細胞明顯增生；動物副傷寒時，肝臟網狀細胞、單核細胞增生形成副傷寒結節。

（二）特異性增生性炎（肉芽腫性炎症）

是指以肉芽腫形成為特徵的慢性增生性炎症。肉芽腫是以巨噬細胞為主的結節，有如下兩類。

1. 感染性肉芽腫　由生物性病原如細菌或真菌引起的有一定特異性結構的肉芽腫，故又稱特異性肉芽腫。如結核病、鼻疽和放線菌的特異性結節性病灶。

組織學觀察，可見結節的中央發生乾酪樣壞死，並常有鈣鹽沉著，緊靠壞死區的周圍，由許多胞體較大、分界不清的淺紅色上皮樣細胞組成一層細胞帶，包圍壞死區。其中常散在數量不等的多核巨細胞（朗漢斯巨細胞）。結節的外圍區，積集多量淋巴細胞和漿細胞，最外圍則是纖維結締組織形成的包裹層（圖 6－5）。

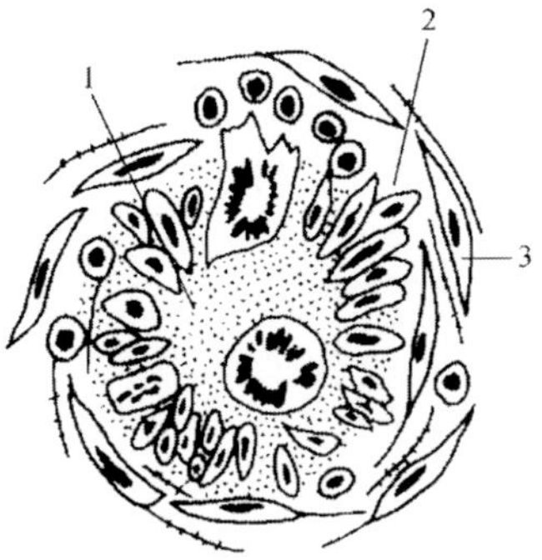

圖 6－5　肉芽腫結構
1. 異物、壞死灶　2. 上皮樣細胞
3. 纖維結締組織

各種肉芽腫的中心結構成分不同，具有一定的診斷意義。放線菌的特異性結節性病灶中心為放線菌塊和中性粒細胞。禽曲黴菌肉芽腫的中心部為乾酪樣壞死，其中可見到黴菌菌絲及孢子。

2. 異物性肉芽腫　指組織中的異物周圍有數量不等的巨噬細胞、異物巨細胞和結締組織包圍的肉芽腫。異物可包括寄生蟲、蟲卵、縫線、灰塵、滑石粉、壞死組織崩解後形成的類脂質等。

任務四　炎症經過和結局

在炎症過程中，損傷和抗損傷雙方力量的對比決定著炎症的發展方向和結局。如抗損傷過程（白血球滲出、吞噬能力加強等）占優勢，則炎症向痊癒的方向發展；如損傷性變化（局部代謝性障礙、細胞變性壞死等）占優勢，則炎症逐漸加劇並可向全身擴散；如損傷和抗損傷矛盾雙方處於一種相持狀態，則炎症可轉為慢性而遷延不癒。

（一）吸收消散

炎症病因消除，病理產物和滲出物被吸收，發炎組織的結構和機能完全恢復正常。常見於短時期內能吸收消散的急性炎症。

（二）修復癒合

1. 痊癒　炎症局部病理產物和滲出物被完全吸收，組織的損傷透過炎灶周圍健康細胞的再生而得以修復，局部組織的結構和機能完全恢復正常。

2. 不完全痊癒　通常發生於組織損傷嚴重時，雖然致炎因素已經消除，但病理產物和損傷的組織是透過肉芽組織取代修復，故引起局部疤痕形成，正常結構和機能未完全恢復。

(三) 轉為慢性

在某些情況下，急性炎症可逐漸轉變成慢性過程，呈長期不癒狀態，主要原因是機體抵抗力降低，或治療不徹底，病原因素未被徹底清除，致使炎症持續存在，表現時而緩解，時而加劇，成為慢性炎症，長期不癒。

(四) 蔓延播散

由病原微生物引起的炎症，當機體抵抗力下降或病原微生物數量增多、毒力增強時，常發生蔓延播散，主要方式有以下幾種。

1. 局部蔓延 炎症局部的病原微生物可經組織間隙或器官的自然通道向周圍組織蔓延，使炎區擴大。如心包炎可蔓延引起心肌炎，支氣管炎可擴散引起肺炎，尿道炎可上行擴散引起膀胱炎、輸尿管炎和腎盂腎炎。

2. 淋巴道蔓延 病原微生物在炎區局部侵入淋巴管，隨淋巴液流動擴散至淋巴結引起淋巴結炎，並可再經淋巴液繼續蔓延擴散。如急性肺炎可繼發引起肺門淋巴結炎，淋巴結呈現腫大、充血、出血、滲出等炎症變化。

3. 血道蔓延 炎區的病原微生物或某些毒性產物，有時可突破局部屏障而侵入血流，引起菌血症、毒血症、敗血症和膿毒敗血症。

知識拓展

炎 症 介 質

炎症介質是指在炎症過程中由細胞釋放或由體液產生、參與或引起炎症反應的化學物質。按其來源可分為細胞源性炎症介質和血漿源性炎症介質。

(一) 細胞源性炎症介質

機體在內在致炎因素的作用下能夠生成並釋放炎症介質的細胞主要有肥大細胞、白血球、巨噬細胞、血小板等。其產生的炎症介質包括：

1. 血管活性胺

(1) 組織胺。它主要儲藏於肥大細胞、嗜鹼性粒細胞及血小板中。在各種致炎因素、抗原抗體複合物及蛋白水解酶等的作用下，組織及肥大細胞受到損害，於是大量組織胺被釋放出來。組織胺能明顯地引起微血管、小動脈及小靜脈擴張，管壁通透性增加。組織胺還能引起血管內皮細胞收縮，從而使鄰接的細胞互相牽拉，結果使一些細胞間隙擴大，導致滲出增加。此外，它還可引起支氣管、胃腸道、子宮平滑肌收縮，導致哮喘、腹瀉和腹痛。

(2) 5－羥色胺 (5－HT)。它主要存在於肥大細胞、血小板、腦組織和胃腸道的嗜銀細胞內。炎症時，由於這些組織和細胞受到損害，可將5－HT釋出。它的作用和組織胺相似，能使血管壁的通透性顯著升高，可引起痛覺反應，並能促進組織胺釋放。

2. 白血球三烯（LT） 來自於嗜鹼性粒細胞、肥大細胞和單核細胞。白血球三烯能增強微血管的通透性，而且是強有力的白血球趨化因子，它能吸引中性粒細胞並促進其黏附於血管內膜。它也是強有力的血小板凝集因子，還能引起平滑肌收縮。

3. 前列腺素（PG） 是廣泛存在於機體各處的一種組織激素，特別是前列腺、腎臟、腸、肺臟、子宮、腦、胰腺等，炎區內的PG主要來自於血小板和白血球。在炎症反應中，前列腺素具有多方面的效應，如對微血管有顯著的擴張作用，增強血管壁的通透性及吸引白血球游出；能增強組織胺及緩激肽的致痛作用；作為熱原，它與炎症時的發燒反應亦有關。

4. 過敏性嗜酸性粒細胞趨化因子 其儲存部位與組織胺相同，它的作用是吸引嗜酸性粒細胞向炎區聚集，吞噬免疫複合物和殺傷寄生蟲，同時能促進組織胺酶釋放。

5. 溶酶體成分 中性粒細胞和單核細胞的溶酶體具有致炎作用，其中的主要炎症介質有陽離子蛋白、酸性蛋白酶、中性蛋白酶、纖維蛋白溶解酶原刺激物等，具有促進肥大細胞脫顆粒釋放組胺，使血管壁通透性升高，降解膠原纖維、基底膜、細菌和細胞碎片等作用。

6. 細胞因子 機體各種組織細胞在其生命週期中，會釋放多種具有不同生物學效應的物質，以完成自身的功能，參加複雜的細胞—細胞間調節網路，這類物質被統稱為細胞因子（cytokine）。根據其生物學效應的不同，分為白血球介素（在白血球間發揮作用）、腫瘤壞死因子（對腫瘤細胞具有細胞毒作用）、造血生長因子（作用於骨髓造血前體細胞，促其增殖、分化、成熟）、干擾素（干擾正常細胞內病毒增殖，增強免疫活性）、淋巴因子（促進免疫活性細胞增殖、增強免疫活性）等。細胞因子在作用上具有四個顯著的特點：多效性、多源性、高效性和快速反應性。

具有強烈的致炎活性的細胞因子有以下幾種：白血球介素-1(IL－1)、白血球介素-6(IL－6)、腫瘤壞死因子、白血球介素-8(IL－8)、單核細胞趨化蛋白-1（MCP－1）等。

（二）血漿源性炎症介質

在致炎因素作用下，血漿內的凝血系統、纖維蛋白溶解系統、激肽形成系統和補體系統可被啟動，產生許多有活性的炎症介質，主要有纖維蛋白肽、纖維蛋白降解產物、激肽、補體裂解產物等。

1. 激肽類 激肽屬於多肽類物質。激肽系統的啟動最終產生緩激肽。緩激肽能顯著增強血管壁的通透性，還能使支氣管、胃、腸的平滑肌痙攣，故能引起氣喘、腹瀉等症狀。激肽也是一種致痛物質，微量即能引起疼痛感反應。緩激肽作用限於早期增加血管通透性（又稱過敏毒素）。

2. 補體系統 補體系統是一組血漿蛋白，具有酶活性，正常情況下以非活性狀態存在，當受到某些物質啟動時，補體各成分便按一定順序呈現連鎖的酶促反應，參與機體的防禦功能，並非為炎症介質參與機體的炎症過程。如C2b能使小血管擴張，增強血管壁的通透性及具有收縮平滑肌的作用；C3a和C5a能刺激組織中的肥大細胞和血液中的嗜酸性粒細胞，促使其釋放組胺和其他活性介質，因而使滲出加強；C3a、C5a具有趨化因子的作用，能吸引中性粒細胞和單核細胞遊走；C5b67能促使釋放溶酶，導致組織壞死；C3b具有調理素的作用，它能加強吞噬活動；還有C5b6789複合物能破壞靶細胞膜的類脂質，故對病毒、細菌、原蟲以及受病毒感染的細胞等均能溶解。

3. 纖維蛋白溶酶（纖溶酶） 纖維蛋白溶酶又稱血漿素，由血漿內的纖維蛋白酶原被組織中的激肽釋放酶分解而形成。它的作用是消化纖維蛋白和其他血漿蛋白。纖維蛋白裂解則形成纖維蛋白肽，此物具有抗凝血、增加微血管壁通透性和吸引白血球遊走等作用。

綜上所述，炎症介質是炎症發生、發展的重要物質基礎。炎症過程中，組織損害、血管反應和滲出形成以及炎症的消散和修復都是相當複雜的過程，炎症介質在其中參與啟動和推動各個環節。

臨床上在治療炎症時，除針對生物性致炎因素常採用相應的藥物外，其他的抗炎藥物，其療效機理大多數是透過抑制炎症介質的合成與釋放，或直接對抗炎症介質，而達到抗炎的效果。類固醇類藥物如糖皮質激素類的可的松等有較好的抗炎療效，是由於其具有降低血管壁的通透性，穩定溶酶體膜從而控制溶酶體的釋出，抑制白血球向血管內皮細胞黏附和血管外游出，抑制肥大細胞的組織胺合成和蓄積，抑制血小板釋放前列腺素等的作用。糖皮質激素對肉芽組織的形成亦有抑制作用，這是因為它能抑制微血管和成纖維細胞的增生，同時也能抑制成纖維細胞的膠原合成和黏多醣的合成所致。故局部反覆使用極少量的糖皮質激素，對縮小炎灶的疤痕組織形成是有好處的。非類固醇類抗炎藥物如消炎痛、保泰松等能抑制前列腺素的合成，同時也有穩定細胞溶酶體膜的作用，從而達到減輕炎症的發展及緩和炎症的諸多症狀。

技能訓練

器官組織炎症病變觀察

【目的要求】 掌握並辨識變質性炎、滲出性炎、增生性炎的眼觀和鏡檢病理變化；掌握並辨識各種炎性細胞的形態特徵。

【實訓材料】 相關大體標本、病理組織切片、光學顯微鏡、圖片等。

【方法步驟】

1. 炎症細胞

中性粒細胞：細胞核一般分成2～5葉，未成熟中性粒細胞的細胞核呈彎曲的帶狀、桿狀或鋸齒狀而不分葉。細胞體圓形，細胞質淡紅色，內有淡紫色的細小顆粒，禽類的稱為嗜異性粒細胞，細胞質中含有紅色的橢圓形粗大顆粒。

嗜酸性粒細胞：細胞核一般分為2葉，各自成卵圓形。細胞質豐富，內含粗大的強嗜酸性染色反應的顆粒。

單核細胞和巨噬細胞：細胞體積較大，呈圓形或橢圓形，常有鈍圓的偽足樣突起，細胞核呈卵圓形或馬蹄形，染色質細粒狀，細胞質豐富，內含許多溶酶體及少數空泡，空泡中常含一些消化中的吞噬物。

上皮樣細胞：外形與巨噬細胞相似，呈梭形或多角形，細胞質豐富，細胞膜不清晰，內含大量內質網和許多溶酶體，細胞核呈圓形、卵圓形或兩端粗細不等的桿狀，細胞核內染色質較少，著色淡，形態與複層扁平細胞中的棘細胞相似，故稱上皮樣細胞。

多核巨細胞：是由多個巨噬細胞融合而成，細胞體積巨大。它的細胞質豐富，在一個細胞體內含有許多個大小相似的細胞核。細胞核的排列有 3 種不同形式：①細胞核沿著細胞體的外周排列，呈馬蹄狀，這種細胞又稱蘭格漢氏細胞；②細胞核聚集在細胞體的一端或兩極；③細胞核散布在整個巨細胞的細胞質中。

2. 變質性肝炎

眼觀：肝臟腫大，質地脆弱，肝臟在黃褐色或灰黃色的背景上，見暗紅色的條紋，呈類似於檳榔切面的斑紋。

鏡檢：中央靜脈擴張，肝竇瘀血和出血。肝細胞廣泛顆粒變性、脂肪變性或水泡變性和局灶性壞死，以及以中性粒細胞為主的炎症細胞浸潤。

3. 皮膚痘疹

眼觀：羊痘、豬水疱病、豬口蹄疫大體標本，其蹄部、乳房等部位皮膚及口腔黏膜出現漿液性炎，形成水疱、丘疹、糜爛或潰瘍等病理變化。

4. 纖維素性心包炎　見於豬肺疫、豬鏈球菌病、牛巴氏桿菌病、家禽大腸桿菌病等病例。

眼觀：心包表面血管充血，心包增厚。心包腔積聚滲出液，並混有黃白色的絮狀纖維素。心外膜充血、腫脹，表面附著黃白色纖維素膜，易於剝離。有的纖維素膜覆蓋在心外膜上，形成絨毛狀。

5. 急性淋巴結炎　多見於炭疽、豬瘟、豬丹毒、豬巴氏桿菌病等急性傳染病。

（1）漿液性淋巴結炎。多發生於急性傳染病的初期。

眼觀：淋巴結腫大，被膜緊張，質地柔軟，潮紅或紫紅色；切面隆突，顏色暗紅，濕潤多汁。

鏡檢：淋巴結中的微血管擴張、充血，淋巴竇擴張，內含漿液和不同數量的中性粒細胞、淋巴細胞、漿細胞和多量的巨噬細胞（大量網狀細胞增生，脫落），此變化稱為竇性卡他。巨噬細胞內常有吞噬的致病菌、紅血球、細胞碎片等。淋巴小結的生發中心擴張，並有細胞分裂象，淋巴小結周圍、副皮質區和髓索處有淋巴細胞增生。

（2）出血性淋巴結炎。可由漿液性淋巴結炎發展而來。

眼觀：淋巴結腫大，呈暗紅或黑紅色，被膜緊張，質地稍實；切面濕潤，稍隆突並含多量血液，呈瀰漫性暗紅色或呈大理石樣花紋（出血部暗紅，淋巴組織呈灰白色）。

鏡檢：除一般急性炎症的變化外，最明顯的變化是出血，淋巴組織中可見充血和散在的紅血球或灶狀出血，淋巴竇內及淋巴組織周圍有大量紅血球。

（3）壞死性淋巴結炎。常見於豬弓形蟲病、壞死桿菌病、仔豬副傷寒等。

眼觀：淋巴結腫大，呈灰紅色或暗紅色；切面濕潤，隆突，邊緣外翻，散在灰白色或灰黃色壞死灶和暗紅色出血灶，壞死灶周圍組織充血、出血；淋巴結周圍常呈膠凍樣浸潤。

鏡檢：可見壞死區淋巴組織結構破壞，細胞核崩解，呈藍染的顆粒，並有充血和出血，並可見中性粒細胞和巨噬細胞浸潤；淋巴竇擴張，其中有多量巨噬細胞和紅血球，也可見白血球和組織壞死崩解產物。淋巴結周圍組織明顯水腫和白血球浸潤。時間稍長的，壞死灶可發生機化或包囊形成。

（4）化膿性淋巴結炎。是化膿菌沿血流、淋巴流侵入淋巴結的結果。

眼觀：淋巴結腫大，有黃白色化膿灶，切面有膿汁流出。嚴重時整個淋巴結可全部被膿汁取代，形成膿腫。

鏡檢：炎症初期淋巴竇內聚集漿液和大量中性粒細胞，竇壁細胞增生、腫大，進而中性粒細胞變性、崩解，局部組織隨之溶解形成膿液。時間較久則見化膿灶周圍有纖維組織增生並形成包囊，其中膿汁逐漸濃縮進而鈣化。

6. 慢性淋巴結炎　常見於某些慢性疾病，如結核、布魯氏菌病、豬支原體肺炎等。

眼觀：發炎淋巴結腫大，質地變硬；切面呈灰白色，隆突，常因淋巴小結增生而呈顆粒狀。後期淋巴結往往縮小，質地硬，切面可見增生的結締組織不規則交錯，淋巴結固有結構消失。

鏡檢：淋巴細胞、網狀細胞顯著增生，淋巴小結腫大，生發中心明顯。淋巴小結與髓索及淋巴竇間界線消失，淋巴細胞瀰漫性分布於整個淋巴結內。網狀細胞腫大、變圓，散在於淋巴細胞間。後期淋巴結結締組織顯著增生，嚴重時，整個淋巴結可變為纖維結締組織小體。

7. 慢性豬瘟固膜性腸炎

眼觀：腸黏膜可見散在的鈕扣狀潰瘍（扣狀腫），它是在腸壁淋巴濾泡壞死的基礎上發展的局灶型固膜性炎症。潰瘍面上的壞死物痂形成明顯隆突的同心層狀結構，形似鈕扣，圓形，質硬，色灰黃，沾染腸內容物色素而呈暗褐色或汙綠色，其周圍常有紅暈。

鏡檢：腸黏膜脫落溶解，固有層組織崩潰，壞死組織中有滲出的纖維素和浸潤的各種炎性細胞。

8. 肺炎

（1）支氣管肺炎。

眼觀：病變多見於尖葉、心葉和膈葉，呈鑲嵌狀，病變中心部為灰白至黃色，周圍為紅色的實變區以及充血和萎陷，外圍為正常乃至氣腫的蒼白區。

鏡檢：細支氣管和相連的肺泡內充滿中性粒細胞，並有細胞碎屑、黏液、纖維素與巨噬細胞的混合物。細支氣管上皮變性、壞死或脫落，周圍結締組織有輕度急性炎症。

（2）間質性肺炎。常因病毒、支原體、寄生蟲（如弓形蟲）感染，以及過敏反應、某些化學性因素等引起。

眼觀：病變區灰白或灰紅色，呈局灶性分布，質地稍硬，切面平整，炎灶大小不一，病灶周圍有肺氣腫。病區可為小葉性、融合性或大葉性。病程較久時，則可纖維化而變硬。

鏡檢：支氣管周圍、血管周圍，肺小葉間隔和肺泡壁及胸膜，有不同程度水腫和淋巴細胞、單核細胞浸潤，結締組織輕度增生，間質增寬。肺泡腔閉塞，有時滲出的血漿成分在肺泡內形成透明膜。

(3) 結核性肺炎。

眼觀：結核性肺炎常表現為小葉性或小葉融合性。病變部充血、水腫，色灰紅或灰白，質地硬實；切面上，肺組織充滿灰黃色乾酪樣壞死物。

鏡檢：病變區肺組織和滲出物及增生成分一起發生乾酪樣壞死，變成無結構的乾酪樣壞死物。病變部周圍可見上皮樣細胞和蘭格漢氏巨細胞。病灶周圍肺組織充血、水腫和炎症細胞浸潤。肺泡腔內有漿液、纖維素和炎症細胞。

9. 腎炎

(1) 急性腎小球腎炎。常見於豬丹毒、豬瘟、鏈球菌病、沙門氏菌病等傳染病過程中，是一種變態反應性炎症。

眼觀：腎臟腫大、充血，包膜緊張，表面光滑，色較紅，俗稱「大紅腎」。有時腎臟表面及切面可見散在的小出血點，形如蚤咬，稱「蚤咬腎」。腎切面皮質由於炎性水腫而變寬，紋理模糊，與髓質分界清楚。

鏡檢：腎小球微血管擴張、充血，內皮細胞和繫膜細胞腫脹增生，腎小球內往往有多量炎性細胞浸潤，腎小球體積增大，膨大的腎小球微血管網幾乎占據整個腎球囊腔。囊腔內有滲出的白血球、紅血球和漿液。腎臟間質內常有不同程度的充血、水腫及少量淋巴細胞和中性粒細胞浸潤。

(2) 亞急性腎小球腎炎。

眼觀：腎臟體積增大，被膜緊張，質度柔軟，顏色蒼白或淡黃色，俗稱「大白腎」。若皮質有無數瘀點，表示曾有急性發作。切面隆起，皮質增寬、蒼白色、混濁，與顏色正常的髓質分界明顯。

鏡檢：在腎球囊內微血管叢周圍見有壁層上皮細胞增生和滲出的單核細胞形成的新月體或環狀體。腎小管上皮細胞廣泛變性，間質水腫，炎性細胞浸潤，後期發生纖維化。

(3) 慢性腎小球腎炎。

眼觀：腎臟體積縮小，表面高低不平，呈瀰漫性細顆粒狀，質地變硬，腎皮質常與腎被膜發生黏連，顏色蒼白，故稱「顆粒性固縮腎」或「皺縮腎」。切面見皮質變薄，紋理模糊不清，皮質與髓質分界不明顯。

鏡檢：大量腎小球纖維化，玻璃樣變，所屬的腎小管萎縮消失，纖維化。由於萎縮部有纖維化組織增生，繼而發生收縮，致使玻璃樣變的腎小球互相靠近，稱為腎小球集中。殘存的腎單位代償性肥大，表現為腎小球體積增大，腎小管擴張。擴張的腎小管管腔內常有各種管型。間質纖維組織明顯增生，並有大量淋巴細胞和漿細胞浸潤。

(4) 間質性腎炎。本病原因尚不完全清楚，一般認為與感染、中毒性因素有關，藥物過敏及寄生蟲感染等也可引起間質性腎炎。

眼觀：急性病例的腎臟稍腫大，顏色蒼白或灰白，被膜緊張容易剝離，切面間質明顯增厚，灰白色，皮質紋理不清，髓質瘀血暗紅。慢性者，腎臟體積縮小，質度變硬，表面凹凸不平，呈淡灰色或黃褐色，被膜增厚，與皮質黏連；切面皮質變薄，與髓質分界不清，眼觀和顯微鏡下與慢性腎小球腎炎不易區別。

鏡檢：急性者間質小血管擴張充血，結締組織水腫，整個腎間質內有單核細胞、淋巴細胞和漿細胞浸潤。腎小管及腎小球變化多不明顯。當轉為慢性間質性腎炎時，間質纖維組織廣泛增生，炎性細胞數量逐漸減少。許多腎小管發生顆粒變性，萎縮消失，並被纖維組織所代替，殘留的腎小管擴張和肥大。腎小囊發生纖維性肥厚或者囊腔擴張，以後腎小球變形或皺縮。在與慢性腎小球腎炎鑑別診斷時，許多腎小球無變化或僅有輕度變化是其主要特點。

（5）化膿性腎盂腎炎。主要病原菌有棒狀桿菌、葡萄球菌、鏈球菌、綠膿桿菌等，大多是混合感染。

眼觀：初期，腎臟腫大、柔軟，被膜容易剝離。腎表面常有略顯隆起的灰黃或灰白色斑狀化膿灶，膿灶周圍有出血。切面腎盂高度腫脹，黏膜充血水腫，腎盂內充滿膿液；髓質部見有自腎乳頭伸向皮質的呈放射狀的灰白或灰黃色條紋，以後這些條紋融合成楔狀的化膿灶，其底面轉向腎表面，尖端位於腎乳頭，病灶周圍有充血、出血，與周圍健康組織分界清楚。

鏡檢：初期腎盂黏膜血管擴張、充血、水腫和細胞浸潤。浸潤的細胞以中性粒細胞為主。黏膜上皮細胞變性、壞死、脫落，形成潰瘍。自腎乳頭伸向皮質的腎小管（主要是集合管）內充滿中性粒細胞，細菌染色可發現大量病原菌，腎小管上皮細胞壞死脫落。間質內常有中性粒細胞浸潤、血管充血和水腫。

【實訓報告】

（1）對所觀察的組織學病理變化進行繪圖。

（2）對所觀察的大體標本病理變化特徵進行描述。

實踐應用

1. 依據炎症的基本病理變化分析炎症局部症狀為什麼表現紅、腫、熱、痛和功能障礙。

2. 炎症時為什麼引起發燒和白血球增多的全身反應？

3. 當發生豬急性敗血性鏈球菌病時，胸腔和心包腔內蓄積多量的黃色混濁的液體，請問這是屬於滲出液還是漏出液？兩種液體成分和眼觀特徵有什麼不同？

4. 慢性豬瘟時在大腸黏膜上形成鈕扣樣腫脹，請分析這是屬於什麼類型的炎症，該種炎症類型的特徵是什麼。

5. 雞結核病時在肺臟、腹腔腸漿膜和卵巢等器官上可見黃白色的結節，切開結節斷面中心呈豆腐渣樣，周圍組織呈緻密均勻狀態，請問這是屬於什麼類型炎症？結節中心和周圍分別是什麼組織？請再舉幾個屬於這種類型炎症的例子。

6. 豬傳染性胸膜肺炎時，初期肺臟血管充血，支氣管腔、肺泡腔內漿液滲出，然後大量紅血球和纖維素滲出，再發展到有大量白血球和纖維素滲出，有的部位有大量中性粒細胞滲出、組織壞死溶解。請分析肺臟發生了哪些類型的炎症。

第七章
敗 血 症

學習目標

能說出敗血症、菌血症、蟲血症等的概念；在臨床中，能夠辨識敗血症的病理變化並分析敗血症的原因。

任務一　敗血症概念

敗血症是指病原微生物及其產生的毒素和其他代謝產物侵入血液循環，並隨血流不斷擴散，造成廣泛的組織損傷和嚴重的物質代謝障礙的全身嚴重感染的病理過程。

敗血症的發生與動物機體的抵抗力、病原微生物的毒力、病原體的數量和侵襲力有密切關係。近年來，對敗血症的研究越來越重視機體對侵入微生物及其毒素所產生的全身性反應。當機體的抵抗力低下，不能有效阻擋和清除進入體內的病原體時，這些病原體就會突破防禦屏障，進入循環血液並向全身擴散，引起多器官功能、代謝障礙，臨床上出現高燒、寒戰、心動過速、呼吸急促、器官組織廣泛性出血等嚴重的全身反應。

病原微生物中除細菌引起敗血症外，一些病毒、寄生原蟲及細菌毒素和其他毒性產物也會引起相類似的病理變化，也稱為敗血症。若引起敗血症的細菌是化膿菌，除了有敗血症的表現外，化膿菌可隨血流到達全身各處，在各組織器官引起新的多發性化膿性病灶，通常稱膿毒敗血症或膿毒血症。

動物機體在發生敗血症的過程中往往伴有菌血症、病毒血症、蟲毒血症或毒血症出現，這些是敗血症的重要象徵之一。但僅有這些，並不能診斷為敗血症，還必須結合是否有敗血症的病理變化，方可做出確切診斷。

1. 菌血症　病原菌出現於循環血液中的現象，稱為菌血症。此時病原菌出現於血液中可能為暫時性或稱為路過性，能很快被血液中的白血球、肝脾等器官中的吞噬細胞所消滅，並不出現全身症狀和病理變化。但菌血症的出現也可能是敗血症的前期徵兆。

2. 病毒血症　循環血液中出現病毒粒子，稱為病毒血症。病毒出現於血液中，也可能為臨時性或路過性。但如果機體防禦機能解體，不能將其清除，大量病毒存在於血液中，同時伴有明顯的全身性感染，則稱為敗血型病毒血症。

3. 蟲血症 寄生原蟲侵入血液的現象，稱為蟲血症。敗血型原蟲病時的蟲血症，主要是由於原蟲在其適宜寄生的部位繁殖後，大量原蟲進入血液，同時伴有明顯的全身性病理過程。

4. 毒血症 細菌產生的毒素及局部組織壞死、分解產生的各種有毒產物進入血液，引起全身中毒的現象，稱為毒血症。毒血症的發生，主要是病原微生物侵入機體後，在其適宜部位增殖，不斷產生毒素，被機體吸收入血而引起全身中毒有關。其次也與全身物質代謝障礙、肝臟的解毒功能和腎臟的排毒機能障礙等因素有關。

雖然現代診療技術不斷提高，新的抗菌藥物廣泛使用，但在臨診實踐中，由於病原體的變異、強毒株的出現以及免疫失敗等原因，導致動物因敗血症死亡的現象不時發生，給養殖業造成很大損失。

任務二　原因和類型

各種致病菌都可引起敗血症，某些原蟲（如牛泰勒蟲、弓形蟲等）也可成為敗血症的病原。病原體突破機體的外部屏障入侵體內的部位稱為侵入門戶。皮膚、消化道、呼吸道及泌尿生殖道的黏膜均可成為病原體的侵入門戶，尤其是當皮膚或黏膜有損傷時更易造成病原體的感染。

由侵入門戶進入體內的病原體，如果未被白血球及免疫球蛋白所消滅，則在局部組織、淋巴結或其適宜生存的部位增殖，破壞局部組織，引起局部炎症，稱為原發性感染灶。此後，病原體的損傷作用與機體的防禦適應性反應（即抗損傷作用）之間進行激烈鬥爭。若病原體的損傷作用明顯占優勢，而機體的抗損傷作用低下或趨於瓦解時，則很容易發生敗血症。

根據病原菌的傳染性，可將敗血症分為非傳染性敗血症和傳染性敗血症兩種類型。

（一）非傳染性敗血症

非傳染性敗血症又稱感染創傷型敗血症，其特點是不具傳染性。在局部炎症的基礎上，由局部病灶轉為全身性的病理過程。如壞死桿菌、氣腫疽梭菌及惡性水腫梭菌等病原菌，首先在侵入的部位引起局部炎症，當機體防禦機能下降、治療不當或不及時，病原菌大量增殖，局部組織損傷加劇，炎症波及淋巴和血管，引起局部淋巴結炎、淋巴管炎及靜脈炎，這時病原菌便經淋巴管和血管不斷向全身擴散。開始進入血液的病原菌可被單核巨噬細胞吞噬，但隨著機體抵抗力進一步下降，局部炎症病灶內的病原菌及其毒性產物大量進入血液並隨血流擴散到全身，引起全身各器官、組織損傷，物質代謝障礙和生理機能發生嚴重紊亂，此時患病動物出現明顯的全身症狀和病變，即發生敗血症。

（二）傳染性敗血症

傳染性敗血症是指由某些具有傳染性的病原微生物引起的敗血症。例如，某些細菌（如炭疽、敗血型豬丹毒、敗血型巴氏桿菌等）和病毒（如馬傳染性貧血、豬瘟、牛瘟、高致病性禽流感、雞傳染性喉氣管炎及雞新城疫等病的病原體），由於這些病原體的侵襲力和毒力都很強，侵入機體後，迅速突破機體防禦屏障，經血液散播到全身，在適宜生存的部位進行增殖，然後大量向血液釋放，造成廣泛的組織損傷，此時機體的防禦適應反應雖有所表現，但在病原體的強大作用下迅速瓦解，很快發展為敗血症。此時肉眼常常找不到侵入門戶的明顯病變，以往曾稱為隱源性敗血症。

某些慢性傳染病（如鼻疽和結核）通常表現慢性局灶性炎症。但是，當機體抵抗力下降時，病原菌則突破局部病灶的防線進入血流，隨血流擴散到全身，並在許多器官形成多發性轉移病灶，即稱粟粒型鼻疽或粟粒型結核，此種由慢性炎症轉化為急性全身性的病理過程，實質上也可稱為敗血型鼻疽或結核。此外，少數原蟲（如牛泰勒梨形蟲、弓形蟲等）侵入機體後，也具有敗血症的一般特徵，所以也列為此範疇。

綜上所述，無論任何原因引起的敗血症，都可表現出病原與機體進行激烈鬥爭的過程。只是傳染型敗血症由於病原毒力很強，可迅速突破機體的防禦系統，使機體的抵抗力喪失，出現明顯的敗血症變化。而非傳染型敗血症則是先引起局部感染病灶，然後由局部病灶擴散到全身，並形成具有敗血症特徵的病理變化。

任務三　病理變化和發病機理

對於每一個具體的敗血症病例來說，隨著機體的狀況、病程長短以及病原毒力強弱等不同，各有其特有的表現形式。但無論何種原因引起的敗血症，在病理形態學變化上通常都有一些共同的特點。

（一）全身性病理變化

1. 最急性型　在機體抵抗力特別弱、病原體的侵襲力特別強時，機體的防禦機能迅速被摧垮，動物很快死亡。此類型的敗血症因病程特別短，各個器官、組織幾乎沒有明顯肉眼可見的病理變化。但可以看到各個器官、組織內有大量的病原體及明顯的組織學變化。

2. 急性型　急性經過的敗血症一般可出現下述變化。

（1）屍僵不全，屍體腐敗。由於動物體內有大量病原微生物及其毒素存在，動物死亡前，體內的肌肉組織發生變性壞死，釋放出大量的蛋白酶，故在動物死後往往不出現屍僵或屍僵不完全。同時，由於腸道內的腐敗菌在機體抵抗力降低的情況下進入血液，因此極易引起屍體腐敗。臨床常見臌氣。

（2）血液凝固不良。由於病原體及其毒素使血液中凝血物質遭到嚴重破壞，所以往往發生血液凝固不良。常見從屍體的口、鼻、內眼角、陰門及肛門等天然孔流出黑紅色不凝固的血液。

（3）溶血現象及黃疸。由於在細菌毒素的作用下，紅血球遭到破壞，故發生溶血現象。常見心內膜、血管內膜及周圍組織被血紅素染成汙紅色。同時，由於肝臟機能不全，造成膽紅素在體內蓄積，可視黏膜及皮下組織可見黃染。

(4) 全身黏膜、漿膜出血。關於出血的機理比較複雜，但主要是由於血管壁受到損傷而引起的。其一，由於病原菌及其毒素的作用，使血管壁通透性增高，血液滲出。其二，病毒直接作用於血管內皮細胞，導致血管壁損傷。其三，中樞神經系統受損，引起血管運動神經中樞發生機能障礙，導致植物神經系統功能失調，從而使全身血管出現一系列變化，加重了血管壁的損傷。其四，變態反應，抗原抗體相互作用形成免疫複合物，啟動補體系統，導致血管壁損傷，引起局部出血。臨床可見四肢、背腰部和腹部皮下、黏膜和漿膜下的結締組織有漿液性或膠樣出血性浸潤，在皮膚、漿膜、黏膜及一些實質器官的被膜上有散在的出血點或出血斑。

(5) 脾臟腫大。由於脾被膜和小梁的平滑肌受到病原體、毒素和酶的作用發生變性或壞死，收縮力降低，導致脾臟高度瘀血，而出現脾臟腫大，瘀血嚴重的脾組織幾乎呈一片血海。脾臟腫大是敗血症的特徵性變化。但是，某些機體極度衰弱的動物或最急性型病例的脾臟腫大並不十分明顯或不腫大。

(6) 淋巴結呈急性炎症。病程較長的病例，全身各處的淋巴結均見腫大、充血、出血、水腫等急性漿液性和出血性淋巴結炎的變化。組織學檢查可見淋巴竇擴張，竇內有單核細胞、中性粒細胞和紅血球，有時可見細菌團塊。扁桃體和腸道淋巴小結亦見腫大、充血及出血等急性炎症變化。

(7) 實質器官。心臟、肝臟、腎臟等實質器官以變性、壞死為主，有時也見炎症變化。肺臟可見瘀血、水腫。腎上腺明顯變性，類脂質消失，皮質部失去固有的黃色，呈淺紅色，皮質與髓質部可見出血灶。

(8) 神經系統。眼觀腦軟膜充血，腦實質無明顯病變。組織學檢查，可見軟腦膜下和腦實質充血、水腫，微血管有透明血栓形成，神經細胞不同程度變性，有時見局灶性充血、出血、壞死、炎性細胞浸潤和神經膠質細胞增生等變化。

(二) 原發病灶病理變化

敗血症原發病灶的病理變化，因所感染的病原菌及侵入門戶不同而表現各異。如由壞死桿菌引起的敗血症，其原發性病灶通常位於四肢下部的深部創傷中；異物性肺炎引起敗血症的原發病灶為化膿性壞疽性肺炎；而口腔感染鏈球菌和壞死桿菌引起的敗血症，原發病灶常見於扁桃體，呈化膿性壞死性扁桃體炎變化。

1. 由創傷感染引起的敗血症 常在侵入門戶表現局部漿液性化膿性炎、蜂窩織炎和壞死性炎。當原發灶內的病原菌突破機體的防禦屏障，沿附近的淋巴管擴散時，可見淋巴管腫脹、變粗，管壁增厚，管腔狹窄，管腔內積有膿汁或纖維素凝塊，而相應的淋巴結也呈漿液性化膿性炎變化。當病原菌經血管擴散時，原發病灶內帶菌栓子隨血流轉移到全身，其過程與栓塞形成的規律相同，最後在體內多個部位形成大小不等的轉移性化膿灶。數量少而體積大的轉移性化膿灶，說明形成的時間較久；數量多而體積小的轉移性化膿灶，說明原發病灶內較大的血管發生崩潰，病原菌在短時間內大量進入血液循環，向機體各處擴散，在大量轉移性化膿灶形成後不久就可導致動物死亡。有時還可看到轉移性化膿灶大小不一，且密度不等，說明病原體侵害已非一日，也非一次。

此外，從化膿灶的結構上也可以反映出機體抵抗力的強弱，在那些較大的化膿灶中一般均可看到膿灶周圍有肉芽組織（即生膿膜）形成，證明機體對病原已有較強的抗禦過程。而死於粟粒型（既多又小的轉移性病灶）膿毒敗血症的病例，往往以局部組織的顯著壞死為主，而組織的增生和白血球浸潤則很微弱，表明機體還未能來得及抗禦病原的損害就已死亡。

2. 幼畜臍炎引起的敗血症　往往只在臍帶的根部看到不太明顯的出血性化膿性病灶，該病灶可蔓延到腹膜，引起纖維素性化膿性腹膜炎。病原菌還可沿化膿的臍靜脈進入血液，引起肝臟、肺臟化膿性炎和化膿性關節炎（多見於肩關節、肘關節、髖關節及膝關節等四肢關節）。

3. 產後敗血症　是因母畜分娩後護理不當、子宮黏膜損傷或子宮內遺有胎盤碎片，使子宮黏膜感染化膿性細菌或腐敗菌，引起化膿性壞疽性子宮內膜炎，常由此發生敗血症而死亡。剖檢可見子宮膨脹，觸之有波動感，漿膜混濁無光澤，切開子宮，內有大量汙穢不潔、帶惡臭的膿汁，子宮內膜腫脹、瘀血、出血和壞死，並見糜爛或潰瘍變化。

此外，尿道感染所引起的腎盂腎炎和膀胱炎等也會導敗血症發生。

知識拓展

實踐應用

1. 簡述敗血症的分類和病變特點。革蘭氏陽性菌與陰性菌引起的敗血症有何不同？

2. 臨床上應從哪些方面判斷敗血症？哪種診斷結果具有確診意義？

3. 發現動物敗血症時，你認為應採取什麼治療原則？

第八章
腫　　瘤

學習目標

能說出腫瘤的基本概念；能辨識腫瘤的病理變化；在臨床上能對常見的動物腫瘤做出診斷；能對良性腫瘤和惡性腫瘤進行鑑別。

任務一　腫瘤的概念和病因

（一）腫瘤的概念

腫瘤是指動物機體在各種致病因素的作用下，局部組織細胞在基因水準上對其生長失去控制，導致異常增生所形成的新生物，這種新生物所形成的局部腫塊，稱為腫瘤。

腫瘤是在致病因素的作用下，正常細胞的 DNA 結構和功能異常，發生異常增生形成的腫塊，表現出與正常細胞明顯的差異。其特點如下：

（1）腫瘤細胞是由正常細胞轉變而來，它與正常組織細胞形態有一定程度的相似性。

（2）腫瘤增生與炎症增生有質的不同。後者是針對一定刺激所做出的反應性增生，是適應機體需要的，所增生的組織基本上具有原組織的結構與功能，且整個增生過程受機體控制，一旦刺激因素去除增生即停止。腫瘤細胞生長無限制性，與整個機體不協調，特別是惡性腫瘤還具有浸潤與轉移能力。

（3）腫瘤組織缺乏正常細胞的形態結構、功能和物質代謝。

（4）沒有正常的生理機能，即使致病因素已不存在，仍能持續性生長，對機體有百害而無一利。

（5）在不同的程度上失去發育為成熟組織的能力，甚至具有接近未成熟的胚胎細胞的表現。

（6）體內因素對腫瘤有一定影響。如對腫瘤的免疫反應，能抑制細胞的生長；體內激素的分泌，可刺激或抑制腫瘤細胞生長。

（二）腫瘤的病因

腫瘤的病因包括內因和外因兩方面。外因主要是指來自周圍環境中的各種致瘤因素，內因則是指機體自身抗瘤能力的降低。二者往往互為連繫、協同作用。

1. 外界致瘤因素

（1）生物性因素。

① 病毒。包括 DNA 和 RNA 兩類病毒。DNA 病毒有疱疹病毒、腺病毒、乳頭狀瘤病毒等；RNA 病毒主要為禽白血病/肉瘤病毒群的病毒，能引起多種家禽的良惡性腫瘤，致瘤 RNA 病毒也能對牛、貓和其他一些哺乳動物誘發白血病。

② 寄生蟲。如華支睾吸蟲與膽管上皮癌、日本血吸蟲與大腸癌的發生有關。

（2）化學性因素。

① 亞硝胺類。目前已知能致癌的亞硝胺有 70 多種。主要引起食管癌和肝癌。

② 黴菌毒素。主要是黃麴毒素，能誘發多種動物的肝癌。

③ 多環碳氫化合物。如 3,4 -苯並芘、1,2,5,6 -雙苯並蒽、3 -甲基膽蒽、9,10 -二甲基苯蒽等均有較強的致癌性。

④ 芳香胺類與胺基偶氮染料。芳香胺類致癌物有乙萘胺、聯苯胺、4 -胺基聯苯等。氨基偶氮染料有奶油黃、猩紅等，長期接觸可引起膀胱癌、肝癌。

⑤ 烷化劑與醯化劑。如環磷醯胺、氮芥、苯丁酸氮芥、亞硝基脲等均能致癌。

⑥ 某些微量元素。如砷、鉻、鎘、鎳等具有致癌性。

（3）物理性因素。主要有 X 射線，各種放射性射線、紫外線、熱輻射、慢性炎性刺激等可引起各種腫瘤的發生。

2. 內部致瘤因素　腫瘤的發生除了與外部因素有關外，機體內在因素也起著重要作用。主要包括遺傳因素、免疫因素、內分泌因素、性別和年齡因素。

3. 腫瘤發病學簡介　腫瘤的發病機理目前尚未完全清楚。一般認為各種致癌因素引起體細胞 DNA 突變，或使基因表達異常，轉變為瘤細胞。腫瘤的形成是瘤細胞單克隆性擴增的結果。腫瘤的發生是一個長期的、分階段的、多種基因突變積累的過程，特別是原癌基因的啟動和抑癌基因的失活在細胞惡性轉化過程中具有重要作用。機體的免疫監視功能降低，不能及時清除體內突變細胞，與腫瘤的發生也有重要關係。

任務二　腫瘤的生物學特性

（一）腫瘤的外觀形態（眼觀）

1. 外形　腫瘤外觀形態與腫瘤的性質、發生的部位、生長方式、組織來源有很大關係。常見的有圓球狀、乳頭狀、息肉狀、分葉狀、花椰菜狀、絨毛狀、潰瘍狀等（圖 8 - 1）。

2. 大小　腫瘤的大小不一，主要取決於其生長速度、生長部位、生長時間等。生長在狹小體腔內的常較小，在柔軟體腔內或身體表面則可長得很大。對機體物質代謝和重要器官的機能無重大影響可長得很大（如良性腫瘤），但如果對機體破壞作用嚴重，它尚未充分長大時，患體即死亡，則體積較小。

3. 數量　常是一個或多個。

4. 顏色　與組織來源、形成時間長短、含血量多少或含其他色素成分及有無繼發性病變等有關。一般為灰白色，有的呈紅色、黃色、灰黑色等。如黑色素細胞組成黑色素瘤呈黑色；脂肪瘤呈黃色或白色；纖維瘤呈灰白色；淋巴肉瘤、纖維肉瘤呈魚肉色。

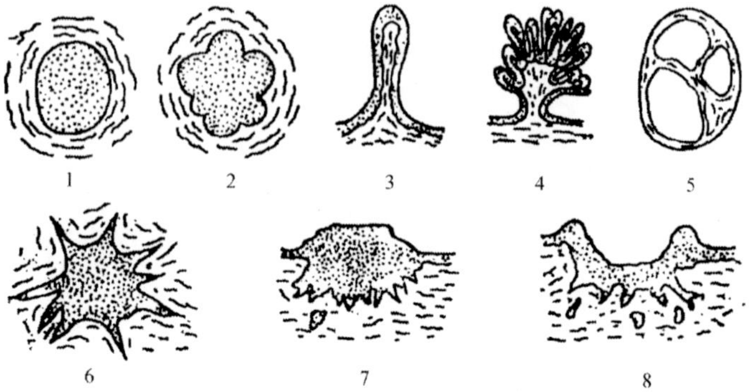

圖 8－1　腫瘤的外形及生長方式

1. 結節狀（膨脹性生長）　2. 分葉狀（膨脹性生長）　3. 息肉狀（外生性生長）
4. 乳頭狀（外生性生長）　5. 囊狀（膨脹性生長）　6. 浸潤性包塊狀（浸潤性生長）
7. 彌漫性肥厚狀（浸潤性生長）　8. 潰瘍狀（浸潤性生長）

5. 硬度　與腫瘤組織的實質與間質的比例以及有無變性壞死等有關。如骨瘤最硬、軟骨瘤次之，纖維瘤較硬固、黏液瘤較柔軟；間質成分多的較硬，實質成分多的較柔軟。

（二）腫瘤的組織結構（鏡檢）

腫瘤的組織結構由實質（瘤細胞）和間質（結締組織）兩部分組成。

1. 實質　由瘤細胞構成，是腫瘤的特殊成分，決定腫瘤的病理學特性和臨床特點。瘤細胞由原來組織的正常細胞發生根本上的變化而來，其形態和組織結構，與起源的正常細胞組織有一定的相似之處。臨床通常根據腫瘤細胞的組織來源、分化程度的高低和異型性的大小來進行腫瘤的分類、命名和組織學診斷。如果瘤細胞分化程度高，其細胞形態和組織結構排列與其起源組織的細胞很相似，異型性小，多為良性腫瘤。如果瘤細胞分化程度低，甚至不分化，其細胞形態和組織結構與其起源的組織很少相似，即組織細胞不成熟，接近胚胎性組織，多為惡性腫瘤。其細胞形態、大小不一，一般比正常細胞大，外形不整齊，細胞核變大，呈異型現象，細胞核與細胞質比例不對稱，核膜粗糙不平，多見異常核分裂象。

2. 間質　腫瘤的間質是腫瘤的非特異性成分。主要由結締組織和血管組成，有時還有淋巴管，起支持和營養腫瘤的作用。一般生長迅速的腫瘤，間質血管豐富，結締組織少；生長慢的腫瘤間質血管少，因此臨床抑制血管的生長也可達到控制或治療腫瘤的目的。

腫瘤的異型性：腫瘤組織無論在細胞形態還是在組織結構上，都與發源的正常組織有不同程度的差異，稱為異型性。腫瘤組織異型性的大小反映了腫瘤組織的成熟程度（即分化程度，在此指腫瘤的實質細胞與其來源的正常細胞和組織在形態、功能上的相似程度）。異型性小者，說明它和正常組織相似，腫瘤組織分化程度高（成熟程度高）；異型性大者，表示腫瘤組織成熟度低（分化程度低）。區別這種異型性的大小是診斷腫瘤，確定其良、惡性的主要組織學依據。惡性腫瘤常具有明顯的異型性。

由未分化細胞構成的惡性腫瘤也稱間變性腫瘤。間變原意是指「退化發育」，即失去分化，指已分化成熟的細胞和組織倒退分化，返回原始未成熟狀態。現已知，絕大部分的未分化的惡性腫瘤起源於組織中的幹細胞喪失了分化能力，而並非是已經分化的特異細胞去分化所致。在現代病理學中，間變是指惡性腫瘤細胞缺乏分化。間變性的腫瘤細胞具有明顯的多形性（pleomorphism，即腫瘤細胞彼此在大小和形狀上的變異）。因此往往不能確定其組織來源。間變性腫瘤幾乎都是高度惡性腫瘤，但大多數惡性腫瘤都顯示某種程度的分化。

（三）腫瘤代謝特點

腫瘤組織具有旺盛的生長特性，其物質代謝也很特殊，但與正常組織並無質的差異。

1. 醣代謝　許多腫瘤組織在有氧或無氧條件下均以糖酵解方式擷取能量。惡性腫瘤與良性腫瘤在糖酵解方面有量的差別，惡性腫瘤細胞更為顯著，糖酵解的許多中間產物被腫瘤細胞利用來合成蛋白質、核酸、類脂，以保證腫瘤細胞生長的需要。當有大量乳酸產生時，常導致酸中毒。

2. 蛋白質代謝　蛋白質的合成與分解代謝均增強，但合成代謝超過分解代謝，甚至可奪取正常組織的蛋白質分解產物，以合成腫瘤本身所需蛋白質（這與腫瘤生長迅速有關）。因此體內蛋白質大量消耗，導致機體出現嚴重的惡病質狀態。

有些腫瘤組織還可合成腫瘤蛋白，作為腫瘤相關抗原，引起機體免疫反應。有些與胚胎組織有共同抗原性，稱為腫瘤胚胎性抗原。如肝細胞癌合成的甲胎蛋白、胃癌產生的硫糖蛋白質等，這些均可幫助診斷相應的腫瘤性疾病。

3. 核酸代謝　腫瘤組織合成 DNA、RNA 的能力均比正常組織強，在惡性腫瘤裡 DNA、RNA 含量明顯增高，這為腫瘤迅速生長、繁殖提供了物質基礎。腫瘤細胞有高度合成 DNA 能力，而且能將 RNA 轉變成 DNA，這也加快了腫瘤細胞分裂、增殖。

4. 脂肪代謝　腫瘤組織內不飽和脂肪酸含量高，類脂尤其膽固醇含量高，人們認為它改變膜的表面張力、膜的通透性，為腫瘤細胞迅速繁殖創造條件。

5. 水、鹽代謝　腫瘤生長越快，K^+ 含量越高。K^+ 能促進蛋白質的合成。Ca^{2+} 量減少，可使腫瘤細胞容易發生解聚，有利於其浸潤性生長與轉移。

（四）腫瘤的生長與擴散方式

1. 生長方式

（1）突起性生長。即外生性生長。腫瘤細胞向組織表面突起，形成許多皺褶，呈乳頭狀，乳頭中心常有隨腫瘤細胞生長而增生的纖維組織和血管，乳頭形成後，還可以不斷分支，再出現新乳頭。多見於皮膚、黏膜表面、管道、囊腔。良、惡性腫瘤均可呈此種方式生長，但惡性腫瘤在外生性生長的同時還伴有浸潤性生長。

（2）膨脹性生長。腫瘤細胞並不侵入周圍組織，而是以初發點為中心向周圍逐漸擴大，擠壓正常組織，呈結節狀，周圍有較完整纖維包膜，與正常組織分界明顯，觸診時可活動，手術易於摘除，不易復發。良性腫瘤多為這種生長方式。

（3）浸潤性生長。腫瘤組織向鄰近組織侵犯、延伸，侵入周圍組織間隙、淋巴管或血管內。腫瘤無包膜，與鄰近組織緊密連接在一起，無明顯界線。腫瘤所到之處，原有組織被摧毀，觸診時較固定，不活動，手術切除困難，易復發或轉移。惡性腫瘤多為這種生長方式。

（4）瀰漫性生長。是造血組織肉瘤、未分化癌、未分化神經細胞腫瘤的生長方式。腫瘤細胞不聚集，而是單個地沿組織間隙向周圍擴散。

2. 擴散與轉移

（1）直接蔓延。浸潤性生長的腫瘤，由原發部位向周圍推進，連續不斷地沿著組織間隙、淋巴管、血管或神經束浸潤，破壞鄰近正常器官、組織，並繼續生長。如晚期宮頸癌可蔓延至直腸、膀胱；晚期胰腺癌可穿過胸肌、胸壁蔓延至胸腔甚至肺臟。

（2）腫瘤的侵犯。惡性腫瘤侵犯周圍組織引起組織反應。侵犯包膜時，局部包膜發生斷裂，腫瘤從裂隙處凸出；侵犯骨骼時，使骨質破損形成孔洞，如動物的副鼻竇癌多見；侵犯靜脈時，瘤細胞進入血流形成瘤栓。

（3）轉移。腫瘤細胞由原發部位透過血管、淋巴管或漿膜腔轉移到其他部位，繼續生長形成新的腫瘤，稱為轉移。轉移是惡性腫瘤的特徵，良性瘤不會轉移。

① 淋巴道轉移。即淋巴管性轉移，是最普通的轉移管道。一般而言，癌多傾向於淋巴管轉移。

② 血道轉移。瘤細胞侵入血管後隨血流到達其他器官繼續生長，形成轉移瘤。肉瘤的轉移大多數藉此途徑。

③ 種植性轉移和接觸性轉移。多見於腹腔內器官的腫瘤。種植性轉移，亦稱為接種性轉移，指內臟器官的腫瘤侵犯漿膜後，腫瘤細胞可以脫落並像播種一樣，種植在漿膜上形成轉移瘤。接觸性轉移，是由於身體正常部分經常與腫瘤接觸而發生的轉移。如漿膜面上的腫瘤，可由漿膜一面轉移到直接接觸的對面器官。

應該指出，腫瘤細胞種植到正常沒有破損的上皮組織的表面是難以生長的。因此，在外科手術時，應避免器械與正常組織接觸、腫瘤與傷口接觸，以防腫瘤轉移。

轉移瘤是原發性瘤的子瘤，它的顏色、性狀、鏡下結構與原發瘤相似，但一般沒有原發瘤那樣富於浸潤性，和周圍組織之間的界線比較明顯，有時還含有「包膜」，其分化程度比原發瘤可能差一些或好一些，但組織結構相似，這就可以推斷出原發瘤的性質與位置。

任務三　良性腫瘤與惡性腫瘤的區別

良性腫瘤與惡性腫瘤的區別應根據細胞的分化程度、組織結構、生長方式、生長速度、蔓延、轉移以及對機體的影響等諸多方面進行鑑別（表 8－1）。

1. 良性腫瘤　多數是膨脹性生長或外生性生長，不浸潤鄰近組織，不轉移，生長較慢，只排擠與壓迫鄰近組織，界線明顯，有結締組織包膜。對機體危害較小，手術可治，不易復發。

組織學觀察，腫瘤細胞分化程度良好，核分裂現象少或無，與正常起源細胞的形態相差不大，有時只是排列與正常組織不同。

2. 惡性腫瘤　惡性腫瘤既有外生性生長又有浸潤性生長，生長迅速，侵犯與破壞鄰近組織，常發生轉移，對機體危害較大，手術後易復發，晚期引起全身性反應（如惡病質、發燒等）。

組織學檢查，腫瘤細胞分化程度低，與正常起源的細胞形態上相差較大，近似胚胎發育期未分化成熟的細胞，核分裂象多。良性與惡性之分不是絕對的，在一定條件下可以相互轉化，一般是由良性轉化為惡性，也有少數腫瘤可自行消失。

表 8－1　良性腫瘤與惡性腫瘤鑑別

生物學特徵	良　性	惡　性
生長速度	緩慢	迅速
核分裂	少	較多
核染色質	較少，接近正常	較多
細胞分化程度	分化好，異型性小	分化差，異型性大
局部生長方式	膨脹性生長，外生性生長	外生性生長與浸潤性生長
包膜形成	常有包膜，與周圍組織界線清楚	無包膜，與周圍組織界線不明顯
破壞正常組織	少	很多
侵入血管	無	常侵入血管
轉移	不轉移	常有轉移
術後復發	不復發	常常復發
對宿主影響	較小，主要為局部壓迫或阻塞作用。如發生在重要器官也可引起嚴重後果	較大，除壓迫、阻塞外，還可破壞原發處和轉移處的組織，引起壞死、出血、繼發感染，造成惡病質

任務四　腫瘤的命名與分類

（一）腫瘤的命名

腫瘤的命名既要反映組織來源，又要反映腫瘤的性質。因此腫瘤的命名原則一般是：來源組織加上反映該腫瘤性質的後綴（如瘤、癌、肉瘤等）。

1. 良性腫瘤　通常是在來源組織的名稱之後加一個「瘤」字，如來源於纖維組織的良性腫瘤稱為纖維瘤；來源於脂肪組織的良性腫瘤稱為脂肪瘤。或結合其部位、形態特點命名，如乳頭狀瘤。也可將發生組織結合形態特徵命名，如皮膚乳頭狀瘤、膀胱乳頭狀瘤等。

2. 惡性腫瘤　由於惡性腫瘤中，癌幾乎占 85%，故人們習慣於把惡性腫瘤統稱為癌。而事實上惡性腫瘤的命名比較複雜。

（1）凡是來源於上皮組織的惡性腫瘤統稱為癌。通常在來源組織的名稱後加「癌」。如來源於鱗狀上皮的惡性腫瘤稱為鱗狀細胞癌。

(2) 凡是來源於間葉組織（包括纖維組織、脂肪、肌肉、軟骨組織）的惡性腫瘤統稱為肉瘤。命名時，在來源組織名稱後加「肉瘤」。如來源於纖維組織的惡性腫瘤稱為纖維肉瘤。

(3) 凡是來源於未成熟的胚胎組織或神經組織的惡性腫瘤稱母細胞瘤。如腎母細胞瘤、神經母細胞瘤等。

(4) 有一些惡性腫瘤由於其來源和成分複雜，既不能稱癌，也不能稱為肉瘤，一般在傳統名稱前加上「惡性」二字。如惡性畸胎瘤、惡性黑色素瘤。

(5) 有些惡性腫瘤一直沿用習慣名稱。如馬立克病、勞氏肉瘤都是用人名作腫瘤名稱。

(6) 由造血細胞組織來源的肉瘤，因為血液中有大量異常白血球出現，所以習慣上稱為白血病。

(二) 腫瘤的分類

腫瘤的分類通常以其組織來源為依據，每一類別根據其生長特性及對機體的危害程度不同，又分為良性腫瘤和惡性腫瘤（表 8－2）。

表 8－2 腫瘤的分類

類型	組織來源		良性腫瘤	惡 性 腫 瘤
上皮組織	被覆上皮		乳頭狀瘤	鱗狀細胞癌、基底細胞癌、移行細胞癌
	腺上皮		腺瘤	腺癌
間胚組織	支持組織	結締組織	纖維瘤	纖維肉瘤
		脂肪組織	脂肪瘤	脂肪肉瘤
		黏液組織	黏液瘤	黏液肉瘤
		軟骨組織	軟骨瘤	軟骨肉瘤
		骨組織	骨瘤	骨肉瘤
	造血組織	淋巴組織	淋巴瘤	淋巴肉瘤
		骨髓組織		骨髓瘤
	脈管組織	血管	血管瘤	血管肉瘤
		淋巴管	淋巴瘤	淋巴肉瘤
	間皮組織		間皮瘤	惡性間皮瘤
	肌組織	平滑肌	平滑肌瘤	平滑肌肉瘤
		橫紋肌	橫紋肌瘤	橫紋肌肉瘤
神經組織	神經上皮		室管膜瘤	成髓細胞瘤
	成神經細胞		神經節細胞瘤	成神經細胞瘤
	成膠質細胞		星形細胞瘤	多形性成膠質細胞瘤
	神經細胞		神經鞘瘤	惡性神經鞘瘤
	神經纖維		神經纖維瘤	神經纖維肉瘤
其他	三種胚葉		畸胎瘤	惡性畸胎瘤，胚胎性癌
	黑色素細胞		黑色素瘤	惡性黑色素瘤
	各種成分		混合瘤	惡性混合瘤，癌肉瘤

任務五　動物常見腫瘤

(一) 良性腫瘤

1. 乳頭狀瘤　皮膚乳頭狀瘤病是由乳多空病毒科的DNA病毒感染所致，多種動物均可發病，常侵害2歲以下的犢牛、1～3歲的馬匹和兔。腫瘤可見於頭、頸、耳、口唇、乳房、會陰、陰唇、陰莖等處，一般認為發生部位與擦傷有關。乳頭狀瘤的大小不一，凸起於皮膚表面，腫瘤的外形如花椰菜狀，表面粗糙，有許多細小裂隙，有蒂柄或寬廣的基部與皮膚相連。大的乳頭狀瘤容易受到損傷，常引起出血和繼發感染。

鏡檢可見乳頭狀瘤是由極度增厚的表皮組織構成，中心為增生的真皮組織。真皮組織呈長圓形，表面覆蓋角化過度的鱗狀上皮。在棘細胞層中，可見細胞質呈空泡狀的單個細胞或細胞群。顆粒層中有大量變性的細胞，細胞質發生空泡化，覆蓋在真皮乳頭頂部的表皮組織極度增生(圖8－2)。

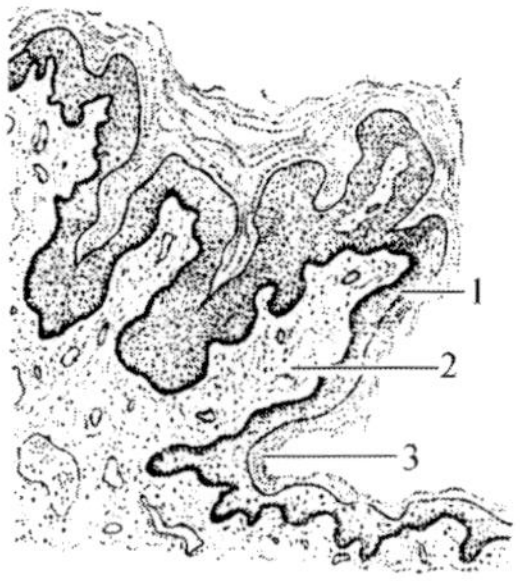

圖8－2　皮膚乳頭狀瘤（低倍）
1. 向皮膚表面生長的乳頭瘤細胞和正常組織相似　2. 乳頭結締中軸　3. 角化層

2. 脂肪瘤　發生於脂肪組織，腫瘤大小不一，單發或多發，外觀呈扁圓形，質地柔軟，淡黃色。包膜完整。光鏡下，瘤組織由分化成熟的脂肪細胞和少量纖維組織構成。

(二) 惡性腫瘤

1. 纖維肉瘤　纖維肉瘤在動物很常見，特別多發於犬、貓、黃牛和水牛。大多數發生在成年和老年動物，也偶見於幼齡動物。多發生軀體和四肢的皮膚及皮下、口腔和鼻腔等部位，內臟器官發生很少。肉瘤組織常發生缺血性壞死、炎症和水腫。絕大多數纖維肉瘤都呈迅速的浸潤性生長，手術切除後常會再發，但發生轉移的病例並不很多。一般透過血流轉移，首先在肺臟內形成繼發瘤，也可能呈全身性轉移，但不常擴散到局部淋巴結。

眼觀：纖維肉瘤大小不一，呈不規則結節狀，界線不清，無包膜，質地堅實。切面呈灰紅色魚肉狀，可見紅褐色的出血區和黃色的壞死區。腫瘤侵蝕皮膚及黏膜時，表面常形成潰瘍和繼發感染。

鏡檢：纖維肉瘤是由交織的不成熟的成纖維細胞索和數量不等的膠原纖維構成。細胞含量比纖維瘤多，纖維形成一般很少，尤其是在高度間變的纖維肉瘤。瘤細胞通常為梭形，但也可能為卵圓形或星形。未分化肉瘤含有多核瘤巨細胞和具有異形核的瘤細胞。細胞核長圓形或卵圓形，染色深，核仁明顯，2～5個，常見核分裂象。細胞質含量有差異，細胞質邊界有時很難與基質辨別。

2. 淋巴肉瘤　淋巴肉瘤是動物的一種常見腫瘤，牛、豬及雞發生最多。現認為牛、豬和雞的淋巴肉瘤均是病毒引起的。廣泛地見於全身所有的淋巴結，或僅見於個別的淋巴結群。生長迅速，容易廣泛轉移。

眼觀：淋巴結和器官增大，大小差異很大，經常不對稱。淋巴結呈灰白色，質地柔軟或堅實；切面像魚肉狀，有時伴有出血或壞死。腫瘤早期有包膜，互相黏連或融合在一起。內臟器官（如胃、肝臟、腎臟等）的淋巴肉瘤有結節型和浸潤型兩種。結節型為器官內形成大小不一的腫瘤結節，灰白色，與周圍正常組織之間的分界清楚，切面上可見無結構、均質的腫瘤組織，外觀如淋巴組織。浸潤型腫瘤組織呈瀰漫性浸潤在正常組織之間，外觀僅見器官（如肝臟）顯著腫大或增厚，而不見腫瘤結節。

鏡檢：淋巴肉瘤是由未成熟的淋巴網狀細胞組成，器官組織的正常結構破壞消失，被大量分化不成熟的瘤細胞所代替，間質很少。

3. 鱗狀細胞癌　又稱扁平細胞癌，簡稱鱗癌，多發於口腔、舌、肛門、食管、陰道及皮膚無色素處，生長很快，常轉移至局部淋巴結和肺臟等器官。

眼觀：鱗狀細胞癌多呈不規則團塊狀，按形態可分為生長型和糜爛型。生長型的腫瘤呈大小不一的乳頭狀，形成花椰菜狀的突起，表面常形成潰瘍，易出血；有的腫瘤向深部組織發展，形成浸潤性硬結。糜爛型腫瘤初期表面為有結痂的潰瘍，潰瘍向深部發展，外觀呈火山口狀；腫瘤的切面呈白色，質地柔軟，形成均勻的結節形組織，結節之間有纖維組織分隔。

鏡檢：癌細胞呈短梭形或不規則形，細胞核大而深染，呈巢狀排列。鱗癌的分化程度差異很大。分化較好的，可見癌巢具有鱗狀上皮的結構層次。癌巢的中心常有「癌珠」或角化珠形成。癌珠呈同心層狀排列，紅色深染，外觀如透明蛋白，厚薄不等。癌珠外周環繞著色淡的棘細胞層，細胞之間有時可見到細胞間橋。分化差的，很少見到角化的癌珠和細胞間橋，而癌細胞的核分裂象則很多，並出現不典型的核分裂象。

4. 雞卵巢腺癌　本病一般均見於成年母雞，至少 1 歲齡以上。許多病雞外觀營養狀況良好，嚴重病例經常伴有腹水，液體澄清，呈琥珀色，但不含纖維蛋白，所以並不凝固。

眼觀：典型病雞在卵巢形成多量白色乳頭狀結節。有的卵巢腺癌由於腺腔中含多量液體，因此在外觀上形成大量大小不一的透明卵泡，大的可達鴿蛋大，充滿於腹腔內，這種類型稱為卵巢囊腺癌。繼發性腫瘤廣泛分布於腹腔內其他器官，可見灰白色、堅實、單個和融合的腫瘤，通常在十二指腸袢和胰腺部分的數量特別多，有時在肝臟中也可以看到轉移瘤，但很少發生在胸膜上面。

鏡檢：癌細胞呈現不同的分化程度。未成熟癌細胞細胞核染色質豐富，細胞質嗜鹼性，不形成典型腺腔；成熟型癌細胞呈柱狀或立方狀，細胞核位於細胞基部，呈腺管樣排列，腺泡數量很多時，排列緻密，以致相互擠壓形成髓樣癌；衰老型癌細胞細胞質染色變淡，細胞核濃染，嚴重者細胞核碎裂成細小碎片，衰老型癌細胞排列紊亂，僅保留腺體樣結構輪廓。

5. 黑色素瘤　是由產黑色素的細胞形成的腫瘤。灰色或白色的老馬最容易發生。常發生在肛門周圍及會陰部，牛的各處皮膚均能發生，容易轉移到直腸周圍淋巴結以及其他骨盆淋巴結。轉移瘤可以見於肺臟、脾臟、肝臟、淋巴結及骨髓內。黑色素瘤一般為惡性，良性的極少。

眼觀：腫瘤為單發或多發，大小及硬度不一，生長很快，呈深黑色，切面乾燥。原發瘤有時較堅實，轉移瘤多較柔軟。

鏡檢：腫瘤內瘤細胞排列緻密，間質成分很少。瘤細胞呈圓形，形態像上皮細胞，或呈星形或梭形象成纖維細胞。細胞質為嗜鹼性，大多數瘤細胞的細胞質內充滿一種黑色素顆粒或團塊，呈棕黑色，因而細胞本身結構不太清楚。此外，還可見到一種吞噬黑色素顆粒的吞噬細胞（黑色素細胞），也呈圓形，細胞質內含有黑色素顆粒。

知識拓展

腫瘤的診斷與治療

（一）腫瘤的診斷

目前，對於腫瘤的確診，主要是病理學檢查方法，包括肉眼觀察、脫落細胞檢查和活體組織檢查，對於某些組織來源不明的病症，還可藉助電鏡觀察，以求確診。

1. 肉眼觀察　藉助於肉眼對可疑腫物進行一般性觀察，根據腫瘤生長部位、形狀、質度、色澤、表面光滑度、與周圍組織的關係等獲得初步印象，作出初步診斷。

2. 脫落細胞檢查　由於癌瘤組織代謝高，癌細胞的表面缺乏鈣和透明質酸酶，彼此黏著力比正常細胞低，故細胞易於脫落。脫落細胞檢查法，是指採集機體脫落細胞（尤其是管腔器官表面）進行染色後鏡檢的一種方法，在醫學上還常被用於腫瘤普查。

病料採樣可根據具體情況，取可疑部位的壞死物、分泌物或排泄物，如新鮮痰液、乳頭溢液、尿液、胃沖洗液等，也可藉助內窺鏡等器械直接在可疑腫瘤處採樣。脫落細胞樣品塗片後一般採用巴氏染色法。

單純應用脫落細胞檢查方法診斷腫瘤有一定的侷限性，因為脫落細胞往往是分散的，無法觀察到腫瘤組織結構的全面特徵及其與周圍正常組織的關係。

3. 活體組織檢查　從病變部位取出小塊組織製成病理切片，觀察細胞和組織的形態結構變化，以確定病變性質，作出病理學診斷。活檢不僅可以鑑別是否是腫瘤，還可辨別腫瘤細胞的組織來源、原發瘤與轉移瘤。

4. 電鏡觀察　透過電子顯微鏡可以觀察腫瘤細胞特殊超微結構，尤其對早期發現具有重要意義。此外，組織化學和免疫組織化學方法也廣泛用於腫瘤的診斷與研究中。

（二）腫瘤的治療

由於現代醫學的深入研究和經驗積累，目前對惡性腫瘤形成了的一整套的治療模式，即手術治療、放射治療、化學藥物治療、生物反應調節劑和中醫藥治療等方法。

1. 手術治療　主要用於實體瘤病畜，特別適用於癌的早期。當發展至晚期或已轉移時，手術僅能起到延長生命和減輕痛苦的作用。手術療法適用於絕大部分的早期和尚未轉移的中期癌症病例，或部分雖屬於晚期，但需要手術「減瘤」再進行放療或化療以達到減輕病畜痛苦的目的。

2. 放射治療 是用治療機或同位素產生的射線治療腫瘤。它是一種局部治療方法，在腫瘤的治療中占有極重要的地位。

3. 化學藥物治療 是指應用化學藥物治療，其中也包括內分泌藥物，如治療乳腺癌的抗雌激素藥物——三苯氧胺和抑制雌激素合成藥物——氨魯米特等治療腫瘤的藥物，屬於全身性治療。主要用於播散趨向明顯，僅憑手術和（或）放療等局部治療不能防止其復發和轉移的腫瘤。

4. 生物反應調節劑 是一類能夠調動宿主（患畜）自身的抗癌能力，透過增強機體固有的抗癌機制來抑制、殺滅癌細胞，從而達到治療腫瘤的目的的藥物。

5. 中醫藥治療腫瘤 中醫藥治療時更強調腫瘤是全身性疾病，認為腫瘤發生主要是由於全身機體抗病能力減弱所致。

實踐應用

1. 腫瘤的概念及其生物學特性是什麼？
2. 良性腫瘤與惡性腫瘤的區別是什麼？
3. 在動物剖檢中，發現肝臟有一腫瘤，應如何命名？
4. 調查一下當地動物腫瘤的類型，並分析引發腫瘤可能的病因有哪些。

第九章
脫水與酸中毒

學習目標

能說出脫水與酸中毒的概念；在獸醫臨床中，能分析不同類型脫水和酸中毒的病理過程，並對發生脫水與酸中毒的病例進行正確判斷和處理。

任務一　脫　水

體液由細胞內液和細胞外液組成，而細胞內液和細胞外液在組成方面又各不相同。細胞外液中的電解質，陽離子以 Na^+ 為主，占陽離子總量的 90%以上，其他任何陽離子都不能代替 Na^+，Na^+ 的濃度是影響細胞外液滲透壓的主要因素；陰離子以 Cl^-、HCO_3^- 為主，Cl^- 可被 HCO_3^-、PO_4^{3-} 和有機酸根等陰離子所代替。細胞內液的電解質，陽離子是以 K^+ 為主，陰離子以 PO_4^{3-} 和蛋白質為主。生理條件下，體液的組成、容量和分布都維持在一定的適宜範圍內，處於動態平衡。體液的電解質濃度、滲透壓和 pH 等理化特性，均在一定範圍內保持著相對的穩定性。

機體在某些情況下，由於水和電解質的攝取不足或喪失過多，而引起體液總量減少，並出現一系列功能、代謝紊亂的病理現象，稱為脫水。脫水是水和電解質代謝紊亂的一種病理過程，機體丟失水分的同時，也伴有電解質（主要是 Na^+）的丟失，引起血漿滲透壓改變。根據脫水時血漿滲透壓的改變，可將脫水分為高滲性脫水、低滲性脫水和等滲性脫水三種類型。

一、高滲性脫水

以水分喪失為主，鹽喪失較少的一種脫水，又稱缺水性脫水、單純性脫水。該型脫水的特點是血液濃縮，血清鈉離子濃度、血漿滲透壓升高（超過正常最高值），患畜口渴，尿少、相對密度增加，細胞脫水、皮膚皺縮。

（一）原因

主要由於飲水不足和低滲性體液丟失過多所致。

1. 飲水不足　動物長時間在沙漠或山地運輸、放牧，因水源斷絕而飲水不足又消耗過多；因消化道疾病如咽炎、食道阻塞或由於破傷風等疾病引起的飲水障礙。

2. 低滲性體液丟失過多 常見的丟失途徑如下。

（1）經胃腸道丟失。嘔吐、腹瀉、胃擴張、腸梗阻、反芻動物瘤胃酸中毒等疾病時，引起大量低滲性消化液喪失。如腸炎時，可在短時間內排出大量的低滲性水樣糞便。

（2）經皮膚、肺臟丟失。過度使役、過度通氣、夏季為調節體溫而發生熱性喘息，高溫下及發燒時大出汗等，使大量低滲性體液隨皮膚和呼吸運動丟失。

（3）經腎臟丟失。ADH 合成、分泌障礙，或由於腎小管上皮細胞代謝障礙而對抗利尿激素反應性降低，因而經腎臟排出大量低滲尿。

（4）某些藥物使用不當。過量使用利尿藥，如高滲糖、速尿等；不適當地使用發汗藥、解表藥和瀉下藥。

（二）病理生理反應

由於血漿滲透壓升高，機體發生以排鈉、保水為主的一系列適應、代償性反應。

（1）血漿滲透壓升高，細胞間液的水分轉移進入血液增多，以降低血漿滲透壓，但這又可使細胞間液滲透壓升高。

（2）血漿滲透壓升高，可直接刺激丘腦下部視上核的滲透壓感受器，反射性地引起患畜產生渴感，飲水增多，但動物飲水障礙時此種代償方式不能發揮作用。同時，滲透壓升高又使腦垂體後葉釋放 ADH，加強腎小管對水分的重吸收，減少水分排出，使水分盡可能多地保留在體內。

（3）血漿鈉離子濃度升高，可透過滲透壓感受器抑制腎上腺皮質多形區細胞分泌醛固酮，減弱腎小管對鈉離子的重吸收，鈉離子隨尿排出增多，血漿鈉離子濃度得以降低。

（4）脫水時有效循環血量下降，透過容量感受器和滲透壓感受器反射性引起 ADH 分泌增多，遠曲小管和集合管重吸收水分增多，故尿量減少，鈉離子含量增多，尿相對密度增大。

經過以上一系列的代償反應，可使細胞外液得到補充，血漿滲透壓降低，循環血量有所恢復，但如果病因持續作用，脫水過程繼續發展，機體的適應性代償能力逐漸降低，進入失代償階段，將對機體造成較大的影響。

（三）對機體的影響

1. 脫水熱 脫水持續進行，機體血液濃稠，血容量減少而導致循環障礙，從腺體、皮膚、呼吸器官分泌和蒸發的水分減少，散熱困難，熱量在體內蓄積，引起體溫升高，稱脫水熱。

2. 酸中毒 因細胞外液滲透壓不斷升高，細胞內的水分大量進入細胞外，造成細胞內脫水。此時細胞皺縮，細胞內氧化酶活性降低，細胞內物質代謝障礙，酸性代謝產物大量蓄積而發生酸中毒。

3. 自體中毒 血漿滲透壓升高，組織間液得不到及時更新，加之循環衰竭，大量有毒代謝產物滯留體內而不能迅速排出，引起自體中毒。

上述過程發展到嚴重階段，可使腦組織體積縮小，內壓降低，引起大腦皮層和皮層下各級中樞的功能相繼紊亂，患畜呈現出運動障礙和昏迷等症狀，甚至導致死亡。

二、低滲性脫水

脫水時，鹽的喪失多於水分的喪失，又稱缺鹽性脫水。該型脫水的特點是血清鈉離子濃度及血漿滲透壓均低於正常。血漿容量及組織間液減少，細胞水腫。患病動物無口渴感，早期出現多尿及尿相對密度下降，後期易發生低血容量性休克。

(一) 原因

主要由於補液不當或大量鈉離子經腎丟失所致。

1. 補液不當 大汗、嚴重嘔吐、腹瀉、大面積燒傷時引起體液大量喪失後只補充水分或補給葡萄糖溶液，忽略了電解質的補充，使血漿和組織間液的鈉離子濃度相對減少，滲透壓降低。

2. 大量鈉離子經腎丟失

(1) 慢性腎功能不全或腎上腺皮質機能低下時，醛固酮分泌減少，腎小管對鈉離子的重吸收障礙；或泌 H^+ 不足而致鈉損失過多。

(2) 利尿劑使用不當，如長期使用速尿、利尿酸、雙克塞等排鈉性利尿劑，使鈉排出增加。

(3) 某些代謝性疾病如牛酮血症時，機體為排出酮體而使大量鈉離子同時被排出；或由於反覆大量排放胸水、腹水也可引起水、鈉丟失。

(二) 病理生理反應

機體的代償反應主要為保存鈉離子，恢復和維持血漿滲透壓。

(1) 血漿鈉離子濃度降低，使 Na^+/K^+ 值減小和容量減少，透過滲透壓感受器，使腎上腺皮質分泌醛固酮增多，腎小管對鈉的重吸收增強，以升高血漿和細胞間液的滲透壓，而尿的相對密度降低。

(2) 血漿滲透壓下降，可直接抑制丘腦下部視上核中的滲透壓感受器，反射性地抑制 ADH 分泌，遠曲小管和集合管對水的重吸收減少，尿量增多，呈低滲狀態，因而血容量更加減少。

(3) 血漿滲透壓下降，細胞間液鈉離子可透過微血管壁進入血液內，使血漿晶體滲透壓有所升高，以此使血漿滲透壓得以調節，但同時又導致細胞間液的滲透壓下降。

機體透過上述保鈉、排水的調節，可使血漿滲透壓有所恢復，血漿鈉離子濃度相對升高，如脫水較輕，則可得到緩解而不致對機體產生嚴重影響，當病因去除並加以適當的治療之後，病畜可逐漸恢復正常。如果病因未除，鈉離子丟失繼續加重，則脫水進一步加劇。

(三) 對機體的影響

1. 細胞水腫 因細胞間液 Na^+ 不斷進入血漿而導致滲透壓降低，細胞間液的水分向滲透壓較高的細胞內轉移，引起細胞水腫。如水分進入腦細胞內，引起腦細胞水腫，可出現神經症狀。由於大量的水分在細胞內積聚，使本來已減少的細胞外液進一步下降，嚴重者導致外周循環衰竭，患畜出現血壓下降、四肢厥冷、脈搏細速等症狀。

2. 低血容量性休克 嚴重而持續的低滲性脫水，體液明顯減少，水分又大量從尿排出以及進入細胞內，從而導致血漿容量越來越少，有效循環血量減少，血液濃稠，黏度增大，流速減慢，極易發生低血容量性休克。

3. 自體中毒 低滲性脫水發展到嚴重階段時，因有效循環血量減少，腎灌流量不足，腎小球濾過率降低、尿量急遽減少，血中非蛋白氮濃度不斷升高，從而引起氮質血症。加之細胞水腫，物質代謝和排泄障礙同時發生，有害產物在體內蓄積，病畜可因自體中毒而死亡。

三、等滲性脫水

機體失水、失鈉比例大致相等，又稱混合性脫水。該型脫水在獸醫臨床上最為常見，其特點是水和鈉同時大量喪失，細胞外液容量減少，血漿滲透壓基本無變化。但因肺、皮膚不斷排出部分水，可使滲透壓稍升高。

(一) 原因

等滲性脫水是一些疾病過程中大量等滲性液體喪失所致。如嘔吐、腹瀉時，丟失大量的消化液，其中胰液、膽汁為等滲溶液，而胃腸液為低滲溶液；劇烈而持續的腹痛、腸梗阻、腸變位時，因大量出汗，腸液分泌增多和大量血漿漏入腹腔而喪失大量等滲性體液；大面積燒傷、中暑、大出汗時，大量的體液從皮膚滲出；大量的胸水和腹水形成也可導致等滲性體液的丟失。

(二) 病理生理反應

脫水初期，血漿滲透壓基本正常。但隨著水分不斷從皮膚和呼吸道丟失，導致水分的丟失略多於鈉鹽的丟失，血漿滲透壓隨之升高。

(1) 血漿滲透壓升高，刺激丘腦下部視上核滲透壓感受器，引起患畜飲欲增加，並透過視上核垂體途徑，引起 ADH 釋放增多，使尿量減少。同時可透過腎素-血管緊張素-醛固酮系統，導致醛固酮分泌減少，Na^+ 排出增多。

(2) 血漿滲透壓升高，引起組織間液和細胞內液的水分進入血漿，以維持滲透壓。

如果上述代償性反應不能使血漿滲透壓有所恢復，脫水進一步發展，代償失調，可對機體造成嚴重的影響。

(三) 對機體的影響

(1) 脫水初期如處理不及時，患畜經皮膚、呼吸繼續喪失水分，從而轉變為高滲性脫水，出現與高滲性脫水相似的變化。也可因處理不當，如輸入大量葡萄糖液，使患畜轉變為低滲性脫水。

(2) 因水、鈉同時丟失，所以從組織間液和細胞內吸收而來的水分以及從外界攝取的水分仍不能保持而被排出體外，最終引發低血容量性休克。

(3) 細胞外液容量減少而細胞內液量變化不大，使單位體積血液中紅血球數增多，血紅素含量增高，紅血球壓積增大，血液濃縮，血流變慢。

由此可見，等滲性脫水和高滲性脫水相比，前者缺鹽程度較重，若單純補水，則缺鹽症狀就會急遽表現出來；與低滲性脫水相比，等滲性脫水的水分損失更多，故細胞外液滲透壓升高，細胞內液也隨之喪失。因此，等滲性脫水具有高滲性脫水和低滲性脫水的綜合特徵。

四、脫水的補液原則

獸醫臨床上，首先應查明脫水的原因，積極治療原發病。補液時，應根據脫水的類型、程度，確定補液量和補液中水和鹽的比例。

1. 確定脫水類型　在三種類型的脫水中，細胞外液滲透壓變化各不相同，可透過測定血清鈉離子濃度來確定脫水的類型，並根據病因、患畜脫水的臨床表現，做出正確診斷。

2. 確定補液量　根據脫水時患畜的臨床症狀，可將脫水分為 3 級。

(1) 輕度脫水。臨床症狀不明顯，患畜僅表現為口渴，失水量可達體重的 4%。

(2) 中度脫水。患畜口渴，少尿，皮膚和黏膜乾燥，眼球內陷，失水量可達體重的 6%。

(3) 重度脫水。患畜口乾舌燥，眼球深陷，脈搏微弱，靜脈塌陷，血液濃縮，四肢無力，共濟失調，甚至昏迷，失水量超過體重的 6%。

3. 確定補液中水和鹽的比例　高滲性脫水時，血漿鈉離子濃度雖然升高，但仍有鈉的丟失，故在補足水分的同時，也要適當地補充鈉鹽，補液中水和鹽的比例為 2∶1，即兩份 5%葡萄糖溶液和一份生理鹽水。低滲性脫水時，由於細胞外液鈉離子大量丟失，一般要給予生理鹽水以恢復細胞外液容量，補液中水和鹽的比例為 1∶2。如缺鈉嚴重，則應適當給予高滲鹽 (25% NaCl)，以迅速提高細胞外液的滲透壓。等滲性脫水時，可先給予生理鹽水以擴充血容量，一旦血壓恢復，可改用 5%葡萄糖加等量生理鹽水，補液中水和鹽的比例為 1∶1。

任務二　酸 中 毒

生理條件下，機體透過體內的各種緩衝系統以及肺、腎等對體液酸鹼度進行調節，始終使體液的 pH 穩定在 7.35～7.45，機體維持內環境酸鹼度相對恆定的過程稱為酸鹼平衡。

體液的 pH 是由血漿中 $NaHCO_3/H_2CO_3$ 值決定的，正常比值為 20∶1，平均 pH 為 7.4。如果 $NaHCO_3/H_2CO_3$ 值小於 20∶1，pH<7.4，稱為酸中毒；反之，

若 $NaHCO_3/H_2CO_3$ 值大於 20∶1，pH＞7.4，則稱為鹼中毒。由於血漿中 HCO_3^- 的含量受代謝的影響，對維持體液 pH 來說，$NaHCO_3$ 是代謝性因素，所以把血漿中 $NaHCO_3$ 含量原發性降低（或升高）引起的酸中毒（或鹼中毒）稱為代謝性酸中毒（或鹼中毒）；血漿中 H_2CO_3 的含量受呼吸狀況的影響，對維持體液 pH 來說，H_2CO_3 是呼吸性因素，故將血漿中 H_2CO_3 含量原發性升高（或降低）引起的酸中毒（鹼中毒），稱為呼吸性酸中毒（或鹼中毒）。本任務重點介紹酸中毒。

一、酸鹼平衡及其調節

體內酸性物質主要包括揮發性酸和非揮發性酸兩種。醣、脂肪、蛋白質完全氧化產生 CO_2，進入血液與 H_2O 形成碳酸，由於碳酸又在肺部變成 CO_2 排出體外，因此稱碳酸為揮發性酸。非揮發性酸包括蛋白質分解代謝產生的硫酸、磷酸和尿酸等；糖氧化分解過程中產生的檸檬酸、α -酮戊二酸、琥珀酸、蘋果酸等；脂肪分解代謝產生的乙醯乙酸、β -羥丁酸等。由於這些酸不能經肺呼出，過量時必須由腎臟排出體外，故又稱固定酸。體內鹼性物質主要包括碳酸氫根、胺基酸去胺基產生的氨等。

動物性飼料主要為蛋白質，在體內分解代謝過程中產生硫酸、磷酸、尿酸等，故肉食動物產酸大於產鹼；而草食動物一般產鹼大於產酸。機體對酸鹼平衡的調節主要是透過以下四個途徑實現的。

（一）血液緩衝系統調節

血漿和紅血球內存在弱酸及弱酸鹽組成的緩衝對，共同構成血液的緩衝系統。

1. 碳酸氫鹽-碳酸緩衝對 細胞外液中為 $NaHCO_3/H_2CO_3$，細胞內為 $KHCO_3/H_2CO_3$，是體內最大的緩衝系統。

2. 磷酸氫鹽緩衝對 由 Na_2HPO_4/NaH_2PO_4 構成，是紅血球和其他細胞內的主要緩衝對，特別是在腎小管內，作用更為重要。

3. 血漿蛋白緩衝對 由 NaPr/HPr 構成，主要存在於血漿和細胞內。

4. 血紅素緩衝對 由 KHb/HHb 和 $KHbO_2/HHbO_2$ 構成，是紅血球獨有的緩衝對。

上述四對緩衝系統，以碳酸氫鹽-碳酸緩衝系統的含量最高，其緩衝固定酸的能力占全血緩衝總量的 53%。故臨床上常用血漿中這一對緩衝系統的量代表體內的緩衝能力。

緩衝系統能有效地將進入血液中的強酸轉化為弱酸，強鹼轉化為弱鹼，最大限度降低強酸、強鹼對機體造成的危害，維持體液 pH 的正常。

$$\underset{\text{（乳酸，酸性較強）}}{CH_3CHOHCOOH} + NaHCO_3 \longrightarrow CH_3CHOHCOONa + \underset{\text{（弱酸性）}}{H_2CO_3}$$

在上述調節過程中，緩衝對的兩個組分發生相互轉化，生成的碳酸可繼續分解為 CO_2 和 H_2O，CO_2 濃度升高可興奮呼吸中樞使之排出加快，使 $NaHCO_3/H_2CO_3$ 值保持相對穩定。由此可見，碳酸氫鹽-碳酸緩衝系統的相對穩定還有賴於肺臟和腎臟的調節作用，以繼續有效地發揮緩衝作用。

（二）肺臟的調節

肺臟可透過改變呼吸運動的頻率和幅度以控制 CO_2 的排出量，從而調節血漿中的 H_2CO_3 的濃度，維持血漿中 HCO_3^- 和 H_2CO_3 的正常比值，保持 pH 相對恆定。當動脈血 CO_2 分壓升高，氧分壓下降，血漿 pH 降低時，可刺激延髓中樞化學感受器和主動脈弓、頸動脈體的外周化學感受器，反射性地引起呼吸中樞興奮，呼吸加深加快，排出 CO_2 增多，使血漿 H_2CO_3 濃度降低。而當動脈血 CO_2 分壓降低或血漿 pH 升高時，呼吸變淺變慢，CO_2 排出減少，血漿中 H_2CO_3 的濃度升高。

（三）腎臟的調節

腎臟主要透過排酸保鹼和鹼多排鹼的方式，排出體內過多的酸或鹼，以維持體液的正常 pH。非揮發性酸和鹼性物質主要透過腎臟排出體外。

1. 泌 H^+ 保鈉，H^+-Na^+ 交換，排酸保鹼　全部腎小管上皮細胞都有分泌 H^+ 的功能。腎小管上皮細胞內含有碳酸酐酶（CA），能催化 H_2O 和 CO_2 結合生成 H_2CO_3，後者解離成 H^+ 和 HCO_3^-，H^+ 被腎小管上皮細胞主動分泌入小管液，與 Na^+ 進行交換，Na^+ 進入腎小管上皮細胞與 HCO_3^- 結合生成 $NaHCO_3$ 回到血漿。80%～85% $NaHCO_3$ 在近曲小管被重吸收，其餘部分在遠曲小管和集合管被重吸收，尿中幾乎無 $NaHCO_3$，腎小管上皮細胞每分泌一個 H^+，可重吸收一個 Na^+ 和一個 HCO_3^-。當體液 pH 降低時，碳酸酐酶的活性增高，腎小管上皮細胞分泌 H^+ 增加，重吸收 HCO_3^- 作用增強；反之，當 pH 升高時，腎小管上皮細胞分泌 H^+ 減少，重吸收 HCO_3^- 的作用減弱（圖 9－1）。

2. NH_4^+ 排出，排氨保鈉　尿中的 NH_3 大部分由麩醯胺酸酶水解麩醯胺酸產生，少部分 NH_3 透過胺基酸去胺基作用產生。NH_3 不帶電荷，脂溶性，容易通過細胞膜而進入腎小管液，與腎小管上皮細胞分泌的 H^+ 結合生成 NH_4^+。NH_4^+ 帶正電荷，水溶性，不容易透過細胞膜返回細胞內，NH_4^+ 與小管液中的強酸鹽負離子（大部分是 Cl^-）結合，生成 NH_4Cl 隨尿排出，強酸鹽的正離子 Na^+ 又與 H^+ 交換進入細胞內，與細胞內的 HCO_3^- 結合形成 $NaHCO_3$ 返回血漿，從而達到排氨保鈉，排酸保鹼，維持血漿酸鹼度的目的（圖 9－2）。

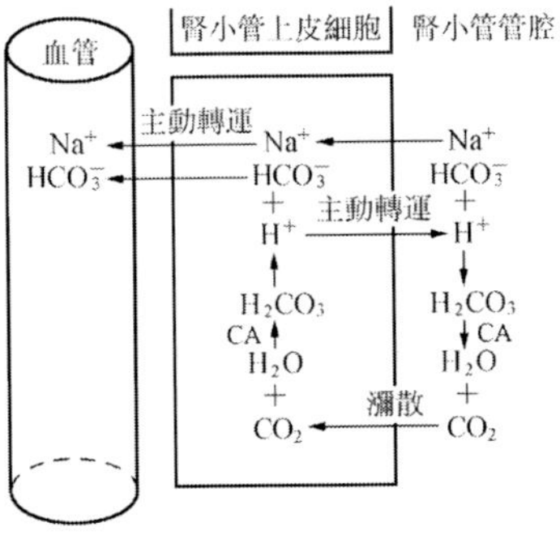

圖 9－1　H^+ 分泌和 HCO_3^- 重吸收過程

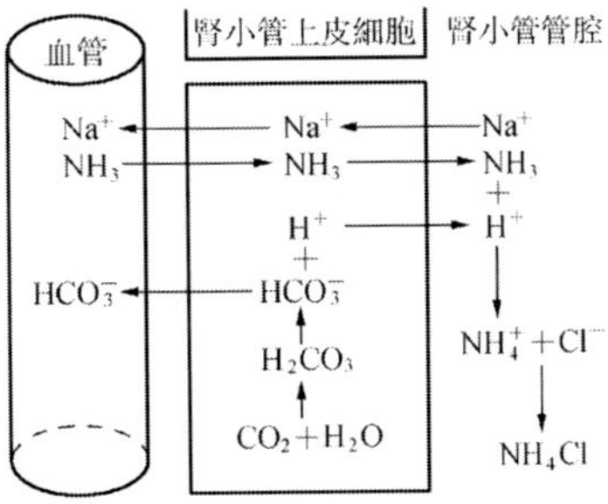

圖 9－2　遠曲小管和集合管中氨分泌過程

小管液中 Cl^- 不但與 NH_4^+ 結合，還可以和分泌的 H^+ 結合，生成 HCl，使小管液 pH 下降，當 pH 下降到 4.5 時，腎小管就停止分泌 H^+，HCl 和 NH_3 生成 NH_4Cl，有助於腎小管上皮細胞進一步分泌 H^+，使 H^+-Na^+ 交換不斷地進行下去，從而維持體內酸鹼平衡。

3. 鹼多排鹼 體內鹼性物質過多時，血漿 pH 上升，導致腎小管上皮細胞內碳酸酐酶的活性降低，H_2CO_3 生成和 H^+ 分泌均減少，$NaHCO_3$、Na_2HPO_4 等鹼性物質重吸收入血漿也相應減少，隨尿液大量排出，血漿 pH 得以降低。

（四）組織細胞的調節

組織細胞的調節作用主要是透過細胞內外離子交換進行的。紅血球、肌細胞都能參與這一過程。當細胞間液 H^+ 升高時，H^+ 瀰散進入細胞內，而細胞內等量的 K^+ 移至細胞外，以維持細胞內外電荷平衡。當細胞間液 H^+ 濃度降低時，則上述過程相反。細胞內外離子交換及細胞內的緩衝作用需 2～4 h 完成。此外，持久的代謝性酸中毒時，骨鹽中的 $Ca_3(PO_4)_2$ 溶解度增加，並進入血漿，參與對 H^+ 的緩衝過程：

$$Ca_3(PO_4)_2 + 4H^+ \longrightarrow 3Ca^{2+} + 2H_2PO_4^{-1}$$

二、代謝性酸中毒

由於代謝障礙引起體內固定酸生成過多或鹼性物質（HCO_3^-）大量喪失，導致酸鹼平衡紊亂的現象，稱代謝性酸中毒。其特點為血漿 pH 降低，血漿中 HCO_3^- 濃度原發性減少。

（一）發生的原因

1. 體內固定酸增多 主要見於體內酸性物質生成、攝取過多和酸性物質排出障礙等。比如由於發燒、缺氧、血液循環障礙或飢餓引起物質代謝紊亂，導致醣、蛋白質、脂肪分解代謝加強，氧化不全產物如乳酸、丙酮酸、酮體、胺基酸等酸性物質生成增多；臨床治療中給予大量的氯化銨、稀鹽酸、水楊酸等酸性藥物；當腎小管上皮細胞內碳酸酐酶活性降低時，CO_2 和 H_2O 不能生成 H_2CO_3 而導致分泌 H^+ 障礙，或因腎小管上皮細胞產 NH_3，排 NH_4^+ 受限，均能導致酸性物質不能及時排出而在體內蓄積。

2. 鹼性物質喪失過多 常見於劇烈腹瀉、腸梗阻時，大量鹼性物質被排出體外或蓄積在腸腔，血漿內鹼性物質喪失過多，酸性物質相對增加。大面積燒傷時，血漿中的 HCO_3^- 由創面大量丟失。

（二）病理生理反應和對機體的影響

1. 血液緩衝系統的調節 體內酸性物質過多時，血漿中 H^+ 濃度升高，可迅速被血漿緩衝系統中的 HCO_3^- 所中和，將某些酸性較強的酸轉變為弱酸（H_2CO_3），弱酸分解後很快排出體外，以維持體液 pH 的穩定。

2. 呼吸系統的調節 經血液緩衝系統中和的弱酸（H_2CO_3）可解離為 H_2O 和

CO_2，H^+ 濃度升高和 CO_2 分壓上升，均可刺激主動脈弓和頸動脈體的外周化學感受器，引起呼吸中樞興奮，使呼吸加深加快，CO_2 排出增多，從而維持血漿中 $NaHCO_3/H_2CO_3$ 的正常值。呼吸系統的代償非常迅速，它可以在十幾分鐘內呈現出明顯的作用，因此，呼吸加強是急性代謝性酸中毒的重要象徵之一。

3. 腎臟系統的調節 當血漿 pH 下降時，腎臟排酸保鹼功能增強，表現為腎小管上皮細胞內碳酸酐酶和麩醯胺酸酶的活性增強，使腎小管上皮細胞分泌 H^+ 和 NH_3 增多，導致 $NaHCO_3$ 重吸收增多，以此來補充鹼儲。但是，因腎臟機能障礙而導致的代謝性酸中毒不適用該種方法代償。腎臟的代償作用較慢，一般要 3～5 d 才能達到高峰。

4. 組織細胞的調節 代謝性酸中毒時，有 50%～60%的 H^+ 透過離子交換進入細胞內，被細胞內的緩衝系統緩衝。在 H^+ 進入細胞的同時，K^+ 被移出細胞外，引起血漿鉀離子濃度升高。

經過上述代償調節，可使血漿 H_2CO_3 含量有所下降或 $NaHCO_3$ 含量有所上升，使 $NaHCO_3/H_2CO_3$ 值恢復至 20：1，血漿 pH 將逐步恢復正常。如果體內固定酸不斷增加，鹼儲被不斷消耗，經代償後仍不能恢復體液 pH，則會產生嚴重後果。

5. 中樞神經系統功能障礙 代謝性酸中毒時，腦細胞內參與生物氧化的酶類受到抑制，使氧化磷酸化發生障礙，ATP 生成減少，神經細胞供能不足；H^+ 濃度升高，可使組織谷胺酸脫羧酶活性增強，抑制性神經介質 γ-氨基丁酸生成增多，故患畜表現為精神沉鬱、感覺遲鈍，甚至昏迷。

6. 心血管系統功能障礙 血漿中增多的 H^+ 對循環系統影響最大。酸中毒時，H^+ 可與 Ca^{2+} 競爭結合肌鈣蛋白，影響心肌興奮-收縮耦聯過程，導致心肌收縮力降低，心輸出量減少；酸中毒可伴發高鉀血症，引起心律失常，心肌傳導性、自律性、收縮性下降，嚴重時可導致心臟傳導阻滯和心肌興奮性消失；另外，血液中 H^+ 濃度升高，可使心肌和外周血管對兒茶酚胺的反應性降低，大量微血管網開放，使血管容量不斷擴大，回心血量減少，血壓下降，可引起低血壓，甚至休剋死亡。

（三）治療

積極治療原發病，如制止腹瀉、消除高燒、缺氧等，同時還應補充鹼性藥物。最常用 $NaHCO_3$，也可使用乳酸鈉。在補充鹼性藥物時，量宜小不宜大，且不能使 pH 過快地恢復正常。因酸中毒時，腦脊液 pH 亦降低，H^+ 能刺激呼吸中樞，使呼吸加深加快，若很快使血液酸鹼度恢復，由於 HCO_3^- 透過血腦屏障較慢，腦脊液 pH 恢復較慢，呼吸仍很快，則會因呼吸過度引起呼吸性鹼中毒。在防治代謝性酸中毒時，還應注意糾正水和電解質紊亂，應及時補充體液，恢復有效循環血量，改善組織血液灌流。

三、呼吸性酸中毒

由於肺泡通氣功能不足，使體內生成的 CO_2 排出受阻，或由於 CO_2 吸入過多，引起血液 CO_2 分壓升高的病理過程，稱為呼吸性酸中毒。此型酸中毒的特點為體

內 CO_2 滯留，血漿 H_2CO_3 含量原發性升高。

(一) 發生的原因

1. CO_2 排出障礙

(1) 呼吸中樞抑制。腦損傷、腦炎、腦血管意外、呼吸中樞抑制劑（如嗎啡、巴比妥類藥物）、麻醉劑過量、酒精中毒等均可抑制呼吸中樞而導致肺通氣不足或呼吸停止，CO_2 在體內滯留。

(2) 呼吸肌麻痺。急性脊髓灰質炎、有機磷中毒、進行性肌萎縮時，呼吸肌隨意運動減弱或喪失，造成 CO_2 排出障礙。

(3) 呼吸道阻塞。喉頭痙攣、溺水、異物阻塞氣管、哮喘、慢性支氣管炎、腫瘤壓迫時，引起通氣障礙，CO_2 排出受阻。

(4) 胸廓病變。胸部創傷、嚴重氣胸、胸水、胸膜炎時，影響肺的擴張，使肺部換氣減少。

(5) 肺部疾患。較廣泛的肺組織病變，如肺氣腫、肺水腫、肺萎陷或肺炎等疾病時，因通氣障礙或肺泡通氣與血流比例失調而引起呼吸性酸中毒。

2. CO_2 吸入過多　廄舍狹小、空氣不流通或飼養密度過大時，因吸入的空氣中 CO_2 含量增多，導致機體血漿 H_2CO_3 濃度升高。

3. 血液循環障礙　心功能不全導致全身瘀血時，CO_2 運輸和排出受阻，使血液中 H_2CO_3 含量增多。

(二) 病理生理反應和對機體的影響

1. 血液緩衝系統的調節　呼吸性酸中毒時，血漿中 H_2CO_3 濃度升高，血液 $NaHCO_3/H_2CO_3$ 緩衝對的緩衝作用大大降低，主要依靠血漿蛋白和磷酸鹽緩衝系統來調節：

$$H^+ + NaPr \longrightarrow HPr + Na^+$$

$$H^+ + Na_2HPO_4 \longrightarrow NaH_2PO_4 + Na^+$$

反應生成的 Na^+ 可與血漿中的 HCO_3^- 結合生成 $NaHCO_3$，補充鹼儲，有助於 $NaHCO_3/H_2CO_3$ 值維持在正常範圍內。但因血漿中 NaPr 和 Na_2HPO_4 含量較低，其對 H_2CO_3 的緩衝能力也較低。

另外，當 CO_2 排出受阻時，血液 CO_2 分壓升高，可藉助分壓差瀰散入紅血球內，在紅血球碳酸酐酶的作用下與 H_2O 結合生成 H_2CO_3。H_2CO_3 解離後產生 H^+ 和 HCO_3^-，H^+ 可被紅血球內緩衝物質所中和，當紅血球內 HCO_3^- 的濃度超過其血漿濃度時，HCO_3^- 可由細胞內向血漿中轉移，血漿內等量 Cl^- 進入紅血球，以替補紅血球內所喪失的 HCO_3^-，結果使血漿 Cl^- 濃度降低，HCO_3^- 濃度增高，$NaHCO_3/H_2CO_3$ 值得到維持。

2. 腎臟系統的調節　腎臟對呼吸性酸中毒可進行有效的調節，其調節方式同代謝性酸中毒。但應注意，腎臟的代償調節是一個緩慢的過程，常需 3～5 d 才能充分發揮作用，故急性呼吸性酸中毒時往往來不及代償，而在慢性呼吸性酸中毒時，可發揮強大的排酸保鹼作用。

3. 組織細胞的調節　呼吸性酸中毒時，血漿中 H_2CO_3 濃度升高，H_2CO_3 解

離後產生 H^+ 和 HCO_3^-，H^+ 與細胞內 K^+ 進行交換，K^+ 移出細胞外，H^+ 與 KPr、K_2HPO_4 發生緩衝，HCO_3^- 則留在細胞外，維持 $NaHCO_3/H_2CO_3$ 值。

機體經過上述代償調節，可使血漿 H_2CO_3 含量有所下降或 $NaHCO_3$ 含量有所上升，使 $NaHCO_3/H_2CO_3$ 值恢復至 20：1，血漿 pH 將逐步恢復正常。如果機體呼吸機能仍不健全，CO_2 在體內大量滯留，超過了機體的代償能力，pH 低於正常，則會產生嚴重的後果。

呼吸性酸中毒對機體的影響除和代謝性酸中毒相似之外，還可引起中樞神經系統功能障礙和心血管系統障礙。

4. 中樞神經系統障礙 呼吸性酸中毒時伴有高碳酸血症，高濃度的 CO_2 有直接擴張血管作用，可使腦血管擴張，顱內壓升高，發生腦充血、水腫，患畜表現為精神沉鬱、疲乏無力，甚至昏迷。

5. 心血管系統障礙 呼吸性酸中毒時，由於大量的 K^+ 移向細胞外和 H^+ 進行交換，可使血 K^+ 濃度急遽升高，引起心肌收縮力減弱，末梢血管擴張，血壓下降，嚴重者可導致心室震顫，患病動物快速死亡。

（三）治療

積極治療原發病，改善通氣和換氣功能，控制感染，解除支氣管平滑肌痙攣，使蓄積於血液中的 CO_2 盡快排出。待通氣功能改善後，可適當應用鹼性藥物（5% $NaHCO_3$）。還可選用呼吸興奮劑和強心劑，以維護中樞神經系統和心血管系統的功能。

技能訓練

一、酸鹼平衡失調

【目的要求】 掌握代謝性酸中毒時動物的異常表現及血液各指標的變化；掌握代謝性中毒的治療方法。

【實訓材料】 家兔（1.5～2.0 kg），12%磷酸二氫鈉，5% $NaHCO_3$、0.1%腎上腺素，20%烏拉坦溶液，生理鹽水，0.2%肝素生理鹽水，電子天平，血氣分析儀，手術器械，氣管插管，連有三通的動脈插管、靜脈插管各一個，輸液架，輸液裝置一套，針筒等。

【方法步驟】

1. 動物秤重、麻醉和固定 家兔秤重後，用 20%烏拉坦溶液（5 mL/kg）從耳緣靜脈或腹腔緩慢注入至動物完全麻醉，將兔固定於手術臺上。

2. 氣管插管與血管分離 將頸部及一側腹股溝剪毛，頸前部手術，鈍性分離出氣管，在環狀軟骨下 0.5～1 cm 處作倒 T 形切口，插入氣管插管並固定。同時分離一側頸總動脈和另一側頸外靜脈並各穿 2 根線備用。首先結紮左頸總動脈的遠心端，再用血管夾夾著其近心端，靠近遠心端結紮線處，用眼科剪呈 45°角向心方向剪開血管（長度為頸總動脈直徑的 1/2～1/3），插入充滿肝素的動脈導管，結紮固定導管，連接緊迫換能器測定動脈壓。再用血管夾夾著頸外靜脈的近心端，充盈後結紮其遠心端，剪開靜脈插入靜脈插管並連接輸液裝置，緩慢滴入0.9%的生理鹽水以保持管道通暢。腹股溝部位分離出一側股動脈，以同樣的方式插入動脈導管，以供採血用。

3. 抽取血液 用肝素濕潤過的針筒從股動脈取0.5～1 mL血液（勿進入氣泡），立即插入小軟木塞以隔絕空氣。用手搓動，使肝素與血液充分混合，以供實驗前進行各項指標的測定。

4. 代謝性酸中毒的複製

（1）從頸外靜脈緩慢注入12%的磷酸二氫鈉溶液，劑量為每公斤體重5 mL，觀察兔的呼吸、血壓變化，注射後5 min內，按步驟3從股動脈採血，並測定血氣指標變化。

（2）代謝性酸中毒的矯正。根據注入酸後測得的BE值（剩餘鹼）來計算矯正所需的鹼量，所需5% $NaHCO_3$ 的量（mL）＝BE絕對值×體重（kg）×0.3/0.6。將所需量的鹼注入後5 min，取血測定。

5. 呼吸性酸中毒的複製

（1）經頸外靜脈注入0.1%腎上腺素每公斤體重1 mL，造成急性肺水腫。觀察兔的狀況，待其出現呼吸困難，躁動不安，發紺，氣管插管內有白色或粉紅色泡沫溢出時，取血測定血氣和酸鹼指標。

（2）待兔死亡後，打開胸腔（若未死亡，可靜脈內注入空氣致死），結紮氣管，取出兩肺，觀察肺臟大體改變，並切開肺臟，觀察切面的改變，注意有無泡沫液體流出。

【實訓報告】

（1）將實驗前後所測的各項指標進行比較分析。

（2）理解代謝性酸中毒的發生機理及治療原則。

（3）了解肺水腫發生的機理及病理變化。

二、雞紅血球脫水和水腫實驗

實踐應用

1. 簡述脫水的類型和特徵。

2. pH正常是否說明沒有酸鹼平衡障礙？為什麼？

3. 某門診收治一隻3月齡博美病犬，犬主人介紹，自昨日開始該犬精神萎靡，食慾廢絕，水樣腹瀉。檢查，體溫39.8 ℃，被毛凌亂，眼結膜潮紅，眼眶凹陷。請分析該病犬發生的病變並提出處理原則。

4. 某乳牛場一新生犢牛自出生第2天起開始出現高燒，不吮乳，精神高度沉鬱，眼閉似昏睡，眼瞼腫脹，眼球下陷，結膜發紺，被毛蓬亂無光澤，皮膚彈性降低，不願行走，喜臥地，不時磨牙，口腔黏膜潮紅，呼吸急促，伸頭直頸，心跳加快，體溫41 ℃左右，尿短赤。當地獸醫給予青黴素、鏈霉素、先鋒霉素等治療2 d不見好轉，病情益重。試分析其發生機理、病因，該如何治療。

5. 夏天，某乳牛場一乳牛體溫升高至 41.5 ℃，呼吸急促，口中流涎，精神沉鬱，脈搏加快，心率達 100 次/min，全身出汗，喜飲水；病牛呼吸困難，鼻翼翕動，張口喘氣，眼窩凹陷，病牛臥地不起，四肢划動，口吐白沫，瀕臨死亡。請分析該牛可能的病變及原因，並提出治療方案。

第十章 缺　氧

學習目標

能說出缺氧的概念；能根據血氧指標和黏膜的變化綜合判斷缺氧的類型；臨床中能對缺氧動物進行病因分析和處理。

任務一　常用血氧指標

氧是維持動物生命的必需物質，機體的大部分細胞都透過有氧代謝來擷取能量，因此必須不停地從大氣中攝取氧，並排出代謝產物（CO_2），才能維持生命。機體對氧的攝取和利用過程複雜，分為外呼吸（外界氧被吸入肺泡，瀰散入血液）、氧的運輸和內呼吸（組織細胞攝取利用）三個步驟，其中任何環節出現障礙都會引起缺氧。因組織供氧不足或用氧障礙，而導致代謝、功能和形態結構發生異常變化的病理過程稱為缺氧。

氧是靠血液進行運輸的，血液中含氧情況，常用以下幾個指標來描述。

1. 血氧分壓　是指以物理狀態溶解在血漿內的氧分子所產生的張力。動脈血氧分壓取決於吸入氣體的氧分壓和肺的呼吸功能，而靜脈血氧分壓反映內呼吸狀況。正常時動脈血氧分壓為 12.93 kPa，靜脈血氧分壓為 5.33 kPa。

2. 血氧容量　是指在體外 100 mL 血液中血紅素（Hb）充分結合氧和溶解於血漿中氧的總量，它取決於血液中血紅素的數量及品質（結合氧的能力）。正常動物的血氧容量為 20 mL%。

3. 血氧含量　是指機體內 100 mL 血液的實際帶氧量，包括血紅素結合氧和血漿中物理溶解氧。氧含量取決於氧分壓和血氧容量。動脈血氧含量為 19 mL%，靜脈血氧含量為 14 mL%。

4. 氧飽和度　是指血氧含量與血氧容量的百分比，它反映了血紅素結合的氧量。正常時動脈血氧飽和度為 95%，靜脈血氧飽和度為 70%。

5. 動-靜脈氧差（A－V）　指動脈血氧含量減去靜脈血氧含量的差值，它反映組織對氧的消耗量。動-靜脈氧差主要取決於血紅素的數量、血紅素與氧結合能力及組織氧化代謝情況。

6. 氧合血紅素解離曲線（ODC）　指血氧分壓與血氧飽和度關係的曲線，簡稱氧離曲線。由於血紅素結合氧的生理特點，氧離曲線呈S形（圖10－1）。紅血球內2,3－二磷酸甘油酸（2,3－DPG）增多、血液二氧化碳分壓升高、酸中毒、血液溫度上升，均可使血紅素與氧的結合力下降，導致在相同動脈血氧分壓下血氧飽和度降低，即氧離曲線右移。反之，稱為氧離曲線左移。

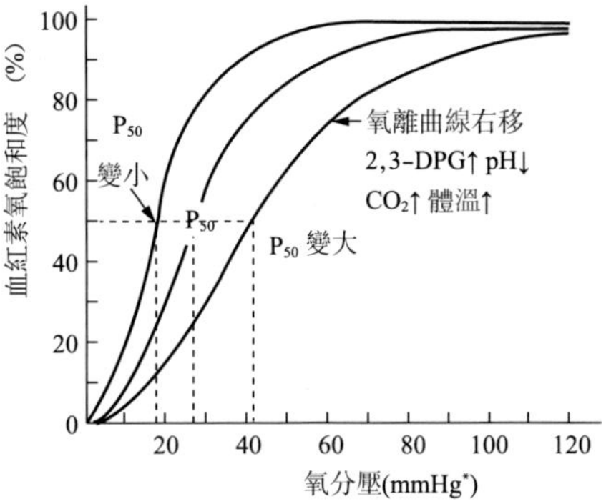

圖10－1　氧離曲線

P_{50}是指氧飽和度為50%時的氧分壓

任務二　缺氧的類型

（一）呼吸性缺氧（低張性低血氧症）

由於外界氧分壓低或呼吸系統通氣、換氣機能障礙等，引起組織供氧不足，又稱外呼吸性缺氧、低血氧症，表現為動脈血氧分壓和血氧含量均降低。

1. 原因　大氣中氧分壓過低，如平原寵物初入高原、高空或擁擠通風不良的場所，飼養密度過大，畜禽舍內糞便堆積，有害氣體含量高；外呼吸功能障礙，如各種原因引起呼吸道狹窄或阻塞，胸腔、肺臟疾病，呼吸中樞抑制或麻痺性疾病。

2. 病理變化　由於肺通氣、換氣功能障礙及呼吸膜面積縮小，動脈血氧分壓、血氧含量和血氧飽和度均降低，氧的瀰散速度下降，供給細胞的氧減少，而組織利用氧的功能正常，氧容量正常，因此動靜脈氧差（A－V血氧含量差）降低或變化不明顯。由於動脈與靜脈血的氧合血紅素（HbO_2）濃度均降低，還原血紅素（HHb）濃度則增加，如達到或超過50 g/L時，患畜皮膚、黏膜可出現不同程度青紫色（發紺）。

（二）血液性缺氧（等張性低血氧症）

由於血紅素數量減少或性質改變，血液攜氧能力降低，使動脈血氧含量（CaO_2）降低或氧合血紅素釋放氧不足，導致供氧障礙性組織缺氧。此時動脈血氧分壓和血氧飽和度正常，故又稱等張性低血氧症。

* mmHg為非法定計量單位，1 mmHg≈133.3 Pa。

1. 原因

（1）各型貧血。如營養不良、大失血、溶血和再生不良性疾病等，血液中血紅素和紅血球數量減少，導致攜帶氧的能力降低。

（2）高鐵血紅素症。亞硝酸鹽、硝基苯化合物、過氧酸鹽氧化劑、磺胺類藥物等化學物質中毒時，血紅素（Hb）中的二價鐵（Fe^{2+}）在氧化劑作用下氧化成三價鐵（Fe^{3+}）形成高鐵血紅素（MHb，又稱變性血紅素或羥化血紅素）症。MHb喪失攜帶氧的能力，造成缺氧。

（3）一氧化碳中毒。一氧化碳與血紅素親和力比 O_2 大 210 倍，當吸入氣中含有 0.1％的 CO 時，血液中的血紅素可能有 50％為碳氧血紅素（HbCO）。而 HbCO 解離速度卻是 HbO_2 的 1/2 100。Hb 與 CO 結合失去攜氧能力，屬競爭性抑制，還抑制細胞內氧化酶的活性，減少氧的釋放，從而造成組織嚴重缺氧。

2. 病理變化　貧血性缺氧時血氧飽和度正常，而動脈血氧含量和血氧容量均降低，氧向組織瀰散速度減慢，導致動靜脈血氧含量差減小。血紅素變性所引起缺氧時，動脈血氧容量和血氧飽和度均降低。血液性缺氧時，不出現發紺現象。CO 中毒時，皮膚、黏膜呈櫻桃紅色，嚴重中毒時，因微血管收縮，可視黏膜呈蒼白色；MHb 中毒時，由於 MHb 呈咖啡色或青石板色，故皮膚、黏膜可呈咖啡色或青紫顏色。豬對亞硝酸鹽最敏感，其次是牛、綿羊、馬。豬的亞硝酸鹽致死量為每公斤體重 88 mg。硝酸鹽中毒的主要表現為流涎，腹痛，腹瀉，嘔吐，呼吸困難，肌肉震顫，步態搖晃，陣攣性痙厥，黏膜蒼白而後發紺。

（三）循環性缺氧（低血流性缺氧）

由於組織器官血液量減少或流速減慢而引起的細胞供氧不足，又稱為低血流性缺氧。包括缺血性缺氧（動脈血流入組織不足）和瘀血性缺氧（靜脈血回流受阻）。

1. 原因　見於心臟衰竭、休克等引起的全身性血液循環障礙或栓塞、痙攣、炎症等造成的局部血液循環障礙。

2. 病理變化　血氧飽和度、血氧容量、動脈血氧分壓和動脈血氧含量均為正常，由於血流速度緩慢，氧被細胞利用增多，使得靜脈血氧分壓和血氧含量降低，導致動靜脈血氧含量差增大。

全身性血液循環障礙時，心臟輸出血量減少，導致全身性缺氧，嚴重時心、腦、腎等重要器官組織缺氧、功能衰竭，導致肺水腫、休克等嚴重病變，可導致動物死亡。局部性血液循環障礙時，單位時間內從微血管流過的血量減少或變慢，瀰散到組織細胞內的氧減少，導致微血管中 HHb 濃度增加，易出現皮膚、黏膜發紺。若為缺血性缺氧時，則組織器官蒼白。

（四）組織性缺氧（組織中毒性缺氧）

組織性缺氧是指組織細胞生物氧化過程障礙導致利用氧能力降低引起的缺氧，又稱為組織中毒性缺氧。此時外呼吸、血紅素與氧結合、血液攜氧過程正常，但細胞不能利用氧。

1. 原因　見於組織中毒、細胞損傷、維他命缺乏等。

（1）組織中毒。如氰化物中毒時，氰基（CN^-）可迅速與粒線體中氧化型細胞色素氧化酶上的Fe^{3+}結合，形成氰化高鐵細胞色素氧化酶，失去接受並傳遞電子給氧原子以形成水的能力，呼吸鏈中斷，細胞利用氧障礙。硫化氫、砷化物等中毒也同樣能導致機體缺氧。

（2）細胞損傷。當大量放射線輻射或細菌毒素作用時，粒線體損傷，細胞利用氧障礙。

（3）維他命缺乏。如缺乏硫胺素（維他命B_1）、菸鹼醯胺（維他命B_5）和核黃素（維他命B_2）等維他命時，粒線體功能障礙，呼吸酶合成減少，導致細胞利用氧障礙。

2. 病理變化 組織性缺氧時，血氧飽和度、血氧容量、動脈血氧分壓和動脈血氧含量正常，但細胞不能利用氧，導致動靜脈血氧含量差減小，因為靜脈、微血管中氧合血紅素（HbO_2）濃度增加，所以血液鮮紅色，有時也可因呼吸抑制而呈暗紅色。

另外，當組織代謝增強時也會引起組織需氧量過多的相對缺氧，如劇烈運動、過度勞役、發燒等。在臨床上，缺氧也常表現為混合型。例如老齡犬心機能不全並發肺瘀血和水腫時，混合出現循環性缺氧和呼吸性缺氧；因外傷導致感染性休克時主要是循環性缺氧，但微生物所產生的內毒素還可引起組織中毒而發生組織性缺氧。各種類型缺氧時的血氧變化情況見表 10－1。

表 10－1 各種類型缺氧的血氧變化情況

缺氧類型	動脈血氧分壓	氧飽和度	血氧容量	血氧含量	動-靜脈氧差
低張性缺氧	↓	↓	—	↓	↓或—
等張性缺氧	—	—	↓	↓	↓
循環性缺氧	—	—	—	—	↑
組織性缺氧	—	—	—	—	↓

註：—表示正常，↓表示降低，↑表示升高。

任務三 缺氧對機體的影響

缺氧不是一種單獨的疾病，而是許多疾病的共同病理現象。缺氧對機體的影響，取決於缺氧發生的程度、速度、持續時間和機體的功能代謝狀態。有些變化對生命活動起到有利的代償作用，如血液循環的改變、呼吸加強和紅血球生成加速等；有些變化直接導致組織壞死或動物死亡，特別是腦、心臟等重要生命器官缺氧是導致動物死亡的最直接原因之一。

（一）功能變化

1. 呼吸系統的變化 低張性缺氧時，動脈血氧分壓下降，引起呼吸系統的代償性反應，呼吸加深加快，肺通氣量加大，胸廓呼吸運動的增強使胸內負壓增大，促進靜脈回流，以增加血液運送氧和組織利用氧的功能。但過度通氣使二氧化碳分壓降低，可導致呼吸性鹼中毒，抑制呼吸運動。嚴重缺氧時抑制呼吸中樞活動，出現週期性呼吸甚至呼吸停止。因貧血、失血等引起的缺氧時，由於血氧分壓正常，呼吸變化不明顯。急性低張性缺氧可引起急性高原肺水腫，導致中樞性呼吸衰竭而死亡。因此，呼吸系統的變化因缺氧的類型和程度而異。

2. 循環系統的變化 缺氧早期，循環系統出現代償性反應，可引起心輸出量增加、血流分布改變、肺血管收縮與微血管增生。由於動脈血氧分壓降低，反射性引起交感神經興奮，使腎上腺素分泌增加，心肌興奮性增高，心率加快和心收縮力增強，靜脈回流量增加和心輸出量增加可提高全身組織的供氧量。缺氧時，一方面交感神經興奮引起血管收縮；另一方面局部組織因缺氧產生的乳酸、腺苷等代謝產物則使血管擴張，皮膚和肝、脾血管收縮，釋放儲血，循環血量增加；而心、腦血管擴張，血流增加，血液重新分配，這對生命重要器官有保護作用。肺血管對缺氧的反應與體血管相反，肺小動脈收縮，缺氧的肺泡血流量減少，有利於維持肺泡通氣以及氧利用。缺氧時微血管顯著增生（腦、心臟和骨骼肌處明顯），縮短血氧彌散距離，增加供氧量。

慢性缺氧時，由於心臟長期負荷過重，可引起心臟衰竭、心肌炎。嚴重而持續的腦缺氧導致呼吸中樞抑制而死亡。

3. 血液系統的變化 缺氧可使骨髓造血增強及氧合血紅素解離曲線右移，從而增加氧的運輸和釋放。

（1）紅血球和血容量的變化。急性缺氧時，因血液濃縮和肝、脾收縮，使儲血進入體循環，增加血中紅血球數，血容量減少；當慢性缺氧的低血氧流經腎臟近球小體時，能刺激近球細胞，生成並釋放促紅血球生成素，骨髓造血增強，紅血球生成增多，血容量增加。但紅血球過多增加了血液黏滯性，以致血流減慢，心臟負擔加重。長期嚴重缺氧會抑制骨髓造血功能，紅血球反而會減少。

（2）氧合血紅素解離曲線右移。由於血紅素結合氧的生理特點，氧離解曲線呈S形。缺氧時，紅血球內糖酵解過程的中間產物 2,3 -二磷酸甘油酸數量增加，導致血紅素與氧的親和力降低，易於將結合的氧釋出供組織利用，氧解離曲線右移。

（3）皮膚和可視黏膜發紺。但貧血或組織中毒性缺氧時，不出現發紺。當血管收縮，局部 HHb 並沒有增加時，雖有嚴重缺氧，發紺也不明顯。

4. 神經系統的變化 中樞神經系統對缺氧最敏感，其次為心肌細胞、肝細胞和腎小管上皮細胞。缺氧早期，出現腦血管擴張，血流量增多等代償活動，使大腦皮層興奮。若缺氧加重或急性缺氧，腦組織神經細胞變性、壞死、腦水腫，中樞神經系統出現功能紊亂。臨床上表現為興奮不安、運動失調、抽搐，甚至昏迷死亡。慢性缺氧時動物精神沉鬱、反應遲鈍、四肢無力。

5. 組織細胞的變化 在供氧不足的情況下，組織細胞透過增強利用氧的能力和增強無氧酵解過程以擷取維持生命活動所必需的能量。慢性缺氧時，細胞內粒線體數目、膜的表面積、呼吸鏈中的酶增加，使細胞的內呼吸功能增強。控制糖酵解過程最主要的限速酶是磷酸果糖激酶，缺氧時其活性增強，促使糖酵解過程加強以補償能量不足。慢性缺氧可使肌肉中肌紅蛋白（Mb）含量增多，可能具有儲存氧的作用。嚴重缺氧時，組織細胞可發生嚴重的損傷，主要為細胞膜損傷，粒線體腫脹、脊崩解、溶酶體腫脹並破裂、外膜破裂和基質外溢等病變，器官可發生功能障礙甚至功能衰竭。

（二）代謝變化

慢性缺氧時，細胞內粒線體數目和膜的表面積均增加，呼吸鏈中的酶如琥珀酸脫氫酶、細胞色素氧化酶可增加，使細胞的內呼吸功能增強，有利於氧的利用。嚴重時，組織內酶被抑制，各種分解不全產物蓄積，細胞可發生變性、壞死。

1. 糖無氧酵解增強　缺氧初期，在神經體液調節下，糖分解加強，耗氧量增多。嚴重缺氧時，ATP 生成減少，ATP/ADP 值下降，以致磷酸果糖激酶活性增強。該酶是控制糖酵解過程中最主要的限速酶，其活性增強可促使糖酵解過程增強，在一定程度上可補償能量的不足。但酵解作用增強，乳酸生成增多，可引起代謝性酸中毒。

2. 脂肪氧化障礙　缺氧過程中，可出現脂肪分解加強，但氧化過程發生障礙。脂肪分解不全，血中游離脂肪酸、酮體增多，大量酮體經尿液排出，引起酮尿症。

3. 蛋白質代謝障礙　缺氧可使胺基酸合成蛋白質的過程發生障礙，胺基酸在體內蓄積，非蛋白氮（NH_3）含量增加。胺基酸脫羧酶活性增強，形成的胺等有毒物質在體內蓄積，在肝解毒機能降低時，可引起自體中毒。

技能訓練

家兔實驗性亞硝酸鹽中毒及解救

【目的要求】透過實訓掌握動物亞硝酸鹽中毒的機理、臨床表現及解救方法。

【實訓材料】家兔、2％亞硝酸鈉注射液、0.1％美藍注射液、酒精棉球、針筒、溫度計、聽診器等。

【方法步驟】

（1）實驗前觀察家兔可視黏膜顏色，測定正常體溫、呼吸和心跳。正常家兔可視黏膜為粉紅色，可用左手固定頭部，右手食指、拇指撥開眼瞼即可觀察。用溫度計直腸檢查家兔的體溫。觀察家兔鼻翼翕動情況測定家兔的呼吸數，用聽診器測定家兔的心跳情況。

（2）家兔秤重，每隻兔按每公斤體重 3.5 mL 耳緣靜脈注射 2％亞硝酸鈉。

（3）密切觀察家兔的臨床表現，並用上述相同方法觀察家兔可視黏膜顏色，測定家兔的體溫、呼吸和心跳。

（4）待中毒明顯時，每只兔按每公斤體重 1 mL 耳緣靜脈注射 0.1％美藍進行解救，觀察中毒症狀是否解除。

【實訓報告】

（1）記錄實驗過程中所觀察到的家兔的臨床表現，並分析其發生的機理。

（2）記錄實驗前後家兔的呼吸、心跳和體溫變化情況，並分析其原因。

實踐應用

1. 缺氧時機體有哪些反應？

2. 動物因大量出血而休克，試分析此時可能存在哪些缺氧類型。

3. 哪些情況下，缺氧動物的呼吸、心跳加快？哪些情況下缺氧沒有發紺現象？

4. 臨床上如何檢查、判斷動物是否缺氧？

5. 檢查某缺氧病畜，發現動脈血氧分壓、動脈血氧含量、動脈血氧飽和度均降低，動脈血氧容量不變，試分析可能是哪種類型的缺氧。

第十一章
發　燒

學習目標

能說出發燒的概念和生物學意義；能夠分析發燒的原因；能根據發燒時病畜臨診表現特點判斷發燒的不同階段；能在實踐中正確處理發燒性疾病。

任務一　發燒的概念及正常體溫調節

(一) 發燒的概念

發燒是指恆溫動物在致熱原作用下，使體溫調節中樞的調定點上移而引起的調節性體溫升高（超過正常值0.5℃），並伴有全身性反應的病理過程。

發燒不是一種獨立的疾病，而是許多疾病，如感染、炎症等疾病過程中經常出現的一個基本病理過程和常見的臨床症狀。不同疾病引起的發燒變化常常各有其特點，因此臨床上透過體溫檢查，不但可把發燒看做是某種顯見的或潛在疾病的信號，而且透過觀察體溫曲線變動及特點分析，還可將發燒作為判斷病情、評價療效和估計預後的重要根據之一。

有時動物的體溫升高屬於非調節性的，是一種被動的體溫升高。也就是說，此時機體體溫調節中樞不能將體溫控制在與調定點相應的水準，其原因一方面是由於體溫調節中樞受損，另一方面是散熱或產熱功能異常所致。無論哪一方面，其本質都明顯不同於發燒，這種現象常稱為過熱。由此可見，發燒是機體對致熱原作用所產生的一個主動過程；而過熱是因體溫調節中樞功能障礙而發生的被動性反應。

此外，在臨床上還可見到在某些生理情況下出現的體溫升高，如劇烈運動、妊娠期母畜、緊迫等，由於它們屬於生理反應，因此，又稱生理性體溫升高或非病理性發燒。

(二) 正常體溫調節

體溫調節是動物在長期進化過程中獲得的較高級的調節功能。其特點是產熱過程和散熱過程處於相對平衡狀態。如產熱量過多時，則散熱增加；反之，則降低。體溫調節由溫度感受器、體溫調節中樞、效應器共同完成。通常健康動物的體溫都能維持在一個正常範圍內，當機體內外環境發生變化時，透過回饋途徑協調產熱和散熱過程，從而建立相應的體熱平衡，使體溫保持穩定。

1. 溫度感受器 皮膚、某些黏膜內存在有專門感受溫度變化的溫度感受器，按其功能分為熱覺感受器和冷覺感受器，腹腔內臟也有溫度感受裝置。它們能夠把內外環境溫度的變化轉換為神經衝動向中樞發放。近年來發現中樞神經系統內存在有對溫度變化非常敏感的神經元，稱為中樞溫度感受器，而把上述皮膚、內臟等處的溫度感受裝置稱為外周溫度感受器。

中樞溫度感受器分布於下視丘、腦幹網狀結構和脊髓等處，它們感受深部血液溫度的變化。其中一部分在局部組織溫度上升時衝動發放頻率增大，稱為熱敏神經元。另一部分在局部組織溫度下降時衝動發放頻率增大，稱為冷敏神經元。實驗證明，熱敏神經元主要存在於下視丘前部和視前區（稱為視前區-下視丘前部），冷敏神經元主要存在於腦幹網狀結構中，在視前區-下視丘前部也有少量冷敏神經元。溫度敏感神經元與體溫調節中樞之間有著密切的神經連繫。

2. 體溫調節中樞 透過恆溫動物實驗證明，在下視丘上部切除腦，動物體溫仍能保持基本穩定；如在下視丘下部切斷腦幹，動物體溫將隨環境溫度而波動。因此，體溫調節的基本中樞位於下視丘。而視前區-下視丘前部是體溫調節中樞的關鍵部位，近來實驗研究發現，產熱中樞與散熱中樞都受視前區-下視丘前部溫度敏感神經元的控制。當熱敏神經元興奮時，可使散熱中樞活動增強，產熱中樞活動減弱；當冷敏神經元興奮時，可使產熱中樞活動增強，散熱中樞活動減弱。因此，視前區-下視丘前部對體溫調節有著重要作用。

3. 調定點學說 體溫調節中樞透過對產熱和散熱有關的各種生理過程的調節，使體溫維持穩定。調定點學說認為，下視丘體溫調節中樞內有與恆溫調節器功能相類似的調定點，調定點的高低決定著體溫的水準。當體溫處於這一溫度閾值時，熱敏神經元和冷敏神經元的活動處於平衡狀態，致使機體的產熱和散熱也處於動態平衡狀態，體溫就維持在調定點設定的溫度閾值水準。這個閾值就是體溫穩定的調定點。當體內熱量過多，體溫超過調定點時，熱敏神經元發放的衝動增多，導致散熱中樞興奮，產熱中樞抑制，使體溫不致升高；當體溫降到調定點以下時，則出現相反的效應，使體溫不致降低。

根據調定點學說，發燒是由於致熱原使熱敏神經元閾值升高，也就是使體溫調定點上移所致。因此，動物機體在發燒早期，先出現惡寒顫慄等產熱反應，直到體溫升高到新的調定點水準以上時才出現散熱反應。如調定點由 37 ℃上移到 38 ℃，則體溫超過 37 ℃仍會出現產熱活動增強與散熱活動減弱，直到體溫升高到 38 ℃以上時才會出現相反的變化，從而使體溫維持 38 ℃左右的水準。

4. 行為性體溫調節 在下視丘體溫調節中樞控制下，透過改變產熱和散熱器官的活動，使體溫維持在正常水準，是體溫調節的基礎，通常稱為生理性體溫調節。另外，機體在不同溫度環境中還能採取不同的姿勢與行為以利於正常體溫的維持，這也屬於體溫調節概念的範疇，稱為行為性體溫調節。行為性體溫調節也是透過對產熱和散熱的影響而發揮作用的。因此，它與生理性體溫調節不可截然分開，後者是前者的基礎。

體溫調節的意義在於調節機體的產熱和散熱活動，使兩者保持平衡，達到體溫正常和相對穩定。動物機體的產熱活動與散熱活動均涉及機體的許多生理過程。這些生理過程在體溫調節中之所以能協同作用，是靠神經系統的調節來實現的。分布在體表及深部的溫度感受器將內外環境溫度變化的資訊傳送到體溫調節中樞，經體溫調節中樞反射性地引起與產熱和散熱有關的各種生理過程的變化，使動物機體的產熱和散熱維持平衡。

知識連結

各種動物的正常體溫

種　類	體溫範圍	種　類	體溫範圍
豬	38.0～39.5 ℃	馬	37.5～38.5 ℃
騾	38.0～39.0 ℃	水牛	36.5～38.5 ℃
黃牛、乳牛	37.5～39.5 ℃	山羊	38.0～40.0 ℃
駱駝	36.0～38.5 ℃	鹿	38.0～39.0 ℃
兔	38.0～39.5 ℃	犬	37.5～39.0 ℃
貓	38.5～39.5 ℃	禽類	40.0～42 ℃

任務二　發燒原因和機制

一、發燒的原因

凡能引起機體發燒的物質稱為熱原刺激物，或稱為致熱原（EP）。根據致熱原的來源不同，可將其分為外源性致熱原和內生性致熱原。

（一）外源性致熱原

來自體外能致熱的物質稱為外源性致熱原。根據其性質又可分為傳染性致熱原和非傳染性致熱原。

1. 傳染性致熱原　引起機體發燒的物質以病原微生物及其毒素為主。

（1）細菌及毒素。包括革蘭氏陰性細菌與內毒素、革蘭氏陽性細菌與外毒素和分枝桿菌等。

① 革蘭氏陰性細菌與內毒素。典型菌群有大腸桿菌、沙門氏菌等。這類細菌除了菌體和胞壁中所含的肽聚糖與致熱性有關外，其細胞壁中所含的脂多醣（即內毒素）也有明顯的致熱性，臨床上輸液或輸血過程中所產生的發燒反應，多數是由於汙染內毒素所致。因其耐熱性很高，需 160 ℃乾熱 2 h 才能滅活，一般滅菌方法不能清除。

② 革蘭氏陽性細菌與外毒素。主要有葡萄球菌、溶血性鏈球菌、肺炎球菌等。其致熱性除與全菌體有關外，還與其分泌的外毒素有關，如葡萄球菌的腸毒素、溶血性鏈球菌的紅疹毒素等。

③ 分枝桿菌。其全菌體及細胞壁中所含的肽聚醣、多醣和蛋白質都具有致熱作用。

（2）病毒。如流感病毒、豬瘟病毒等可啟動產致熱原細胞，使其產生、釋放內生性致熱原，引起發燒。

(3) 其他微生物。由真菌引起的發燒在臨床上也常見，如白色念珠菌感染所致的肺炎、鵝口瘡等，其致熱性與菌體及菌體內所含的莢膜多醣和蛋白質有關。鉤端螺旋體含有溶血素和細胞毒因子以及內毒素樣物質，故感染後也常常出現發燒現象。此外，立克次體、衣原體等許多病原微生物感染也有發燒現象，但致熱物質尚不清楚。

2. 體內產物 某些體內產物以誘導產生內生性致熱原的方式引起發燒，亦稱為非傳染性致熱原。

(1) 無菌性炎症。大面積燒傷、創傷、手術、體內組織的梗塞和出血等都可引起炎症反應，並伴有發燒。

(2) 變態反應。如某些藥物、血清病引起的變態反應，由於抗原抗體複合物的形成和過敏淋巴細胞釋放淋巴因子引起發燒。

(3) 腫瘤性發燒。是由於瘤組織釋放壞死產物造成的無菌性炎症所致。此外，瘤細胞本身或某些蛋白質成分也可直接或間接地導致內生性致熱原的產生和釋放，引起發燒。

(4) 化學藥物性發燒。某些化學藥物如咖啡因、菸鹼酸、2,4 -二硝基酚等都能引起動物發燒。但各種化學藥物引起發燒的機理不同，如咖啡因是透過興奮體溫調節中樞和減少散熱，引起發燒；而 α -二硝基酚是透過增強細胞氧化過程，使產熱增加而導致發燒的。

(5) 激素。甲狀腺機能亢進、體內某些類固醇產物（如睪固酮的中間代謝產物本膽烷醇酮）等也可引起發燒。

(二) 內生性致熱原

產內生性致熱原細胞（能夠產生和釋放內生性致熱原的細胞）在發燒刺激物的作用下，所產生並釋放的能引起體溫升高的產物，統稱為內生性致熱原。主要有白血球介素-1、白血球介素-6、腫瘤壞死因子、干擾素等。

1. 白血球介素-1 (IL -1) 主要由單核細胞、巨噬細胞、內皮細胞、星狀細胞、腫瘤細胞產生。不耐熱，70 ℃ 30 min 即可滅活。白血球介素-1 的受體，主要分布於腦內，最大密度區域位於接近體溫調節中樞的下視丘外面。

2. 腫瘤壞死因子（TNF） 是一類具有多種生物活性的多肽生長因子。多種外生性致熱原如葡萄球菌、鏈球菌等都能誘導巨噬細胞、淋巴細胞產生、釋放 TNF。

3. 干擾素（IFN） 是一類具有廣泛生物活性的蛋白因子，主要由白血球產生。不耐熱，60 ℃ 40 min 即可滅活。

4. 白血球介素-6 (IL -6) 是一種主要由單核細胞、巨噬細胞和成纖維細胞產生的蛋白因子。內毒素、病毒、白血球介素-1、腫瘤壞死因子等都能誘導其合成和釋放。

二、發燒的機制

發燒機制較複雜，目前認為發燒有三個基本環節：①在發燒刺激物作用下，內生性致熱原的產生和釋放；②體溫調節中樞的體溫調定點上移；③調溫效應器的作用，產熱增加，散熱減少。即一方面透過運動神經引起骨骼肌的緊張度增高或寒戰使產熱增多，另一方面交感神經系統引起皮膚血管收縮，使散熱減少，由於產熱大於散熱，體溫乃相應上升，直至與新的調定點相適應（圖 11－1）。

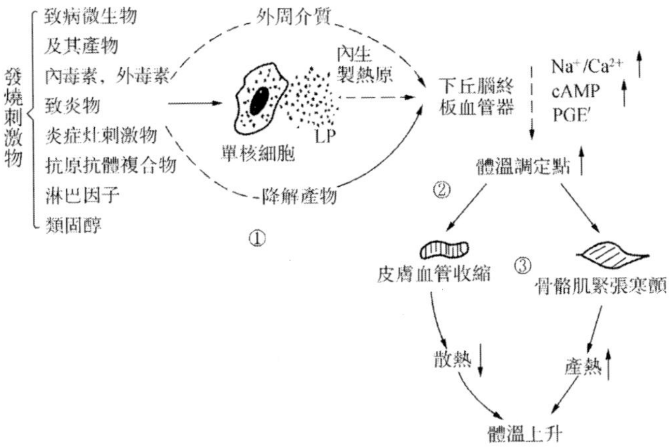

圖 11－1　發燒發病學基本環節（未包括新發現的 EP）
cAMP 為環腺苷磷酸，PGE 為前列腺素，LP 為白血球致熱原

1. 內生性致熱原的產生和釋放　這是一個涉及產致熱原細胞的資訊傳遞和基因表達的調控過程。包括資訊傳遞、產內生性致熱原細胞的啟動、內生性致熱原的產生和釋放，最後經過血流到達下視丘的體溫調節中樞。

2. 體溫調節中樞調定點的上移　目前認為，恆溫動物體溫調節的高級中樞位於視前區下視丘的前部，在該區域內含有對溫度敏感的神經元，這些神經元對來自外周的溫度資訊具有整合作用。內生性致熱原從外周產生後，經過血液循環到達顱內，但它並不是引起調定點上移的最終物質，期間還有某些介質參與。體溫中樞調節介質有正調介質和負調介質。引起體溫調定點上移的介質為正調介質，主要有三種，即前列腺素 E(PGE)、Na^+/Ca^{2+} 值、環腺苷磷酸（cAMP）；負調節介質是限制體溫過高的物質，主要有精胺酸加壓素、黑素細胞刺激素和其他一些發現於尿液的物質。內生性致熱原作用於血腦屏障外的巨噬細胞，使其釋放中樞介質，後者作用於視前區前下視丘或終板血管器靠近視前區前下視丘等部位的神經原，體溫調節中樞以某種方式改變下視丘溫度神經元的化學環境，使體溫調定點上移。於是，正常血液溫度則變為冷刺激並發出衝動，引起調溫效應器反應，從而引起體溫調定點的改變。

3. 效應器的改變　體溫調節中樞的調定點上移後，體溫調節中樞發出衝動，對產熱和散熱過程進行調整。一方面透過交感神經系統引起皮膚血管收縮，減少散熱；另一方面透過運動神經引起骨骼肌緊張度增高或寒戰，肌肉的分解代謝加強，增加產熱，結果使產熱大於散熱，從而使體溫升到與調定點相應的水準。

任務三　發燒經過與發燒型態

（一）發燒的經過

發燒的經過與體溫中樞調定點變化密切相關（圖 11－2）。臨床經過大致可分三個階段，即體溫上升期、高燒持續期和體溫下降期，每個時期均有各自的臨床症狀和熱代謝特點。

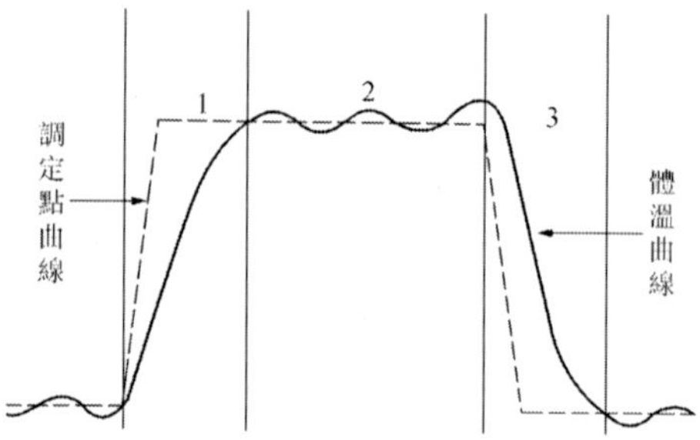

圖 11－2　發燒與體溫調節關係曲線
1. 體溫上升期　2. 高燒持續期　3. 退燒期

1. 體溫上升期　這是發燒的早期，其特點是產熱量大於散熱量。這是由於體溫調節中樞的體溫調定點上移，血液溫度低於調定點的溫熱感受閾值，從而使寒戰中樞興奮，肌肉收縮加強，肌糖原分解加強，導致產熱增多。同時，透過交感神經發出散熱減少的信號，使皮膚血管收縮，汗腺分泌減少，導致皮膚的散熱減少，進而使體溫從正常逐漸上升到新的調定點水準為止。

此時患病動物臨床表現為精神沉鬱，食慾減退或廢絕，呼吸和心跳加快，皮膚因血流量減少呈蒼白色，皮膚乾燥，皮溫不整，被毛蓬亂，寒戰、尿少等症狀，反覆寒戰超過 1 d 可能是菌血症，在傳染病診斷上有參考意義。

2. 高燒持續期　又稱熱稽留期，此期的代謝特點是產熱量接近散熱量。體溫達到新的調定點水準後，體溫在較高水準上維持平衡。血溫升高，同時又使皮膚溫度升高，皮膚血管繼而擴張，散熱增加。在不同的疾病中，該期持續時間的長短也有不同，例如牛傳染性胸膜肺炎的高燒期 2～3 週之久，慢性豬瘟的高燒期可維持 1 週以上；而牛流行性感冒的高燒期僅為數小時或幾天。

此時患病動物臨床表現為皮溫增高、眼結膜充血潮紅、呼吸和心跳加快、胃腸蠕動減弱、糞便乾燥、尿量減少、口乾舌燥等症狀。

3. 體溫下降期　這是發燒的後期，又稱退燒期。此期的代謝特點是產熱量小於散熱量。由於病因被消除，血液中的致熱原減少或消失，使體溫中樞上升的調定點又恢復到正常水準，因此，體溫也逐漸調整到正常範圍。此時患病動物臨床表現為體表血管繼續擴張，大量排汗，尿量增加。

熱的消退可快可慢，往往因病情不同而異，通常有兩種形式。如果體溫緩慢下降至正常水準，稱為漸退；如體溫迅速下降至正常，稱為驟退。在獸醫臨床上，對體質衰弱的病畜要謹防體溫驟退，引起急性循環衰竭而造成嚴重後果。

（二）發燒型態

在許多疾病過程中，發燒過程持續時間與體溫升高水準是不完全相同的。臨床上常常按一定的時間間隔對動物進行體溫檢測，並將記錄下來的體溫繪製成曲線圖，這種體溫變化曲線稱為發燒型態。常見的發燒型態有下列幾種。

1. 滯留熱　體溫升高到一定程度後，高燒持續數天不退，且晝夜溫差變動不超過 1 ℃。常見於大葉性肺炎、豬瘟、豬丹毒、流感、豬急性痢疾等急性發燒性傳染病。

2. 弛張熱　體溫升高後，晝夜溫差超過 1 ℃以上，但最低點不會降至常溫。常見於小葉性肺炎、胸膜炎、局灶性化膿性疾病、敗血症、嚴重肺結核。

3. 間歇熱　發燒期與無熱期有規律地交替出現，間歇時間較短而且重複出現。

常見於血孢子蟲病、錐蟲病、局灶性化膿性感染等。

4. 回歸熱　發燒期與無熱期有規律地交替出現，二者持續時間大致相等，且間歇時間長。常見於亞急性和慢性馬傳染性貧血。

5. 不定型熱　發燒持續時間不定，體溫變動無規律，體溫曲線呈不規則變化。常見於慢性豬瘟、慢性副傷寒、慢性豬肺疫、流感、支氣管肺炎、滲出性胸膜炎、肺結核等許多非典型經過的疾病。

6. 暫時熱　發燒持續時間很短暫。見於輕度消化不良、分娩後、結核菌素和鼻疽菌素反應。

7. 消耗熱　體溫波動範圍比弛張熱顯著，晝夜溫差在 3～5 ℃。常見於敗血症、重症活動性肺結核病等。

8. 波狀熱　體溫在數天內逐漸上升至高峰，然後又逐漸下降至微熱或常溫，不久再發，體溫曲線呈波浪式起伏，稱為波狀熱。常見於布魯氏菌病、惡性淋巴瘤、胸膜炎等。

9. 雙峰熱　高燒體溫曲線在 24 h 內有兩次小波動，形成雙峰，稱為雙峰熱。常見於黑熱病、大腸桿菌敗血症、銅綠假單胞菌敗血症等。

10. 二元熱　即第一次熱程持續數天，然後經一至數天的解熱期，又突然發生第二次熱程，稱為二元熱。常見於某些病毒性疾病，如犬瘟熱。

任務四　發燒時機能和代謝變化

(一) 機能變化

1. 中樞神經系統功能改變　發燒時中樞神經系統出現不同程度的功能障礙。一般在發燒初期，中樞神經系統的興奮性升高，病畜表現興奮不安、驚厥等。但也有的動物表現精神沉鬱、反應遲鈍等興奮性下降的症狀。高燒持續期，中樞神經系統常常是抑制占優勢，出現嗜睡，甚至昏迷等症狀。而在體溫下降期，副交感神經興奮性相對較高。

2. 循環系統功能改變　發燒時常引起心率加快。一般體溫每上升 1 ℃，心跳每分鐘平均增加 10～15 次。在體溫上升期和高燒持續期，由於心率加快，心肌收縮力增強，血壓會有所升高。但長期發燒時，由於氧化不全產物和毒素對心臟作用，容易引起心肌變性，嚴重時導致心臟衰竭。此外，體溫驟退，可因大汗而致虛脫、休克甚至循環衰竭。

3. 呼吸系統功能改變　發燒時血溫升高和酸性代謝產物對呼吸中樞的刺激作用，以及呼吸中樞對二氧化碳的敏感性增強，促使呼吸加深加快，這有利於氣體交換和散熱。但持續高燒時，反而會引起呼吸中樞的興奮性降低，出現呼吸變慢、變淺、精神沉鬱等症狀。

4. 消化系統功能改變　發燒時交感神經興奮，水分蒸發過多，導致消化液減少，各種消化酶活性降低，出現食慾減退、胃腸道蠕動減弱、口乾腹脹、便祕等現象。有時可因腸內容物發酵、腐敗而引起自體中毒。

5. 泌尿系統的變化　在體溫上升期和持續高燒期，因血液的重新分布，使腎小球血流量減少，尿量也隨之減少。嚴重的發燒或持續過久的發燒，腎組織可發生輕度變性，以及水和鈉鹽的滯留。酸性代謝產物增多等因素，一方面使尿液減少，尿相對密度增加，另一方面尿中常出現含氮產物。到退燒期，由於腎臟血液循環改善，大量鹽類又從腎臟排出，因此又表現為尿量增加。

6. 防禦功能改變 發燒時，機體內單核巨噬細胞系統的功能活動增強。表現在抗感染能力增強、抗體形成增多、補體活性增高、肝臟解毒功能增強，對腫瘤細胞的影響和急性期反應加強。

（二）代謝變化

發燒機體的代謝改變包含兩個方面：一方面是致熱原作用於體溫調節中樞，引起組織器官代謝加強；另一方面是體溫升高本身的作用，一般認為，體溫升高1℃，基礎代謝率提高13%。因此持久發燒使物質消耗明顯增多。如果營養物質攝取不足，就會消耗自身物質，呈現物質代謝的改變。

1. 糖代謝變化 發燒時糖分解代謝加強，血糖增多，葡萄糖的無氧酵解加強，組織內乳酸含量增加。

2. 脂肪代謝變化 發燒時脂肪分解也明顯加強，由於糖代謝加強使糖原儲備不足，攝取相對減少，乃至大量消耗儲備脂肪而致動物消瘦。脂肪分解加強和氧化不全，則出現酮血症和酮尿。

3. 蛋白質代謝變化 高燒時蛋白質分解加強，尿氮比正常增加2～3倍，可出現負氮平衡，即攝取不能補足消耗。長期和反覆發燒的病畜，由於蛋白質嚴重消耗，還會引起肌肉和實質器官的萎縮。

4. 水、電解質代謝的變化 發燒時出汗、排尿增多及機體內代謝的加強，使水、電解質大量消耗。高燒可引起脫水，脫水又可加重發燒，因此必須補足水分，尤其是高燒期、退燒期。此外，由於氧化不全的酸性中間產物（乳酸、酮體）在體內增多，故易導致代謝性酸中毒。

5. 維他命代謝的變化 發燒時，維他命C和維他命B群顯著消耗，同時由於病畜食慾減退，常會導致維他命缺乏症。

任務五 發燒的意義和處理原則

（一）發燒的生物學意義

發燒是機體在長期進化過程中所獲得的一種以抗損傷為主的防禦適應反應，對機體有利也有弊。一般來說，短時間的中度發燒對機體是有益的，因為它有利於機體抵抗感染，抑制致病因素對機體的損傷，而且還能增強單核巨噬細胞系統，提高機體對致熱原的清除能力。此外，還能使肝臟氧化過程加速，提高其解毒能力。從生物進化角度看，發燒對機體的生存和種族延續具有重要的保護意義。

但長期持續的高燒，對機體則是有害的。因為它不僅會導致機體過度的消耗，加重器官的負荷，而且還能誘發相關臟器的功能不全，引起物質代謝障礙、各器官系統功能發生紊亂和實質細胞的變性壞死，甚至危及生命。

（二）發燒的處理原則

影響發燒的主要因素是中樞神經的功能狀態、內分泌系統的功能狀態、營養狀況、疾病狀態、發燒刺激物的性質。除了病因學治療外，針對發燒的治療應盡可能謹慎地權衡利弊。

1. 發燒的一般處理　非高燒者一般不宜盲目退燒，可利用其發燒型態幫助診斷疾病。對長期不明原因的發燒，應做詳細檢查，注意尋找體內隱蔽的炎症灶，及早治療原發病。

2. 下列情況應及時解熱　對持續高燒（如 40 ℃以上）、患心臟病（發燒加重心肌負荷）、有嚴重肺臟或心血管疾病、妊娠期的動物，在治療原發病的同時採取退燒措施，但高燒不可驟退。

3. 解熱的具體措施

（1）藥物解熱和物理降溫。

（2）補充營養物質，防止酸中毒。

（3）補充水分，防止虛脫，保護心臟機能。

（4）及早治療原發病。

（5）加強護理，防止併發症。

（6）高燒驚厥者也可酌情應用鎮靜劑（如安定）。

知識拓展

日射病與熱射病

日射病與熱射病又稱中暑，是夏季動物在外界光/熱作用下或機體散熱不良時引起的機體急性體溫過高的疾病，可發生於各種家畜。

1. 原因及機理　日射病是由於太陽輻射或強烈的熱輻射線直接作用於頭部，引起腦及腦膜充血，甚至顱內壓升高，出現中樞神經系統調節功能嚴重障礙，進而引發呼吸淺表，心臟衰竭，意識障礙，嚴重者昏迷。可見於役畜炎夏戶外長時間活動、長途運輸等過程中。

熱射病是環境溫度過高或潮濕悶熱，加之圈舍狹小、通風不良、飼養密度過大等，動物產熱多、散熱少，體內積熱而引起體溫升高。為了散熱，動物加快呼吸、大出汗，常引起脫水，水鹽代謝紊亂；由於發熱，代謝加快，氧化不全的代謝產物蓄積，又會引起酸中毒，最終因全身衰竭而死亡。

2. 臨床症狀及病理變化　患病動物常表現為突然發病，精神極度沉鬱，站立不穩，四肢乏力，行走時體軀搖擺呈醉酒樣，有時興奮不安。豬往往嘔吐，牛則出現瘤胃臌氣。眼結膜充血，黏膜赤紫，心悸亢進，後期脈細弱，甚至不感於手。呼吸促迫，聽診肺區常見濕性囉音。體溫升高，全身大汗，排尿減少或尿閉。嚴重時體溫升高到 42 ℃以上，最後倒地昏迷，瞳孔散大，反射消失，如不及時搶救，往往因心肺功能衰竭而迅速死亡。

剖檢病變：腦及腦膜充血、水腫、廣泛性出血，腦組織水腫。血液濃稠呈黑紅色，肺充血、水腫，胸膜、心包膜以及腸繫膜都有瘀血斑和漿液性炎症。日射病時可見到紫外線所致的組織蛋白變性、皮膚新生上皮的分解。

實踐應用

1. 現有一病豬持續高燒 40 ℃，而且出現呼吸急促、嗜睡等現象，為了盡快緩解這一現象，應該採取何種措施？並簡述呼吸急促及嗜睡現象產生的原因。

2. 發燒時，動物常表現為食慾降低。人們常以病畜食慾恢復的情況，作為對於發燒性疾病治療效果的判斷，試分析其道理。

3. 在炎熱的夏季，一梅花鹿因長途運輸，而又無任何防暑措施時，導致其體溫高達 41 ℃，並出現昏迷狀態，此時是否可以認為該動物發燒，為什麼？

4. 試分析發燒、脫水、酸中毒三者之間的關係。

5. 某豬場一週來部分豬咳嗽氣急，發燒，流鼻涕，食慾減退，糞便乾燥或便祕。試從病理角度分析發生的病變過程，以及應採取什麼處理原則。

第十二章
黃　疸

學習目標

能說出黃疸的概念；能對具體病例進行黃疸類型的判斷和病因分析。

由於膽色素代謝障礙，血漿膽紅素濃度增高，使動物皮膚、黏膜、鞏膜等組織黃染的病理現象稱為黃疸，又稱高膽紅素血症。黃疸可見於多種疾病，是動物臨床上常見的病理現象，尤其在肝膽疾病和溶血性疾病中最多見。因鞏膜富含與膽紅素親和力高的弱性蛋白，往往是臨床上首先出現黃疸的部位。

任務一　正常膽紅素代謝

膽色素是血紅素一系列代謝產物的總稱，包括膽綠素、膽紅素、膽素原和膽素。其中，除膽素原族化合物無色外，其餘均有一定顏色，故統稱膽色素。膽紅素是膽汁中的主要色素，其中膽綠素是膽紅素的前體，而膽素原和膽素是膽紅素的產物。通常認為膽紅素具有毒性，可引起大腦不可逆的損害。但近年來人們發現膽紅素具有抗氧化作用，可抑制亞油酸和磷脂的氧化，其作用甚至優於維他命 E。不同動物血清總膽紅素含量不同（表 12 - 1）。

表 12 - 1　幾種主要家畜血清總膽紅素含量

動物種屬	血清總膽紅素含量（mmol/L）
馬	7.1～34.2
母牛	0.17～8.55
綿羊	1.71～8.55
山羊	0～1.71
豬	0～17.1
犬	1.71～8.55

1. 膽紅素的來源　體內 80%以上的膽紅素來自於衰老的紅血球裂解而釋放出的血紅素，15%左右來源於骨髓中尚未成熟的紅血球、網狀細胞在進入血液前被破壞，

以及細胞色素、過氧化物酶、肌紅蛋白等含有血紅素的色素蛋白被破壞而產生的膽紅素。有人把不是由衰老紅血球分解而產生的膽紅素稱為旁路性膽紅素。

2. 非酯型膽紅素的形成　正常情況下，動物循環血中每天大約有1%的紅血球會衰老和更新。肝臟、脾臟、骨髓等單核巨噬細胞系統將衰老的和異常的紅血球吞噬，破壞，釋放出血紅素。血紅素進一步分解，脫去鐵及蛋白質（被機體再利用），形成膽綠素。膽綠素經還原酶（膽綠素還原酶大量存在於哺乳動物的組織中，但在雞組織中的活性很低，所以雞膽汁中含有較高比例的膽綠素）作用生成膽紅素。這種膽紅素進入血液與血漿中的白蛋白（少量與α-球蛋白）結合形成複合體，稱非酯型膽紅素或血膽紅素。它不能透過半透膜，故不能透過腎小球濾出，難溶於水，但能溶於酒精。臨床上做血膽紅素定性試驗（範登白反應）時，不能和偶氮試劑直接作用，必須加入酒精處理後，才能起紫紅色陽性反應（間接反應陽性），故又稱間接膽紅素。

3. 酯型膽紅素的形成　非酯型膽紅素隨血液進入肝臟，脫去白蛋白進入肝細胞內，經酶的催化，除少量與活性硫酸根和甘胺酸結合外，大部分在葡萄糖醛酸基轉移酶和尿嘧啶核苷二磷酸葡萄糖醛酸酶的作用下，與葡萄糖醛酸結合，形成膽紅素葡萄糖醛酸酯，即水溶性的能經腎臟濾過的膽紅素，這種酯化的膽紅素稱酯型膽紅素，呈水溶性，毒性作用小，且與白蛋白的親和力較小，易解離。與偶氮試劑直接反應呈紫紅色陽性反應，故又稱直接膽紅素。

4. 膽紅素在腸內的轉化和肝腸循環　酯型膽紅素排入膽囊，與膽汁酸、膽酸鹽等共同構成膽汁，經膽管系統排入十二指腸，經細菌等還原作用，轉化為無色膽素原。膽素原的大部分氧化為黃褐色糞膽素，隨糞便排出，因而糞便有一定色澤。小部分再吸收入血，經門靜脈進入肝臟，這部分膽素原又有兩個去向，其中一部分重新轉化為直接膽紅素，再隨膽汁排入腸管，這種過程稱為膽紅素的肝腸循環；另一部分進入血液至腎臟，成為尿膽素原，氧化後形成尿膽素，隨尿排出（圖12-1）。

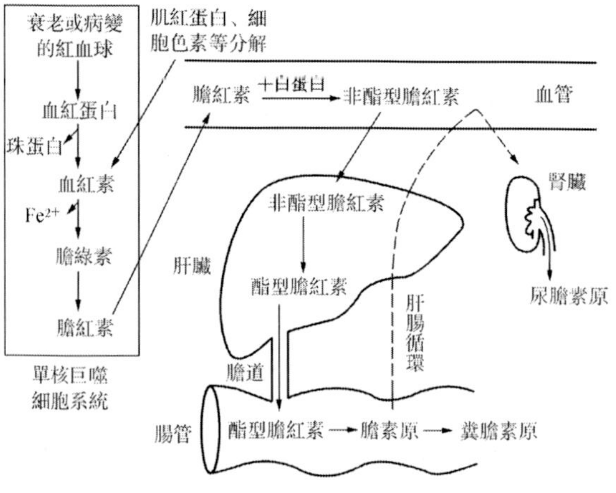

圖12-1　膽紅素正常代謝

從以上膽紅素的代謝過程看，膽紅素的代謝與紅血球的破壞、肝臟對膽紅素的轉化及排泄密切關聯。如果上述過程中的任何一個環節發生障礙，則必然引起膽紅素代謝失調，產生高膽紅素血症，出現黃疸。

引起黃疸發生的原因很多。根據發生高膽紅素血症的環節來分析，可歸納為膽紅素生成過多、膽紅素轉化和處理障礙及膽紅素排泄障礙三大類，即溶血性黃疸、實質性黃疸和阻塞性黃疸。

任務二　黃疸的類型

（一）溶血性黃疸

由於紅血球破壞過多，使血清中的非酯型膽紅素增多而引起的黃疸稱為溶血性黃疸，也稱為肝前性黃疸。

1. 原因及機理　各種引起大量溶血的原因都可造成溶血性黃疸。如免疫性因素（異型輸血、溶血病、自身免疫性溶血、藥物過敏）、生物性因素（細菌、病毒、血液寄生原蟲、毒蛇咬傷）、物理性因素（燒傷）和化學性因素（中毒性疾病）等造成的紅血球破壞。此外，偶爾也可因未成熟的紅血球、肌紅蛋白等大量破壞，進入血液，引起旁路性膽紅素增多，導致黃疸。

不同病因導致紅血球溶解的機理不完全一樣。如馬傳染性貧血、豬附紅血球體病，因紅血球膜抗原發生改變，或在疾病中變形而被破壞清除；新生騾駒溶血病，是由於母馬妊娠後期胎盤損傷使胎兒紅血球漏出，母馬可產生抗胎兒紅血球的抗體並存在於初乳中，幼駒吮吸這種初乳而發生溶血；蛇毒中毒時，因蛇毒中含磷脂酶可降解紅血球膜；苯或苯胺中毒過程中，常因珠蛋白變性，使循環血液中紅血球容易破碎。由於大量紅血球被破壞形成非酯型膽紅素，超過肝臟的處理能力而大量出現於血液中，引起黃疸。

2. 病理變化特點　血清中非酯型膽紅素增多，膽紅素定性試驗呈間接反應陽性。此時肝臟對膽紅素的攝取、運載、酯化和排泄能力相應發生代償性加強，隨膽汁排入腸內的酯型膽紅素也相應增多，糞（尿）膽素原增多，使糞便和尿液的顏色加深。但血中非酯型膽紅素不能經腎小球濾出，所以一般情況尿中膽紅素測定為陰性，只有非常嚴重時可輕度增多。

3. 對機體影響　對幼畜影響較大，幼畜因白蛋白不足及血腦屏障發育尚不完善，非酯型膽紅素容易透過血腦屏障而進入腦內，使大腦基底核發生黃染、變性、壞死，引起核黃疸（也稱為膽紅素腦病）。某些藥物，如阿斯匹靈、磺胺、水楊酸等，能從白蛋白中置換出膽紅素，可增加非酯型膽紅素進入腦組織的危險性，故新生畜忌用這類藥。另外，嚴重溶血可導致貧血、血液性缺氧、血紅素尿等全身性反應。

（二）實質性黃疸

實質性黃疸也稱為肝性黃疸，是由於肝功能障礙，其攝取、轉化和排泄膽紅素的能力降低所致的黃疸。

1. 原因及機理　多見於肝中毒（磷、汞）或肝炎等傳染病，或某些敗血症和維他命 E 缺乏等引起肝細胞損壞。由於肝臟損傷，肝細胞對膽紅素的攝取、酯化和排泄均受到影響。此時機體即使膽紅素生成量正常，但因肝細胞的處理能力下降，不能把非酯型膽紅素全部轉化為酯型膽紅素，造成血中非酯型膽紅素的滯留。同時已經被酯化的膽紅素，從損壞的毛細膽管又滲漏到血竇，血中酯型膽紅素也增多，導致黃疸。

2. 病理變化特點 血清中非酯型和酯型膽紅素均增多，膽紅素定性試驗呈雙向反應陽性。由於肝臟排泄障礙，進入腸內的膽紅素減少，糞膽素原減少，因此糞色變淡。但是血中酯型膽紅素透過腎小球微血管從尿排出，尿膽素原增多，尿色加深。

3. 對機體影響 實質性黃疸時，由於肝細胞變性、壞死及毛細膽管破損，常有部分膽汁流入血液，病畜常表現輕度興奮，血壓稍有下降，消化不良。有時可因肝臟解毒功能下降而導致自體中毒。

（三）阻塞性黃疸

各種原因造成膽管狹窄或阻塞，使膽小管和毛細膽管內緊迫增大而破裂，使酯型膽紅素排出障礙而逆流入血引起的黃疸稱為阻塞性黃疸，也稱肝後性黃疸。

1. 原因及機理 常見於十二指腸炎、膽管炎、膽管結石、膽道寄生蟲或腫塊壓迫膽管。由於肝外膽管梗阻，膽汁排泄通道不暢，腸肝循環障礙，脹滿的膽汁逆流入肝，吸收入血，導致血液中酯型膽紅素異常增多，從而出現黃疸。

2. 病理變化特點 隨阻塞時間長短不同，其病變有所差異，初期病變一般不明顯。嚴重時，血清中酯型膽紅素顯著增多，膽紅素定性試驗呈直接反應陽性。由於膽汁未進入腸內，糞膽素原減少，糞色變淡（完全阻塞時，糞便呈白陶土色），尿中膽素原及膽素減少或消失，尿酯型膽紅素陽性，尿色加深。由於膽汁成分全部進入血液循環，因此黃疸症狀特別明顯。

3. 對機體影響 大量酯型膽紅素和膽酸鹽經腎隨尿排出時，可引起腎小管上皮細胞發生變性、壞死。血液中膽酸鹽在皮膚中沉積，刺激皮膚的感覺神經末梢，引起癢感。膽酸鹽可透過興奮迷走神經或直接作用於心臟，引起心跳變慢，血管緊張度下降，血壓降低。膽酸鹽對腦神經細胞有抑制作用，病畜可出現疲倦、精神不振。膽汁分泌障礙，引起某些消化酶原啟動受阻（如胰脂肪酶原），造成消化不良，尤其脂溶性維他命不能吸收，產生維他命缺乏症。由於維他命 K 吸收障礙，肝臟不能合成凝血酶原，血液凝固性下降，易出血。

三種類型黃疸主要特點見表 12－2。

表 12－2　三種類型黃疸主要特點

區別項目	黃疸類型		
	溶血性黃疸	阻塞性黃疸	實質性黃疸
膽紅素代謝情況	紅血球大量破壞，膽紅素生成過多	膽管阻塞，膽紅素排泄障礙	肝細胞受損，膽紅素處理障礙
血清中未結合膽紅素	增多	無變化或增多	增多
血清中結合膽紅素	無變化	增多明顯	增多
膽紅素定性試驗	間接反應陽性	直接反應陽性	二元反應陽性
尿膽素原含量	增加	無	增加
糞膽素原含量	增加	減少或無	減少

知識拓展

豬黃脂病

豬黃脂病是豬體脂肪組織呈現黃色為特徵的一種色素沉積性疾病，俗稱「豬黃膘」。通常宰前很難發現，多在宰後才能檢出。由感染、中毒及實質器官疾病引起的稱「黃疸肉」，在本章中已做介紹。此處主要討論飼料因素形成的「黃膘肉」。

(一) 病因

1. 維他命E缺乏　除飼料中維他命E添加不足外，日糧中魚粉、蠶蛹粕、亞麻餅、蠅飼料等高脂肪、易酸敗飼料超過日糧的20%時，會使體內維他命E的消耗量大增，以及飼料中高銅可使油脂氧化酸敗加快，加大了維他命E需求量等，均可引起維他命E相對缺乏。加上其他抗氧化劑不足的共同作用，導致抗酸色素在脂肪組織中沉積，使脂肪組織形成一種棕色或黃色無定性的非飽和疊合物小體，促使黃膘產生。

2. 飼料色素沉積　有些飼料（如紫雲英、蕪菁、南瓜、黃玉米、胡蘿蔔等）中天然色素含量較高，在體內代謝不全可引起黃脂；飼餵某些染色摻假飼料（如假棉粕、檸檬酸渣等），染料會沉積到脂肪上，變成黃脂。

3. 藥物作用　如磺胺類和某些有色中草藥，在使用時間較長或沒有經過足夠長的休藥期便屠宰，會造成豬胴體局部或全身脂肪發黃。

4. 飼料變質　飼料加工或保管不善，飼料中不飽和脂肪酸過氧化，酸敗的脂肪可以形成黃脂，變質的澱粉可導致膽汁外泄，形成黃脂。發霉（如感染黃麴黴）飼料除使油脂氧化外，還能引起中毒和實質器官損傷，產生黃疸。

(二) 發病機理

抗氧化劑維他命E能阻止或延緩不飽和脂肪酸的自身氧化作用，促使脂肪細胞把不飽和脂肪酸轉變為儲存脂肪。當餵飼過量的不飽和脂肪酸和維他命E缺乏同時存在時，脂肪組織中的不飽和脂肪酸氧化增強，生成「蠟樣質」，沉積在脂肪細胞中，使脂肪組織發生炎症反應導致脂肪變黃，形成黃脂肉。有報導稱，蠟樣質為2～40 μm的棕色或黃色小滴或無定形小體，不溶於脂肪溶劑，在抗酸性染色中呈很深的復紅色，這種抗酸色素是使脂肪組織變黃的根本原因。這與因膽紅素代謝障礙使全身組織黃染的「黃疸」是完全不同的。

(三) 臨床症狀和病理變化

該病的臨床症狀不夠明顯，大多數病豬食慾不振，精神倦怠，衰弱，被毛粗糙，增重緩慢，結膜色淡，有時發生跛行，眼有分泌物，黃脂病嚴重的豬血紅素水準降低，有低色素性貧血的傾向，個別病豬突然死亡。剖檢可見體脂呈檸檬黃色，骨骼肌和心肌呈灰白（與白肌病相似），變脆。肝臟呈黃褐色，脂肪變性明顯。腎臟呈灰紅色，橫斷面可見髓質呈淺綠色。淋巴結水腫，有出血點。胃腸黏膜充血。

(四) 檢疫判定

1. 宰前檢疫 一般只能發現黃脂和黃疸的共同特徵，主要檢疫可視黏膜、口腔黏膜和舌苔，一般有黃染現象。但只能懷疑該豬可能是黃膘豬，需將其確定為宰後黃膘肉的重點檢疫對象。

2. 宰後檢疫 黃脂肉主要由飼料或脂肪代謝障礙引起，僅見皮下脂肪、腎臟周圍脂肪組織呈深黃色，肌間脂肪著色程度較淺，其他組織、臟器無異常、無異味，將胴體懸掛 24 h 後黃色變淺或消失。黃脂肉氣味正常，煮沸時肉湯半透明，並散發出肉香味。黃疸肉是由疾病引起膽汁代謝障礙而造成的，除全身脂肪組織發黃外，全身皮膚、黏膜、結膜、關節囊液、肌腱、實質器官均呈不同程度的黃色，放置越久顏色越黃；常有異常腥味或臭味，尤其煮沸後異味和臭味更濃。

3. 實驗室鑑別

(1) 硫酸法。取 10 g 脂肪置於 50%酒精中浸抽，並不停搖晃 10 min，然後過濾，取 8 mL 濾液置於試管中，加入 10～20 滴濃硫酸。當存在膽紅素時，濾液呈現綠色，繼續加入硫酸經適當加熱，濾液則變為淡藍色，出現這些現象時就能確定為黃疸肉。

(2) 苛性鈉法。稱取 2 g 脂肪，剪碎置入試管中，加入 5%NaOH 溶液 5 mL，在酒精燈火焰上煮沸約 1 min，振蕩試管，使其全部溶解後在流水下降溫冷卻到 40～50 ℃（手摸有溫熱感），然後向試管中加入 1～3 mL 乙醚或汽油輕輕混勻，再微微加熱後加塞靜置，待溶液分層後觀察。若上層乙醚呈無色，下層液體呈黃綠色，表明檢樣中有膽紅素存在，即檢樣為黃疸肉；若上層乙醚呈黃色，下層液體無色，表明檢樣中含有天然色素而無膽紅素，即檢樣為黃脂肉；若試管上下層均為黃色，則表明檢樣中 2 種色素均存在，說明既有黃疸又有黃膘。

(五) 處理

因飼餵玉米、南瓜、胡蘿蔔等含有天然色素的飼料形成的黃脂肉，其他黏膜組織不發黃，無其他疫病且肉質良好，觀察 1～2 h，黃色有消退現象的加蓋印章准予出場鮮銷。如伴有不良氣味，宜工業利用。黃疸肉不能食用，若係傳染性疾病引起，應結合具體疾病進行相應處理。

(六) 預防

合理調整日糧，富含不飽和脂肪酸甘油酯的飼料應除去或限制在 10%之內，並至少在宰前 1 個月停餵。日糧中添加維他命 E，每頭每日 500～750 mg 或加上 6%的乾燥小麥芽，30%米糠也有預防效果。限量飼餵蠶蛹、魚下腳料等，一般每頭每天不得超過 100～250 g，並在宰前 2 個月停餵。

實踐應用

1. 簡述各種黃疸的臨床症狀特點。

2. 寵物門診收治了一條成年病犬，檢查時發現眼結膜黃染，你認為應考慮哪些原因？還應做哪些檢查？

3. 某動物屠宰廠在進行宰後檢驗時，發現其肉屍有黃染現象，試分析是黃疸肉還是黃脂肉，可從哪些方面進行鑑別？

第十三章 器官病理

學習目標

能辨識皮膚、淋巴結、心臟、肺臟、肝臟、脾臟、腎臟等器官的眼觀和鏡檢病理變化；在獸醫臨床上，能透過病理變化分析病變產生的可能原因和機理。

任務一　皮膚病理

一、皮膚腫脹

皮膚或皮下組織出現局部或瀰漫性增大稱為皮膚腫脹，皮膚腫脹既是皮膚本身疾病的反映，又是許多內臟疾病的外在表現，是臨床診斷的重要依據。

（一）皮膚水腫

1. 病因和機理　局部炎性滲出、血管受壓或阻塞、過敏反應等多引起局部皮下水腫，心、肝、腎等內臟疾患以及長期營養不良多引起全身性水腫。心源性水腫，見於心臟衰弱引起的大循環靜脈瘀血，四肢、陰囊等易受重力影響的部位先出現水腫；腎源性水腫，見於腎病症候群、急性腎小球腎炎等，眼瞼、面部等疏鬆組織先出現水腫，以後波及全身；肝源性水腫，見於嚴重肝臟疾病，如肝硬變、四肢水腫明顯並伴有全身輕度水腫和腹水；營養不良性水腫，常見於慢性消耗性疾病和長期營養不良，四肢凹陷部位先出現水腫並伴有貧血、消瘦、被毛粗亂等症狀。

引起皮膚水腫的常見疾病有惡性水腫、炭疽、牛出血性敗血症、豬水腫病、馬傳染性貧血、錐蟲病、馬媾疫、肝片吸蟲病、血孢子蟲病、出血性紫癜、蕁麻疹，此外還有充血性心臟衰竭、創傷性心包炎、蛇咬傷、雞腫頭症候群等。

2. 病理變化　皮膚水腫又稱浮腫，多見於動物的顏面部、前胸、下腹和四肢。水腫皮膚腫脹明顯，皮膚緊張而有亮澤，缺乏色素部位顏色蒼白，皮膚彈性降低，指壓留痕，觸之有涼感，呈面糰樣。切面可見皮膚增厚，皮下疏鬆結締組織呈黃色膠凍狀，並流出多量黃色透明液體。炎性水腫還伴有發燒、疼痛。

（二）皮下氣腫

1. 病因和機理 見於皮膚外傷、肋骨骨折或穿透性損傷、創傷性蜂巢胃炎時刺破肺臟等原因，使空氣移行入皮下；也見於氣腫疽、惡性水腫病、間質性肺氣腫、黑斑病甘薯中毒等疾病過程。

2. 病理變化 局部觸感柔軟，稍有彈性，並有氣體向鄰近組織竄逸感，按壓有捻發音，局部無紅、腫、熱、痛等反應。

（三）血腫、膿腫及淋巴外滲

1. 病因和機理 血腫是由於皮下軟組織非開放性損傷後，流出的血液將周圍組織分離開，形成充滿血液的腔洞。血腫大多出現於挫傷之後，並迅速增大，但缺乏炎性反應。淋巴外滲是鈍性外力作用使皮下或肌肉的淋巴管發生斷裂，淋巴液在組織局部積聚而形成皮下腫脹，常發生於胸前、膝前、腹脅部、頸基部、肩胛或臀部皮下等具有豐富淋巴管網的組織。膿腫是透過外傷感染或經血流和淋巴流轉移所形成的局部組織化膿性炎症，局部組織壞死液化後形成充滿膿汁的囊腔，外有結締組織包膜。

2. 病理變化 血腫受到感染時具有波動性，伴有熱、痛，若穿刺液中有血液並混有膿汁，體溫升高，稱為血膿腫。

膿腫初期呈急性炎症，伴有明顯的熱、腫、痛反應，觸診硬實，邊界不清。以後膿腫逐漸侷限化，與正常組織界線清楚，觸壓有液體波動感，穿刺檢查可抽出膿液。

淋巴外滲性腫脹形成緩慢，初期腫脹不明顯而波動明顯，與周圍組織界線分明，無熱、痛和炎症反應。隨著淋巴液不斷滲出，腫脹逐漸增大，形成囊狀隆起，但皮膚不緊張，用手推壓可感知淋巴液的流動，並聽到振水音。穿刺液為橙黃色稍透明的液體，弱鹼性。局部溫度正常，機能障礙和全身反應不明顯。

（四）疝

1. 病因和機理 疝是內臟器官（多為腸管）經先天或後天形成的孔道或薄弱區向體表凸出的外科病，以豬、馬、牛等多見。

2. 病理變化 局部腫脹柔軟，觸診有波動感，聽診有腸蠕動音，位置多侷限於臍、陰囊及腹壁。如為可變形疝，當動物變換體位或壓迫患處時腫脹即可消失；如為嵌閉性疝，局部高度緊張，有疼痛感及壓迫感。因腸腔閉塞或通暢不良引起腸管臌氣和排糞困難，伴有拒食、體溫升高和腹痛。

（五）炎性腫脹

1. 病因和機理 可見於皮膚創傷感染、各種理化因素引起的皮膚炎症等。

2. 病理變化 創傷感染時，局部伴有不同程度的紅腫熱痛或炎症的全身反應。皮炎的眼觀病變因病程、病因不同，有紅斑、水腫、水（膿）疱、糜爛或潰瘍等。

（六）皮膚肥厚

1. 病因和機理 各種慢性刺激、營養代謝障礙、內分泌紊亂、慢性皮膚病等均可引起皮膚增厚。常見的皮膚肥厚有黑色棘皮病、硬皮病、胼胝、疤痕瘤和皮膚角化過度症等。

2. 病理變化 皮膚各層尤其是表皮增厚，有時也累及皮下組織。常伴有皮膚粗糙、顏色變深、皮紋加深、皸裂、乾燥或濕潤、脫屑或脫毛等病變。皮膚肥厚並變硬稱硬皮病或苔蘚樣化。

二、皮膚損害

許多疾患常可在疾病的早期出現皮損，一般都具有特殊的規律性，對疾病的早期診斷有一定意義。皮損表現複雜多樣，同一疾病可見不同的皮損，同一皮損又可見於不同的疾病，有時多種損害並存。

（一）斑疹

1. 病因和機理 創傷、溫熱、紫外線或 X 射線照射、化學藥品刺激、循環障礙和某些傳染病等，均可導致皮膚形成充血、出血性斑塊。皮膚色素沉著形成色素斑，色素脫失則形成白斑。

2. 病理變化 皮膚顏色變化是斑疹明顯的表現，常見有紅斑、紫癜、色素斑等。

充血性紅斑：局部紅腫，溫度增高，多呈鮮紅色，指壓褪色。出現面積較大者稱為紅斑，較小者稱為薔薇疹。

瘀血性紅斑：多呈藍紫色，指壓褪色。常見於豬丹毒、感光過敏、飼料疹等。

出血性紅斑：呈點狀、斑塊狀出血灶，色澤鮮紅、暗紅或褐紅，指壓不褪色。常見於藍耳病、豬瘟等。

色素斑：常呈黑褐色，指壓不褪色。

（二）丘疹和結節

1. 病因和機理 常見於細菌、病毒、寄生蟲等引起的各種皮炎、毛囊炎及變態反應性疾病。根據原因及機理可將丘疹分為炎性和非炎性兩類。炎性丘疹病變主要在真皮，多發生血管擴張、充血和炎性細胞浸潤；非炎性丘疹的病變在表皮，因各種刺激引起表皮過度增殖，表皮粗糙不平而形成結節狀。

2. 病理變化 通常直徑小於 1 cm 的侷限性隆起稱為丘疹，由小米粒到豌豆大不等，形狀有圓形、橢圓形和多角形。在丘疹的頂端含有漿液的稱為漿液性丘疹，不含漿液的稱為實性丘疹，多個小丘疹的融合稱苔蘚。丘疹可由斑疹演變而來，丘疹也可演變成水疱。

比丘疹大、位置深的皮膚損害稱為結節，呈半球狀隆起，直徑在 1 cm 以上，質地較硬，觸診時才被發現。丘疹和結節可被完全吸收，不留痕跡，但也可發展成為水疱而感染化膿，形成潰瘍和疤痕。炎性丘疹為紅色，有痛及癢感，非炎性丘疹則不發紅、無痛感。

（三）疱疹

1. 病因和機理 水疱是由於炎症引起漿液滲出侵入表皮，在細胞間和細胞內形成過度水腫時，表皮內形成水疱，可見於口蹄疫、豬水疱病、痘病等。膿疱大多由於化膿性細菌如金黃色葡萄球菌、表皮葡萄球菌、鏈球菌、棒狀桿菌和某些病毒感染所引起。

2. 病理變化 疱疹是內含液體的小突起，液體為漿液者稱水疱，為膿液者稱膿疱。膿疱可由水疱感染引起，也可由化膿菌感染直接引起；由於內容物的性狀不同，可呈白、黃、黃綠或黃紅色，周圍常有紅暈。水疱可融合成片，破裂後露出暗紅色的糜爛面，以後形成潰瘍或癒合。深部膿疱癒合後留有疤痕。

(四) 蕁麻疹

1. 病因和機理 常因昆蟲叮咬、有毒植物和黴菌刺激、藥物過敏等引起。氣候突變、摩擦、搔抓、機體植物神經紊亂也可為誘發病因。也可繼發於某些傳染病、寄生蟲病。

蕁麻疹屬於速發型過敏反應性疾病，引起過敏反應的抗體主要是 IgE。IgE 皮膚儲存最多，故最易引起過敏反應。當過敏原進入機體，誘發 IgE 抗體產生後，如再次接觸該過敏原，過敏原與 IgE 特異性結合，啟動所在細胞內一系列酶的反應，釋放一系列炎症介質，引起平滑肌收縮，微血管擴張及通透性增加，腺體分泌功能亢進等，在皮膚上發生的效應就表現為蕁麻疹。

2. 病理變化 蕁麻疹俗稱「風團」，是皮膚淺層（真皮）出現的界線明顯的水腫性隆起，其特點是發生突然、此起彼伏、迅速消退（半小時至數小時內自行消退，一般不留痕跡）。呈圓形、橢圓形或不規則形，豆大或胡桃大隆起，頂部扁平，質地柔軟，可迅速增大並融合。蕁麻疹伴有劇癢。因摩擦、啃咬，體表局部脫毛和擦傷，有時引起繼發感染。

(五) 皮膚壞死和壞疽

1. 病因和機理 物理性損傷（凍傷、燒傷、燙傷及機械性損傷）、化學性損傷（酸、鹼、石炭酸、甲醛、升汞、某些農藥和化肥、慢性麥角中毒等）、細菌感染（如壞死桿菌、豬丹毒桿菌、葡萄球菌感染）等均可引起皮膚壞死。皮膚壞疽是壞死後繼發腐敗菌感染所引起的變化。

2. 病理變化 皮膚淺層壞死，僵硬乾燥，呈厚塊狀脫落，露出的淺表濕潤面稱為糜爛，後被新生的表皮覆蓋，癒後不留疤痕。深層壞死時，整層皮膚為黑色、乾燥、牛皮紙狀，周圍有炎性反應帶，壞死的皮膚組織脫落，形成潰瘍，表面結痂。

任務二　淋巴結病理

一、急性淋巴結炎

(一) 漿液性淋巴結炎

1. 病因和機理 多發生於急性傳染病的初期，或鄰近組織的急性炎症過程。

2. 病理變化 眼觀：淋巴結腫大，被膜緊張，質地柔軟，呈潮紅或紫紅色；

切面隆突，顏色暗紅，濕潤多汁。鏡檢：淋巴結中的微血管擴張、充血，淋巴竇明顯擴張，內含漿液。竇壁細胞腫大、增生，有許多脫落後成為巨噬細胞（此變化稱為竇性卡他）。擴張的淋巴竇內，常有不同數量的中性粒細胞、淋巴細胞和漿細胞，而巨噬細胞內常有吞噬的致病菌、紅血球、白血球。淋巴小結生發中心擴張，並有細胞分裂象，淋巴小結周圍、副皮質區和髓索處有淋巴細胞增生等。

（二）出血性淋巴結炎

1. 病因和機理 通常由漿液性淋巴結炎發展而來，常見於豬瘟、豬丹毒、豬巴氏桿菌病等。

2. 病理變化 眼觀：淋巴結腫大，暗紅或黑紅色，被膜緊張，質地稍實；切面濕潤，稍隆突並含多量血液，呈瀰漫性暗紅色或呈大理石樣花紋。鏡檢：除一般急性炎症的變化外，淋巴組織中可見充血和散在的紅血球或出血灶，淋巴竇內及淋巴組織周圍有大量紅血球。

二、慢性淋巴結炎

1. 病因和機理 多由急性淋巴結炎轉變而來，也可由致病因素持續作用引起。常見於某些慢性疾病，如結核、布魯氏菌病、豬支原體肺炎等。

2. 病理變化 眼觀：淋巴結腫大，質地變硬，切面隆突，呈灰白色，常因淋巴小結增生而呈顆粒狀。後期淋巴結縮小，質硬，切面可見增生的結締組織不規則交錯，淋巴結固有結構消失。鏡檢：淋巴細胞、網狀細胞顯著增生，淋巴小結腫大，生發中心明顯。淋巴小結、髓索淋巴竇之間界線消失，淋巴細胞瀰漫性分布在整個淋巴結內。網狀細胞腫大、變圓，散在於淋巴細胞間。後期結締組織顯著增生，網狀纖維增粗轉變為膠原纖維，血管壁硬化。嚴重時，整個淋巴結可變為纖維結締組織小體。

任務三　心臟病理

一、心 包 炎

1. 病因和機理

（1）感染。病原微生物經血液或由相鄰器官（心肌和胸膜）進入心包引起。如巴氏桿菌、鏈球菌、大腸桿菌、分枝桿菌、支原體等。

（2）創傷。牛、羊採食時，未經充分咀嚼，誤將鐵釘、鐵絲嚥入，經蜂巢胃刺穿胃壁、膈肌膜並刺入心包或心臟，從而引起創傷性心包炎。

2. 病理變化

（1）傳染性心包炎。心包表面血管充血擴張，或有出血斑點，心包膜因炎性水腫而增厚。心包腔蓄積大量淡黃色漿液性滲出液，若混有脫落的間皮細胞和白血球則較混濁。如滲出物為纖維素，則凝結為黃白色絮狀或薄膜狀物，分布於心包內膜和心外膜表面或懸浮於心包液中，因心臟搏動而形成絨毛狀外觀，稱為絨毛心。慢性經過時，心包壁層和臟層上的纖維素往往發生機化而黏連。如結核性心包炎時，心外膜被覆的乾酪樣壞死物可達數公分厚，有「盔甲心」之稱。

鏡檢：初期心外膜充血、水腫並有白血球浸潤，間皮細胞腫脹、變性，漿膜表面有少量漿液-纖維素性滲出物，隨後間皮細胞壞死、脫落，漿膜層和漿膜下組織水腫、充血及白血球浸潤，或有出血。在組織間隙內有大量絲網狀纖維素，心外膜相鄰接的心肌纖維呈顆粒變性和脂肪變性，心肌纖維間充血、水腫及白血球浸潤。病程較久者，則有肉芽組織增生。

(2) 創傷性心包炎。心包膜顯著增厚，失去原有光澤。心包腔內積聚汙穢的膿性或纖維素性滲出物。心外膜粗糙肥厚，心壁及心包上可見刺入的異物。

鏡檢：炎性滲出物由纖維素、中性粒細胞、巨噬細胞、紅血球與脫落的間皮細胞等組成。慢性經過時，滲出物往往濃縮而變為乾酪樣並可發生機化，造成心包黏連。心肌受損時，則呈化膿性心肌炎的變化。

二、心肌炎

1. 病因和機理 某些細菌、病毒、毒物等透過血源途徑侵害心肌，或由心內膜炎、心外膜炎蔓延侵害心肌，導致心肌纖維變性、壞死或損傷血管引起血液循環障礙而發生心肌炎。也可因病原體過敏機體，形成針對心肌的抗體或過敏淋巴細胞，也可能造成心肌的免疫損傷，引起心肌炎。

2. 病理變化 根據心肌炎發生的部位和性質，可分為三種基本類型。

(1) 實質性心肌炎。心肌呈灰白色煮肉狀，質地鬆脆，特別是右心室擴張。炎症多為局灶性，心臟橫切面有圍遶心腔的灰黃或灰白色斑條狀紋，外觀似虎皮花紋，故稱虎斑心。鏡檢：心肌纖維顆粒變性、脂肪變性。嚴重時呈水泡變性或蠟樣壞死，甚至崩解。間質有不同程度的漿液滲出和中性粒細胞、淋巴細胞、組織細胞及漿細胞浸潤，見於惡性口蹄疫。

(2) 間質性心肌炎。眼觀：病變與實質性心肌炎相似。鏡檢：心肌纖維表現為不同程度的變性和壞死，間質中組織細胞、淋巴細胞、漿細胞浸潤及成纖維細胞明顯增生。

(3) 化膿性心肌炎。心肌有大小不一的膿腫，慢性時，化膿灶外面有包囊形成。膿汁的顏色可因化膿菌種類不同而異。組織學檢查：初期血管栓塞部呈出血性浸潤，繼而發展為纖維素性化膿性滲出，其周圍出現充血、出血和中性粒細胞組成的炎性反應帶。化膿灶內及其周圍的心肌纖維變性。慢性時，化膿灶四周有纖維結締組織增生。

三、心內膜炎

1. 病因和機理 常常伴發於慢性豬丹毒及鏈球菌、葡萄球菌、化膿棒狀桿菌等化膿性細菌的感染過程中。可因細菌直接引起結締組織膠原纖維變性，形成自身抗原，或菌體蛋白與瓣膜成分結合形成自身抗原，從而引發自身免疫反應，使瓣膜遭受損傷，在此基礎上形成血栓。

2. 病理變化

（1）疣狀心內膜炎。以心瓣膜形成疣狀血栓為特徵，常發生於二尖瓣心房面和主動脈瓣心室面的游離緣。早期炎症局部增厚而失去光澤，繼而游離緣可見黃白色小結節，以後逐漸增大形成大小不等的疣狀物，表面粗糙，質脆易碎。後期疣狀物可發生機化，形成花椰菜樣不易剝離的贅生物。鏡檢：初期疣狀物為白色血栓（以血小板、纖維蛋白為主），有時可見藍色細菌團塊，後期結締組織增生和炎性細胞浸潤明顯。

（2）潰瘍性心內膜炎。亦稱敗血性心內膜炎，以瓣膜局灶性壞死為特徵。初期瓣膜上有大小不等的淡黃色壞死斑點，以後逐漸融合，並發生膿性溶解，形成潰瘍；疣狀血栓發生膿性分解後，也可形成潰瘍。潰瘍表面覆有灰黃色凝固物，周圍常有出血及炎性反應，並有結締組織增生，使邊緣稍隆起。嚴重時可繼發瓣膜穿孔。鏡檢：瓣膜深層組織壞死，局部有明顯的炎性滲出，中性粒細胞浸潤及肉芽組織增生，表面附著由大量纖維素、崩解的細胞與細菌團塊組成的血栓凝塊。

任務四　肺臟病理

一、上呼吸道炎症

1. 病因和機理　多數由病原微生物引起，如支氣管敗血波氏桿菌、傳染性喉氣管炎病毒、惡性卡他熱病毒等。少數由物理性因素、化學性因素和寄生蟲（如綿羊鼻蠅蛆）等引起。

2. 病理變化　上呼吸道黏膜潮紅、腫脹、糜爛。滲出物初為稀薄、透明的漿液，隨病程發展轉變為灰白色的黏稠液體。繼續發展出現黃白色、黏稠、混濁的膿性液體。鏡檢：黏膜上皮細胞變性、壞死、脫落，黏膜表面覆有漿液或黏液，其中混有脫落上皮、白血球和少量紅血球，黏膜下充血、水腫和白血球滲出。

二、肺　　炎

（一）支氣管肺炎

支氣管肺炎是以支氣管為中心的單個或一群肺小葉的炎症，其炎性滲出物以漿液為主，也稱為卡他性肺炎、小葉性肺炎。

1. 病因和機理　主要是病原體（巴氏桿菌、支原體、黴菌等）感染，當機體在各種有害因子（寒冷、感冒、過勞、長途運輸等）影響下，抵抗力降低，進入呼吸道的病原菌可大量繁殖，引起支氣管炎，炎症沿支氣管蔓延，引起支氣管周圍的肺泡發炎。另外，病原菌也可經血流運行至肺臟，引起間質發炎，繼而波及支氣管和肺泡，引起支氣管肺炎。

2. 病理變化　病變常見於肺臟的尖葉、心葉和膈葉，局部呈不規則實變（堅實並能沉於水），實變區呈紅暗色至淡灰紅到灰色不等。病變多呈鑲嵌狀，中心部灰白至黃色、周圍為紅色的實變區以及充血和萎陷，外圍為正常乃至氣腫的蒼白區。

鏡檢：早期細支氣管和相連的肺泡內充滿中性粒細胞，混有數量不等的細胞碎屑、黏液、纖維素。細支氣管上皮變性、壞死和脫落。細支氣管壁及周圍結締組織充血、水腫、白血球浸潤。如病程延長，則間質出現結締組織增生（圖 13－1）。

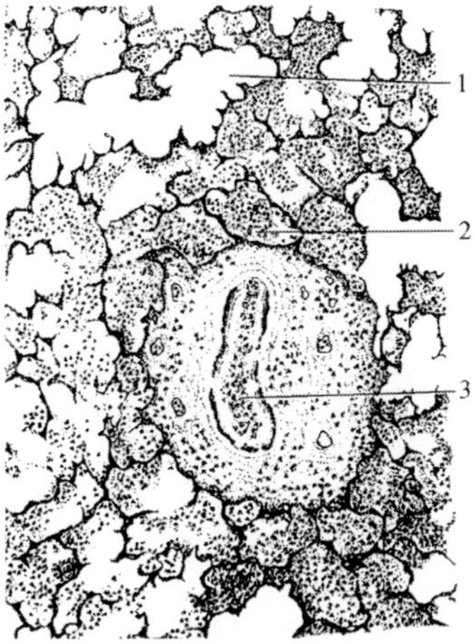

圖 13－1　小葉性肺炎

1. 代償性肺氣腫　2. 細支氣管周圍肺泡內充滿炎性細胞和纖維素滲出物　3. 細支氣管腔內有炎性滲出，管壁充血、水腫及中性粒細胞浸潤

（二）纖維素性肺炎

纖維素性肺炎是以細支氣管和肺泡內充滿大量纖維素性滲出物為特徵的急性炎症，又稱為大葉性肺炎。

1. 病因和機理　常見於巴氏桿菌病、牛傳染性胸膜肺炎、豬傳染性胸膜肺炎等，其病原體透過氣源、血源、淋巴源等不同途徑侵入肺臟，透過支氣管樹枝狀擴散，引起支氣管、肺泡等肺實質的炎症，並迅速擴展至整個肺葉和胸膜。肺組織內微血管嚴重受損，通透性增強，紅血球、血漿纖維蛋白大量滲出，支氣管、肺泡內出現大量的纖維素和出血。

2. 病理變化　按病變發展過程可分為四個不同時期。

（1）充血水腫期。以肺泡壁微血管充血與漿液性水腫為特徵，肺臟體積稍腫大，質量增加，質地稍實（水中半沉半浮），色澤暗紅，切面平滑，按壓時流出大量泡沫樣紅色液體。鏡下見病變區微血管擴張充血，細支氣管和肺泡腔內含有大量紅染的漿液，少量紅血球、中性粒細胞和巨噬細胞（圖 13－2）。

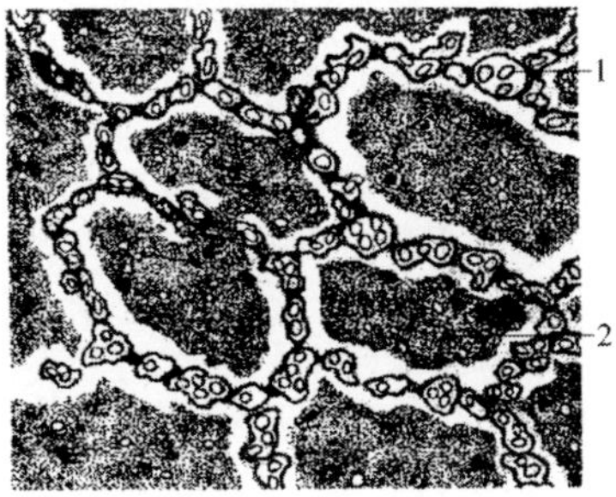

圖 13－2　纖維素性肺炎充血水腫期

1. 微血管擴張充血　2. 肺泡腔內充滿滲出液

（2）紅色肝變期。由充血水腫期發展而來。眼觀：肺臟體積腫大，暗紅色，質地堅實如肝，切面乾燥呈細顆粒狀。肺間質增寬（有半透明膠樣液體蓄積）呈灰白色條紋。鏡檢：肺泡壁微血管極度擴張充血，支氣管和肺泡腔內充滿交織成網的纖維素，網眼內有多量紅血球、少量的白血球和脫落上皮細胞。間質炎性水腫，淋巴管擴張（圖 13－3）。

（3）灰色肝變期。眼觀：呈灰紅或灰白色，質硬如肝，切面乾燥，呈細顆粒狀。鏡檢：肺泡壁微血管充血消退，白血球、纖維蛋白增多，紅血球溶解消失。

（4）消散期。肺臟體積較前變小，色帶暗紅或正常，質地柔軟，切面濕潤。鏡檢：肺泡壁微血管重新擴張，肺泡腔中的中性粒細胞壞死、崩解，纖維素被溶解，成為微細顆粒。巨噬細胞增多，吞噬壞死細胞及崩解產物（圖 13－4）。

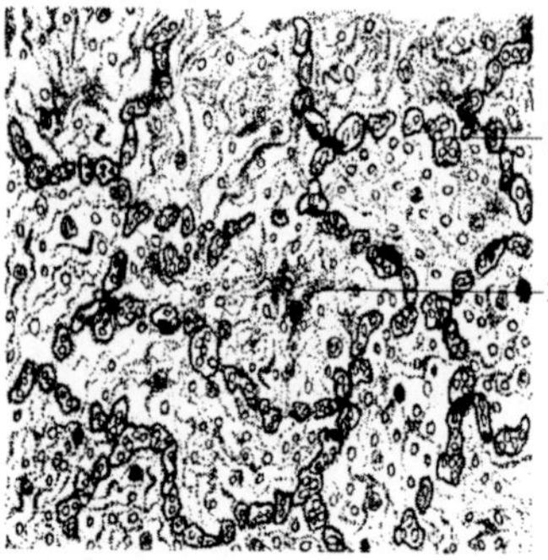

圖 13－3 纖維素性肺炎紅色肝變期
1. 肺泡壁血管高度充血 2. 肺泡內充滿紅血球和纖維蛋白及少量中性粒細胞

圖 13－4 纖維素性肺炎消散期
1. 肺泡內含巨噬細胞、壞死的中性粒細胞及纖維素碎片 2. 肺泡壁血管充血

(三) 間質性肺炎

發生於肺臟間質，以間質炎性細胞浸潤和結締組織增生為特徵。

1. 病因和機理 常見於流感病毒、犬瘟熱病毒、支原體、弓形蟲、豬後圓線蟲（肺絲蟲）等病原體感染，過敏反應、某些化學性因素也可引起。致病因素直接或間接損傷肺泡壁微血管，並引起肺泡上皮、間質結締組織增生和單核細胞、淋巴細胞等浸潤。

2. 病理變化 病變部肺組織灰白或灰紅色，質地稍硬，切面平整，病變大小不一，可為小葉性、融合性或大葉性，病灶周圍常有肺氣腫。病程較久時，則可纖維化而變硬。鏡檢：局部支氣管和血管周圍、肺小葉間隔和肺泡壁及肺胸膜均有不同程度水腫和淋巴細胞、單核細胞浸潤，結締組織輕度增生，間質增寬，肺泡腔閉塞，有時滲出的血漿成分在肺泡內形成透明膜。

三、肺 氣 腫

肺組織含氣量異常增多、肺體積過度膨大稱肺氣腫。因肺泡內空氣增多稱肺泡性肺氣腫；空氣進入肺間質並使其膨脹，稱間質性肺氣腫。

1. 病因和機理 過度使役、劇烈咳嗽，引起吸氣量劇增，肺內壓升高，肺泡擴張，可導致急性肺泡性肺氣腫。慢性支氣管炎，支氣管管腔狹窄或不全阻塞，氣體不能呼出，或肺泡表面張力降低，回縮力下降，可引起慢性肺泡性肺氣腫。肺泡或細支氣管破裂，氣體進入間質，則引起間質性肺氣腫，常見於牛甘薯黑斑病中毒。

2. 病理變化

(1) 急性肺泡性肺氣腫。肺臟體積明顯增大，常充滿胸腔，色澤蒼白，質地鬆軟，按壓有捻發音，且凹陷復平緩慢，切面乾燥。鏡檢：肺泡極度擴張，間隔變薄，微血管閉塞，肺泡隔常發生破裂，融合成大的囊腔（圖 13－5）。

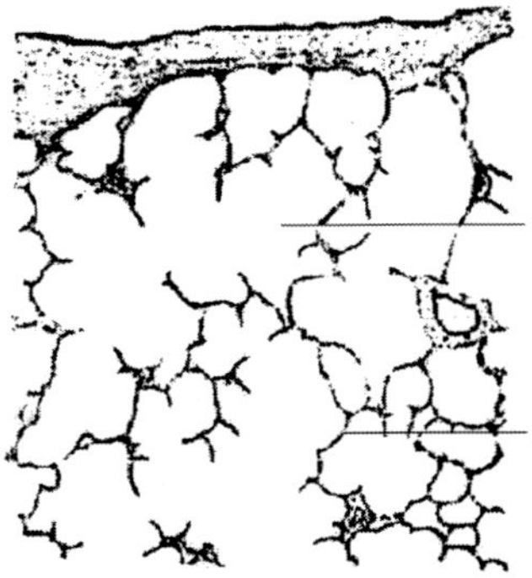

圖 13－5　肺泡性肺氣腫

1. 肺泡極度擴張，且互相融合　2. 肺泡壁變薄，其中微血管閉塞

（2）慢性肺泡性肺氣腫。肺臟膨大，表面有肋骨壓痕。肺切面有氣囊泡，切開時有爆破音。鏡檢：病變與急性肺泡性肺氣腫相同，但肺泡彈性纖維減少，間質結締組織增多。

（3）間質性肺氣腫。病變區肺小葉間質增寬，內有成串的大氣泡，許多單個氣泡形成條索狀，使肺呈網狀。牛、豬因其肺間質豐富而疏鬆，故間質性氣腫非常明顯。鏡檢：肺間質增寬形成較大氣囊，其周圍肺組織發生壓迫性萎縮，肺泡壁微血管腔狹窄貧血。

任務五　肝臟病理

一、肝　　炎

（一）傳染性肝炎

1. 病毒性肝炎

（1）病因和機理。病原為嗜肝性病毒，如雛鴨肝炎病毒、雞包含體肝炎病毒、犬傳染性肝炎病毒等；其他如牛惡性卡他熱病毒、鴨瘟病毒、馬傳染性貧血病毒等，也可引起肝炎。

（2）病理變化。肝臟不同程度腫大，呈暗紅色或紅黃相間的斑駁色彩，其間往往有灰白或灰黃色形狀不一的壞死灶。膽囊脹大、膽汁蓄積、黏膜發炎。鏡檢：肝小葉中央靜脈擴張，小葉內有出血和壞死病灶。肝細胞廣泛水泡變性，淋巴細胞浸潤，肝竇充血。小葉間組織、匯管區內小膽管和卵圓形細胞增殖。部分病毒所致肝炎還可於肝細胞的細胞核或細胞質內發現特異性包含體。若轉為慢性，肝內出現以結締組織增生為主的修復性反應，最終導致肝硬化。

2. 細菌性肝炎

（1）病因和機理。常見致病菌有巴氏桿菌、沙門氏菌、壞死桿菌、鉤端螺旋體和各種化膿性細菌等。細菌感染後，引起組織變質、壞死，形成膿腫或肉芽腫。

（2）病理變化。

① 壞死性肝炎。肝臟腫大，呈暗紅、土黃色或橙黃色。肝被膜下見斑點狀出血及灰白色或灰黃色壞死病灶。禽類的許多細菌性肝炎，還見肝被膜上有呈條索樣或膜樣的纖維素性滲出物（纖維素性肝周炎）。鏡檢：肝小葉中央靜脈擴張，肝竇充血。肝細胞廣泛變性和局灶性壞死，中性粒細胞浸潤。

② 化膿性肝炎。又稱肝膿腫。肝臟體積腫大，膿腫為單發或多發，有包膜，膿腔內充滿黏稠的黃綠色膿液。

③ 肉芽腫性肝炎。多因某些慢性傳染病的病原體如分枝桿菌、鼻疽桿菌、放線菌等感染。肝內有大小不等的結節，結節中心為黃白色乾酪樣壞死物，如有鈣化時質地比較硬固，刀切時有沙沙聲。鏡檢：結節中心為均質無結構壞死灶，周圍有多量上皮樣細胞浸潤區，混有數量不多而胞體很大的多核巨細胞，其胞核位於細胞質的一側邊緣，呈馬蹄狀排列；在外圍有多量淋巴細胞浸潤帶，最外層由數量不等的結締組織包裹。

3. 黴菌性肝炎

（1）病因和機理。常見有煙曲黴菌、黃麴黴菌、灰綠曲黴菌和構巢曲黴菌等致病性真菌。

（2）病理變化。肝臟腫大，邊緣鈍圓，呈土黃色，質脆易碎。鏡檢：肝細胞脂肪變性、壞死，肝組織出血和淋巴細胞增生，間質小膽管增生。慢性病例則形成肉芽腫結節，其組織結構與其他特異性肉芽腫相似，但可發現大量菌絲。

4. 寄生蟲性肝炎

（1）病因和機理。某些寄生蟲在肝實質中或肝內膽管寄生繁殖，或寄生蟲的幼蟲移行於肝臟時造成肝臟損害。

（2）病理變化。雞盲腸肝炎（黑頭病）時，肝臟腫大，表面形成圓形或不規則形的、稍凹陷的潰瘍病灶，潰瘍呈淡黃色或淡綠色，邊緣稍隆起。

兔球蟲病時，肝臟腫大，表面有米粒至豌豆大的黃白色結節，增生和擴大的膽管呈彎曲的灰白色條索狀物。鏡檢：膽管黏膜上皮脫落或增生，在增生的上皮層內可以看到球蟲卵囊、裂殖體。

由某些寄生蟲（蛔蟲和腎蟲）的幼蟲移行損傷肝臟時，肝臟表面有大量形態不一的白斑散布，白斑質地緻密和硬固，有時高出被膜位置，俗稱乳斑肝。鏡檢：多個肝小葉有局灶性壞死，其周圍有大量嗜酸性粒細胞浸潤，小葉間和匯管區結締組織增生。局部形成有上皮樣細胞圍遶和炎性細胞浸潤以及結締組織增生的肉芽腫。

（二）中毒性肝炎

1. 病因和機理　農藥、消毒劑、某些藥物、添加劑使用不當，或毒性代謝產物在體內蓄積過多等因素，對肝臟均能產生毒害作用而引發中毒性肝炎。

2. 病理變化　肝臟腫大、潮紅，或可見出血斑點。水腫明顯時肝濕潤和質量增加，切面多汁。重度時肝細胞脂肪變性，外觀呈黃褐色，有時呈類似於檳榔切面的斑紋。肝表面和切面常可見灰白色壞死灶。鏡檢：肝小葉中央靜脈擴大，肝竇瘀血和出血，肝細胞重度脂肪變性和顆粒變性，小葉周邊、中央靜脈周圍或散在的肝細胞壞死。嚴重病例壞死灶遍及整個小葉；肝細胞核固縮或碎裂。肝小葉內或間質中有少量炎性細胞滲出，有時僅見少許淋巴細胞。

二、肝 硬 化

1. 病因和機理　細菌、病毒、寄生蟲感染，各種內外源性毒物中毒或慢性瘀血、膽汁淤滯、膽管阻塞等，導致肝細胞嚴重變性和壞死後，出現肝細胞結節狀再生和間質結締組織廣泛增生，使肝小葉正常結構受到嚴重破壞，肝臟變形、變硬。

2. 病理變化　病因不同，其形態結構變化有一定差異，但基本變化是一致的。

眼觀：肝臟縮小，邊緣銳薄，質地堅硬，表面凹凸不平或呈顆粒狀、結節狀隆起，色彩斑駁，常染有膽汁，肝被膜變厚。切面見明顯的淡灰色結締組織條索圍遶著淡黃色圓形的肝實質。肝內膽管明顯，管壁增厚。

鏡檢：①結締組織廣泛增生，小葉內及間質中結締組織增生，炎性細胞以淋巴細胞浸潤為主；②假性肝小葉形成，增生的結締組織將肝小葉包圍或分割，形成大小不等的圓形小島，稱假性肝小葉，假小葉沒有中央靜脈或中央靜脈偏位，肝細胞大小不一，排列紊亂；③假膽管形成，在增生的結締組織中形成兩條立方形細胞構成的條索，但無腔，故稱假膽管，此外，還有新生微血管；④形成肝細胞結節，病程較長時，殘存肝細胞再生，由於沒有網狀纖維作支架，故再生肝細胞排列紊亂，聚整合團，且無中央靜脈，形成結節再生的肝細胞體積較大，細胞核可能有兩個或兩個以上，細胞質著染良好。

任務六　脾臟病理

一、急性炎性脾腫

1. 病因和機理　急性炎性脾腫又稱敗血脾，是伴有脾臟明顯腫大的急性炎症，多見於炭疽、弓形蟲病、急性豬丹毒、豬急性副傷寒、豬急性鏈球菌病等所致敗血症過程中。也可見於牛的泰勒蟲病、馬梨形蟲病等急性經過的血液原蟲病。

2. 病理變化　眼觀：脾臟體積增大，一般比正常大 2～3 倍，切開時流出血樣液體，切面隆起並富有血液，明顯腫大時猶如血腫，呈暗紅色或黑紅色，白髓和脾小梁紋理不清，脾髓質軟，用刀輕刮切面，可刮下大量富含血液而軟化的脾髓。

鏡檢：脾髓內充盈大量血液，脾實質細胞（淋巴細胞、網狀細胞）瀰漫性壞死、崩解而明顯減少；白髓體積縮小，幾乎完全消失，僅在中央動脈周圍殘留少量淋巴細胞；紅髓中固有的細胞成分也大為減少，有時在小梁或被膜附近可見一些被血液排擠的淋巴組織。

脾臟含血量增多是急性炎性脾腫最突出的病變，是脾炎性充血和出血的結果。在充血的脾髓中還可見病原菌和散在的炎性壞死灶，後者由滲出的漿液、中性粒細胞和壞死崩解的脾實質細胞混雜在一起，其大小不一，形狀不規則。此外，被膜和小梁中的平滑肌、膠原纖維和彈性纖維腫脹、溶解、排列疏鬆。

二、壞死性脾炎

1. 病因和機理 是指脾臟實質壞死明顯而體積不腫大的急性脾炎，多見於出血性敗血症。如雞新城疫、禽霍亂、巴氏桿菌病、豬瘟、結核病、弓形蟲病及牛壞死桿菌病等。

2. 病理變化 脾臟體積不腫大，其外形、色彩、質度與正常脾臟無明顯的差別，透過被膜可見分布不均的灰白色壞死小點。鏡檢：脾臟實質細胞壞死特別明顯，在白髓和紅髓均可見散在的壞死灶，其中多數淋巴細胞和網狀細胞已壞死，其細胞核溶解或破碎，細胞質腫脹、崩解。壞死灶內同時見漿液滲出和中性粒細胞浸潤，有些粒細胞也發生核破碎。脾臟含血量不見增多，故脾臟的體積無明顯腫大。被膜和小梁均見變質性變化。

三、慢性脾炎

1. 病因和機理 多見於慢性傳染病和寄生蟲病，如結核、布魯氏菌病、副傷寒、亞急性或慢性馬傳染性貧血、牛傳染性胸膜肺炎、錐蟲病、梨形蟲病等。

2. 病理變化 眼觀：脾臟輕度腫大或比正常大1～2倍，被膜增厚，邊緣稍顯鈍圓，質地硬實，切面平整或稍隆突，在暗紅色紅髓的背景上可見灰白色增大的淋巴小結呈顆粒狀向外突出；但有時這種現象不明顯，只見整個脾臟切面色彩變淡，呈灰紅色。

鏡檢：增生過程明顯，淋巴細胞和巨噬細胞呈現分裂增殖，但不同的傳染病過程表現不一致，如亞急性馬傳染性貧血引起的慢性脾炎是以淋巴細胞增生為主；而雞結核性脾炎時，以巨噬細胞增生明顯；布魯氏菌病所致慢性脾炎時，淋巴細胞和巨噬細胞都明顯增生。

隨著慢性傳染病過程的結束，脾臟中增生的淋巴細胞逐漸減少，局部網狀纖維膠原化，上皮樣細胞轉變為成纖維細胞，脾臟內結締組織成分增多，發生纖維化，被膜、小梁也因結締組織增生而增厚、變粗。

任務七　胃腸病理

一、胃　　炎

（一）急性胃炎

1. 急性卡他性胃炎 以胃黏膜表面被覆多量黏液和脫落上皮為特徵。

（1）病因和機理。細菌、病毒、寄生蟲感染，粗硬飼料、尖銳異物機械損傷，冷、熱刺激，酸、鹼物質，霉敗飼料、某些化學藥物，以及劇烈的緊迫因素等均可引起急性卡他性胃炎。其中以生物性因素最為常見，損害最嚴重。

（2）病理變化。局部胃黏膜特別是胃底腺部黏膜瀰漫性充血、潮紅、腫脹，黏膜面被覆多量漿液性、漿液-黏性、膿性甚至血性分泌物，並常散發斑點狀出血和糜爛。鏡檢：胃黏膜上皮細胞變性、壞死、脫落；固有層、黏膜下層微血管擴張、充血、出血；有時可見生發中心擴大或有新生淋巴小結；組織間隙有大量漿液滲出及炎性細胞浸潤，杯狀細胞增多並脫落。

2. 出血性胃炎 以胃黏膜瀰漫性或斑塊狀、點狀出血為特徵。

（1）病因和機理。各種原因造成的劇烈嘔吐、強烈的機械性刺激、毒物中毒及某些傳染病、寄生蟲病等，均可引起胃黏膜出血。

（2）病理變化。胃黏膜深紅色，有瀰漫性、斑塊狀或點狀出血，黏膜表面或胃內容物內含有游離的血液。時間稍久，血液漸呈棕黑色，與黏液混在一起成為一種淡棕色的黏稠物，附著在胃黏膜表面。鏡檢：黏膜固有層、黏膜下層微血管擴張、充血，紅血球局灶性或瀰漫分布於整個黏膜內。

3. 纖維素性-壞死性胃炎 以胃黏膜糜爛、潰瘍，黏膜表面覆蓋大量纖維素性滲出物為特徵。

（1）病因和機理。由較強烈的致病刺激物、緊迫、病原微生物和寄生蟲感染等引起，如豬緊迫性潰瘍、豬瘟、雞新城疫、沙門氏菌病、壞死桿菌病及化膿菌感染等。

（2）病理變化。胃黏膜表面被覆一層灰白或灰黃色纖維素性薄膜。浮膜性炎時，偽膜易剝離，剝離後，黏膜表面充血、腫脹、出血；固膜性炎時，纖維素膜與組織結合牢固，不易剝離，強行剝離則見糜爛和潰瘍。鏡檢：黏膜表面、黏膜固有層甚至黏膜下層有大量纖維素滲出，黏膜上皮壞死、脫落，黏膜固有層和黏膜下層充血、出血，有大量多形核中性粒細胞等浸潤。若繼發感染化膿菌，則轉為化膿性胃炎，黏膜表面覆蓋物為膿性分泌物。

（二）慢性胃炎

1. 病因和機理 多由急性胃炎發展轉變而來，少數由寄生蟲（豬蛔蟲，馬胃蠅的幼蟲，牛、羊真胃捻轉血矛線蟲）寄生所致。

2. 病理變化 胃黏膜表面被覆大量灰白色、灰黃色黏稠的液體，皺褶顯著增厚。由於增生性變化，使全胃或幽門部黏膜肥厚，稱肥厚性胃炎。初期黏膜固有層腺體與黏膜下層的結締組織呈不均勻增生，使黏膜表面呈高低不平的顆粒狀，稱顆粒性胃炎，多發於胃底腺部。後期隨著病變的發展，增生的結締組織發生疤痕性收縮，腺體、肌層、胃黏膜萎縮變薄，胃壁由厚變薄，皺襞減少，稱萎縮性胃炎。

鏡檢：黏膜固有層、黏膜下層腺體、結締組織增生，並有多量炎性細胞浸潤。部分固有層的部分腺體受增生的結締組織壓迫而萎縮，部分存活的腺體則呈代償性增生。腺體的排泄管也因受增生的結締組織壓迫而變得狹長或形成閉塞的小囊泡。後期胃黏膜萎縮，肌層也發生萎縮。

二、腸　　炎

（一）急性腸炎

1. 急性卡他性腸炎 以腸黏膜充血和大量漿液、黏液滲出為特徵。

（1）病因和機理。飼料粗糙、霉敗、搭配不合理，飲水過冷、不潔，誤食有毒植物，濫用抗生素導致腸道正常菌群失調，病毒、細菌、寄生蟲感染等，均可引發本病。

（2）病理變化。腸黏膜表面有大量半透明無色漿液或灰白色、灰黃色黏液，腸黏膜潮紅、腫脹，伴有斑點狀出血，腸壁孤立淋巴濾泡和淋巴集結腫脹，形成灰白色結節，呈半球狀突起。鏡檢：黏膜上皮變性、脫落，黏液分泌增多，杯狀細胞顯著增多。黏膜固有層微血管擴張、充血和漿液滲出，伴有大量中性粒細胞及數量不等的組織細胞、淋巴細胞浸潤，有時可見出血性變化。

2. 出血性腸炎　以腸黏膜明顯出血為特徵。

（1）病因和機理。化學毒物（如牛、羊誤食夾竹桃葉子）引起的中毒，微生物感染（炭疽、犬細小病毒性腸炎、仔豬紅痢、羊腸毒血症）或寄生蟲侵襲（雞、兔球蟲病）。

（2）病理變化。腸內容物混有血液，呈淡紅色或暗紅色，腸黏膜腫脹，有點狀、斑塊狀或瀰漫性出血，黏膜表面覆蓋多量紅褐色黏液，有時有暗紅色凝血塊。鏡檢：黏膜上皮和腺上皮變性、壞死和脫落，黏膜固有層和黏膜下層血管明顯擴張、充血、出血和炎性滲出。

3. 化膿性腸炎　以中性粒細胞滲出和腸壁組織膿性溶解為特徵。

（1）病因和機理。由各種化膿菌經腸黏膜損傷部或潰瘍面侵入引起。

（2）病理變化。腸黏膜表面被覆多量膿性滲出物，有時形成大片糜爛和潰瘍。鏡檢：腸黏膜固有層和腸腔內有大量中性粒細胞，微血管充血、水腫，黏膜上皮細胞變性、壞死和大量脫落。

4. 纖維素性腸炎　以腸黏膜表面被覆纖維素性偽膜為特徵。

（1）病因和機理。多與病原微生物感染有關，如豬瘟、仔豬副傷寒、雞沙門氏菌病、豬壞死性腸炎、雞新城疫、小鵝瘟等。

（2）病理變化。初期腸黏膜充血、出血和水腫，表面有多量灰白色、灰黃色絮狀、片狀、糠麩樣纖維素性滲出物，形成偽膜被覆於黏膜表面。有的偽膜易於剝離，剝離後黏膜充血、水腫，表面光滑。腸黏膜表面僅有淺層壞死，稱為浮膜性腸炎；如果腸黏膜發生深層壞死，滲出的纖維性偽膜與黏膜深部組織牢固結合，不易剝離，強行剝離後，可見黏膜出血和潰瘍，稱固膜性腸炎，也稱為纖維素性壞死性腸炎，以亞急性、慢性豬瘟在大腸黏膜表面形成的「扣狀腫」最為典型。

鏡檢：病變部位腸黏膜上皮脫落，滲出物的黏液中混有大量纖維素和中性粒細胞，黏膜層、黏膜下層小血管充血、水腫和炎性細胞浸潤。固膜性腸炎時大量滲出的纖維蛋白和壞死組織融合在一起，黏膜及黏膜下層因凝固性壞死而失去固有結構，壞死組織周圍有明顯充血、出血和炎性細胞（中性粒細胞、漿細胞、淋巴細胞等）浸潤。

（二）慢性腸炎

1. 病因和機理　多由急性腸炎轉化而來，也可由長期飼養管理不當，腸內大量寄生蟲寄生或其他致病因子所引起。

2. 病理變化　腸腔臟氣（腸管蠕動減弱、排氣不暢），腸黏膜增厚，被覆多量黏液。有時因結締組織增生不均而使黏膜表面呈現高低不平的顆粒狀或形成皺褶。

如果病程較長，黏膜萎縮，增生的結締組織收縮，腸壁變薄。鏡檢：黏膜上皮細胞變性、壞死、脫落，腸腺萎縮或完全消失，腸腺之間結締組織增生，有時侵及肌層及漿膜層，伴有淋巴細胞、漿細胞、組織細胞浸潤，有時有嗜酸性粒細胞浸潤。

任務八　腎臟病理

一、腎小球腎炎

1. 病因和機理　多發於某些傳染病過程中，如豬瘟、豬丹毒、馬傳染性貧血等均可伴發腎小球腎炎，可分為兩種類型。

（1）免疫複合物性腎小球腎炎。外源性抗原（如細菌、真菌、血吸蟲、原蟲、異種血清、磺胺類藥物等）或內源性抗原（如自身組織破壞而產生的變性物質等）刺激機體產生相應的抗體，形成抗原-抗體複合物，隨血液循環沉積在腎小球濾過膜的一定部位。大分子的抗原-抗體複合物被巨噬細胞吞噬而清除；小分子、可溶性的抗原-抗體複合物能透過腎小球濾過膜隨尿排出體外；只有中等大小的可溶性抗原-抗體複合物能在血液循環中保持較長時間，隨血液流入腎臟，沉積在腎小球微血管壁的基底膜上，引起炎症反應。

（2）抗腎小球基底膜抗體型腎小球腎炎。在感染或其他因素作用下，腎小球基底膜形成抗原（自身抗原），刺激機體產生抗自身基底膜的抗體，損害腎小球。

2. 病理變化

（1）急性腎小球腎炎。腎腫大、充血，包膜緊張易剝離，表面光滑，呈棕紅色，故稱「大紅腎」。若腎小球微血管出血，腎臟表面及切面可見散在的小出血點。腎皮質增厚，紋理模糊，與髓質分界清楚。

鏡檢：腎小球內皮細胞、繫膜細胞、壁層上皮細胞腫脹增生，中性粒細胞、巨噬細胞及淋巴細胞浸潤。增生的細胞壓迫微血管，使腎小球呈缺血狀。嚴重者，微血管腔內有血栓形成，微血管纖維素樣壞死，微血管破裂出血，大量紅血球進入腎球囊腔。腎小管上皮顆粒變性、玻璃樣變性或脂肪變性，從腎小球濾過的蛋白質、紅血球、白血球和脫落的上皮細胞在腎小管內凝整合各種管型。腎間質內有不同程度的充血、水腫及少量淋巴細胞和中性粒細胞浸潤。

（2）亞急性腎小球腎炎。多由急性腎小球腎炎轉化而來，眼觀：腎臟體積增大，被膜緊張，質度柔軟，顏色蒼白或淡黃色，俗稱「大白腎」。切面隆起，皮質增寬，蒼白色、混濁，與顏色正常的髓質分界明顯。

鏡檢：突出的病變為大部分腎球囊上皮細胞增生，在腎球囊內微血管叢周圍形成「新月體」。早期「新月體」主要由細胞構成，稱為「細胞性新月體」。然後上皮細胞之間逐漸出現新生的纖維細胞，纖維組織逐漸增多形成「纖維-細胞性新月體」。最後「新月體」內的上皮細胞和滲出物完全由纖維組織替代，形成「纖維性新月體」。「新月體」形成會壓迫微血管叢，影響血漿從腎小球濾過，最後微血管叢萎縮、纖維化，整個腎小球呈纖維化玻璃樣變。腎小管上皮細胞廣泛顆粒變性，由於蛋白質的吸收形成細胞內玻璃樣變。病變腎單位所屬腎小管上皮細胞萎縮甚至消失。間質水腫，炎性細胞浸潤，後期發生纖維化（圖 13－6）。

（3）慢性腎小球腎炎。腎臟體積縮小，質地變硬，表面高低不平，呈瀰漫性細顆粒狀，顏色蒼白，故稱顆粒性固縮腎或皺縮腎。腎包膜與皮質黏連，切面見皮質變薄，紋理模糊不清，皮質與髓質分界不明顯。

鏡檢：大量的腎小球被增生的結締組織所取代而發生纖維化，進而發生玻璃樣變，所屬的腎小管也萎縮消失，纖維化。間質纖維組織明顯增生，並有大量淋巴細胞和漿細胞浸潤。

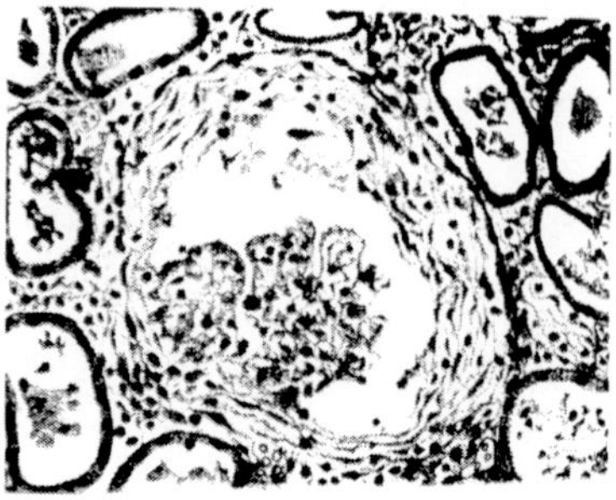

圖 13－6　腎小球囊上皮增生形成「新月狀」

二、腎　　病

因各種內、外源性毒物隨血液流入腎臟，直接損害腎小管上皮細胞，使腎小管上皮細胞變性、壞死的一種病變。

1. 壞死性腎病（急性腎病）　多見於急性傳染病和中毒病。眼觀兩側腎臟腫大，質地柔軟，顏色蒼白。切面稍隆起，皮質部略有增寬，呈蒼白色，髓質瘀血，暗紅色。鏡檢：腎小管上皮細胞變性、壞死、脫落，管腔內出現顆粒管型和透明管型。動物因腎小管上皮細胞變性、壞死引發腎功能衰竭而死亡。

2. 澱粉樣腎病（慢性腎病）　多見於一些慢性消耗性疾病。眼觀：腎臟腫大，質地堅硬，色澤灰白，切面呈灰黃色半透明的蠟樣或油脂狀。鏡檢：腎小球微血管、入球動脈、小葉間動脈及腎小管的基底膜上有大量澱粉樣物質沉著。病變區腎小管上皮細胞變性和壞死。病程稍長，可見間質結締組織廣泛增生。

任務九　骨、關節、肌肉病理

一、骨和關節病理

（一）佝僂病和骨軟症

1. 病因和機理　母乳或飼料中鈣、磷含量不足或比例不當，維他命 D 缺乏或吸收障礙，光照不足或肝、腎功能障礙影響維他命 D 及其衍生物的轉化生成。

2. 病理變化　早期病變不明顯，後期長骨的骨端、肋胸關節腫大。嚴重時四肢骨因負重而彎曲，產生弓腿；肋骨和肋軟骨交界處呈結節狀隆起，形成串珠狀的「佝僂珠」；脊柱彎曲，胸骨變形；牙齒排列紊亂、磨損程度不均勻；有時骨外膜形成骨贅，或骨髓腔變小。

鏡檢：病變局部有數量較多的、肥大的骨骺軟骨細胞堆積，使軟骨帶加寬，軟骨細胞突呈島嶼狀或舌狀向骨幹側生長，使骨骺線變寬且不齊。其他部位的骨內膜和骨外膜也有大量未鈣化的骨樣組織，軟骨細胞增多。在骨軟症時，因已形成的骨組織脫鈣，而形成大小不等、形態各異的陷窩，使骨組織失去正常的結構。

(二) 關節炎

1. 病因和機理 多因關節創傷、感染引起，也可由相鄰部位（骨髓、皮膚、肌肉）的炎症蔓延而發病。風濕性關節炎是一種變態反應性疾病，類風濕性關節炎則是一種慢性、全身性、自身免疫性疾病。

2. 病理變化 急性關節炎時關節腫脹，關節腔內聚有漿液性、纖維素性或化膿性滲出物，滑膜充血、增厚。若關節囊內充滿的是稀薄、無色或淡黃色的漿液稱漿液性關節炎；充滿的是黃白色纖維蛋白稱纖維素性關節炎；充滿的是膿性液體稱化膿性關節炎。慢性關節炎時關節明顯粗大，關節及周圍結締組織呈慢性纖維性增生甚至發生骨化，兩骨端被新生骨化組織完全癒著。

二、肌肉病理

(一) 白肌病

1. 病因和機理 飼料中長期缺乏硒和或維他命 E。

2. 病理變化 病變見於負重較大的肌肉和持續活動的肌肉。眼觀：骨骼肌肌間結締組織水腫，肌肉腫脹、色變淡，單個肌組織或整個肌群出現黃白色條紋狀的壞死病變。心肌呈黃白色斑塊狀或瀰漫狀，心肌柔軟，有時有斑點或條紋狀出血。機化後，心壁變薄。鏡檢：肌纖維腫脹、變性，橫紋消失，甚至斷裂成長短不一的節片；肌間水腫。後期肌纖維消失，肌纖維蠟樣壞死區有巨噬細胞、淋巴細胞及漿細胞浸潤，並有較多成纖維細胞增生。

(二) 豬緊迫性肌病

1. 病因和機理 肉豬宰前受到各種刺激（如捆綁、運輸、電刺激等），而發生緊迫反應。

2. 病理變化 豬肉色澤蒼白、質地鬆軟和肉汁滲出，稱 PSE 豬肉（Pale soft Exuodative Meat），俗稱「白肌肉」，鏡檢可見肌纖維變性、橫紋不清，肌纖維間水腫，但不見炎性細胞浸潤。豬腿肌壞死（LMN）的肌肉呈粉紅或蒼白色，水腫、出血，質地變硬，鏡檢變化是肌纖維腫脹變圓，出現「粗大纖維」，肌纖維肌漿溶解，巨噬細胞吞噬肌漿。肌纖維間有炎性細胞浸潤，壞死肌纖維可發生鈣化或再生，可見肌芽和結締組織。

(三) 寄生蟲性肌炎

1. 肉孢子蟲病 由肌肉內寄生不同種類的肉孢子蟲引起，能在肌肉中檢查到肉孢子蟲蟲體即米氏囊。

2. 旋毛蟲肌炎 旋毛蟲的幼蟲（肌旋毛蟲）寄生於動物肌肉組織中引起的肌炎，呈小結節狀。

3. 囊蟲（囊尾蚴）病 豬囊尾蚴寄生於骨骼肌和其他部位肌組織引起。肉眼可見石榴米樣的小泡狀囊尾蚴寄生於感染肌肉中。牛囊尾蚴見於牛科動物，眼觀所見和豬囊尾蚴相似。

任務十　生殖器官病理

一、卵巢病變

(一) 卵巢炎

1. 急性卵巢炎　繼發於產後輸卵管炎或由腹膜炎波及而來。眼觀卵巢腫大、柔軟，並有炎性滲出物，有時覆蓋大量纖維素或散在出血斑點。化膿性炎症時，可見卵巢表面和實質內有小膿腫。

2. 慢性卵巢炎　多繼發於急性卵巢炎，也有一開始即呈慢性經過。卵巢實質變性，淋巴細胞和漿細胞浸潤，結締組織增生，卵巢白膜增厚，體積縮小，質地變硬，稱卵巢硬化。

(二) 卵巢囊腫

1. 卵泡囊腫　成熟的卵泡沒有破裂而形成的囊腫。呈單發或多發，發生於一側或兩側卵巢，囊腫大小不等，從核桃大到拳頭大。囊腫壁薄而緻密，內含透明液體，其中含有少量白蛋白。鏡檢：囊腫內一般不見卵細胞，囊腫膜萎縮，囊腫內壁為扁平細胞，有時囊壁細胞完全消失。

2. 黃體囊腫　是由黃體的中心部呈囊泡狀擴張所形成的囊腫，多為單側發生。因顆粒層黃體色素細胞內含有黃色素，故囊腫呈黃色。囊腫有核桃大至拳頭大，囊內容物為透明液體，常伴發出血。

二、子宮內膜炎

1. 病因和機理　動物分娩或產後感染，或全身性感染或局部炎症經血行感染。也可因沖洗子宮時藥物刺激或機械損傷所致。

2. 病理變化

(1) 急性卡他性子宮內膜炎。子宮腔內積有混濁、黏稠、灰白或褐紅色的滲出物，子宮內膜呈瀰漫性或局灶性潮紅腫脹，有散在的出血點或出血斑。有時黏膜表面覆蓋纖維素性偽膜。鏡檢：子宮內膜血管擴張充血，有時可見散在性出血和血栓形成。內膜表層的子宮腺腺管水腫，腺管內及周圍有中性粒細胞、巨噬細胞和淋巴細胞浸潤。內膜上皮細胞（包括淺層子宮腺上皮）變性、壞死和脫落。嚴重時，內膜組織壞死，並混有纖維素和紅血球，子宮肌層甚至漿膜層也有炎性細胞浸潤和水腫，肌纖維變性或壞死。

(2) 慢性非化膿性子宮內膜炎。初期呈輕微的急性卡他性子宮內膜炎變化，繼之淋巴細胞、漿細胞浸潤，並有成纖維細胞增生，內膜增厚，肥厚部分呈息肉狀隆起稱慢性息肉性子宮內膜炎。內膜上出現大小不等的囊腫，呈半球狀隆起，內含白色混濁液體，稱為慢性囊腫性子宮內膜炎。黏液腺及增生的結締組織萎縮，黏膜變薄，稱為萎縮性子宮內膜炎。

(3) 慢性化膿性子宮內膜炎。由化膿性細菌感染而引起。子宮擴張，腔內蓄積大量膿液，觸之有波動感。膿液可呈黃色、綠色或紅褐色，膿液稀薄或混濁濃稠、有時呈乾酪樣。子宮內膜多覆蓋壞死組織碎屑，刮落後可見糜爛或潰瘍灶。鏡檢：子宮內膜壞死脫落，有大量炎性細胞（中性粒細胞、淋巴細胞和漿細胞）浸潤，隨後浸潤的細胞與內膜組織共同發生膿性溶解和壞死脫落，在壞死組織中可檢出感染菌。

三、乳 腺 炎

（一）急性瀰漫性乳腺炎

1. 病因和機理 病原體為葡萄球菌、大腸桿菌或鏈球菌、葡萄球菌、大腸桿菌的混合感染。

2. 病理變化 漿液性乳腺炎，切面濕潤有光澤，乳腺小葉呈灰黃色，小葉間質及皮下結締組織炎性水腫和血管擴張充血。卡他性乳腺炎，切面濕潤，乳腺小葉腫大呈淡黃色顆粒狀，按壓時，自切口流出混濁膿樣滲出物。出血性乳腺炎，切面平坦，呈暗紅色或黑紅色，自切口流出淡紅色或血樣稀薄液體，常混有絮狀血凝塊，輸乳管和乳池黏膜常見出血點。纖維素性乳腺炎，切面乾燥，質硬，呈白色或灰黃色。化膿性乳腺炎，乳池和輸乳管內有灰白色膿液，黏膜糜爛或潰瘍。

鏡檢：漿液性乳腺炎，可見腺泡腔內有均質帶有空泡（脂肪滴）的滲出物，其中混有少數脫落上皮和中性粒細胞，腺泡上皮細胞顆粒變性、脂肪變性和脫落，小葉間及腺泡間有明顯的炎性水腫、血管充血和中性粒細胞浸潤。卡他性乳腺炎，腺泡腔及導管內有多量脫落上皮細胞和白血球浸潤（中性粒細胞、單核細胞、淋巴細胞），間質水腫並有細胞浸潤。出血性乳腺炎，腺泡腔及導管內蓄積紅血球，上皮細胞變性和脫落，間質內亦有紅血球，血管充血，有時可見血栓形成。纖維素性乳腺炎，腺泡腔內有網狀纖維素，同時上皮細胞變性脫落，少量的中性粒細胞和單核細胞浸潤。化膿性炎，腺泡及導管系統的上皮細胞顯著壞死脫落，並形成組織缺損，管腔內的滲出物中有大量壞死崩解組織、中性粒細胞和膿球，間質內亦有大量中性粒細胞浸潤。

（二）慢性瀰漫性乳腺炎

1. 病因和機理 常見於牛，多由無乳鏈球菌和乳腺炎鏈球菌引起。

2. 病理變化 初期乳葉腫大、硬實，乳池和輸乳管黏膜充血，呈顆粒狀，管腔內充滿黃褐色或黃綠色膿樣液體，常混有血液，或為帶乳塊的漿液性分泌物，乳腺小葉灰黃色或灰紅色，腫大並凸出於切面，按壓時流出混濁的膿樣液體。後期則轉變為增生性炎症，表現為間質結締組織顯著增生，病變部乳腺顯著縮小硬化。

鏡檢：初期在腺泡、輸乳管和乳池的滲出物中檢出脂肪溶解後的空泡，混有脫落上皮和中性粒細胞。間質水腫及中性粒細胞和單核細胞浸潤，以後以淋巴細胞、漿細胞為主，並有成纖維細胞增生。輸乳管及乳池黏膜因炎性細胞浸潤及上皮細胞增生而肥厚，並形成皺襞或疣狀突起。最後，增生的結締組織纖維化和收縮，輸乳管和乳池被牽引而顯著擴張，上皮萎縮或化生為鱗狀上皮。

四、睪丸炎

1. 急性睪丸炎 因外傷或血源性感染引起，或由尿道經輸精管感染發病。病原菌有化膿菌、壞死桿菌、布魯氏菌、馬流產菌等。

眼觀：睪丸紅腫，被膜緊張變硬，切面濕潤多汁、實質隆突，炎症波及被膜，可引起睪丸鞘膜炎，有時見有大小不等的凝固性壞死灶或化膿灶。鏡檢：細精管內及間質有炎性細胞（中性粒細胞、淋巴細胞及漿細胞等）浸潤，血管充血和炎性水腫，並見組織壞死。

2. 慢性睪丸炎 多由急性炎症轉化而來，以局灶性或瀰漫性肉芽組織增生為特徵。睪丸體積不變或縮小，質硬，表面粗糙，被膜增厚，切面乾燥，常有鈣鹽沉著。伴有鞘膜炎時，因機化使鞘膜臟層和壁層黏連。

此外，結核分枝桿菌、布魯氏菌、鼻疽桿菌等特定病原菌還可引起特異性睪丸炎，病原多源於血源散播，病程多取慢性經過。

任務十一　腦、脊髓病理

一、腦　炎

1. 化膿性腦炎 引起化膿性腦炎的病原體主要是細菌，如葡萄球菌、鏈球菌、棒狀桿菌、巴氏桿菌、李氏桿菌、大腸桿菌等，多為血源性和組織源性感染。

化膿性腦炎在腦組織中形成微細膿腫到眼觀可見的膿腫，單發或多發，但很少出現大範圍的化膿性浸潤。膿腫壁呈絮狀的軟化組織，浸潤有大量中性粒細胞。微血管周圍可由中性粒細胞形成袖套。陳舊的膿腫灶周圍由神經膠質細胞及結締組織增生形成包囊。

2. 非化膿性腦炎

（1）病毒性腦炎。病變主要在腦脊髓實質，腦脊髓膜變化輕微。多見於日本腦炎、狂犬病、偽狂犬病、豬瘟、犬瘟熱、雞新城疫、禽腦脊髓炎等。

眼觀：軟腦膜充血水腫，腦迴變短、變寬，腦溝變淺，切面充血、水腫，嚴重者可見點狀出血及粟粒至米粒大小的軟化灶，軟化灶可以散在或聚整合群鏡檢：。腦血管擴張充血，血管內皮細胞腫脹，血管周圍有漿液滲出，間隙增寬，由淋巴細胞、單核細胞等構成袖套。神經細胞變性、壞死，數量減少，神經膠質細胞呈瀰漫性或局灶性增生。由於病原的不同，還有某些特異病變，如狂犬病的腦神經細胞細胞質內可見包含體。

（2）嗜酸性粒細胞性腦炎。多發於雞、豬，主要由於攝取含鹽過多的飼料引起。

眼觀：軟腦膜充血，腦迴變平，腦實質有小出血點，其他病變不明顯。鏡檢：大腦軟腦膜充血、水腫，有時出血。腦膜及灰質內血管周圍有嗜酸性粒細胞構成的血管套，多者達十幾層。腦實質微血管內常形成微血栓。大腦灰質的另一變化是發生急性層狀或假層狀壞死與液化，發生在灰質的中層。有時第三、四、六層還可見散在的微細海綿狀空腔化區。

二、腦 軟 化

腦軟化是指腦組織壞死後分解液化的過程。引起腦軟化的病因很多，如細菌、病毒等病原微生物感染、維他命缺乏、缺氧等。由於病因不同，腦軟化形成的部位、大小及數量具有某些特異性。

1. 雛雞腦軟化 又稱瘋狂病，由維他命 E 缺乏引起。該病通常發生於 15～30 日齡，特徵為病雞運動失調，頭後仰或向下收縮，運動吃力，共濟失調，雞腿快速地收縮與鬆弛，最終因完全衰竭而死亡。未見腿和翅的完全麻痺。

眼觀：小腦軟而腫脹，腦膜水腫，表面有微細出血點，腦迴被擠平。病灶小時，肉眼不能分辨。腦軟化症狀出現 1～2 d 後，壞死區即出現綠黃色不透明外觀。紋狀體壞死組織常顯蒼白、腫脹和濕潤，早期就與正常組織分界明顯。鏡檢：腦膜、小腦、大腦血管充血，並發展為水腫。因微血管內微血栓形成而引起壞死。神經細胞變性，尤以浦金野細胞和大運動核裡的神經元病變最明顯，細胞皺縮並深染，核呈典型的三角形，周邊染色質溶解。

2. 牛海綿狀腦病 又稱瘋牛病，是由朊病毒引起的一種具有傳染性的人獸共患病。

病理變化主要在中樞神經系統。眼觀病變不明顯。鏡檢見腦幹灰質兩側對稱性變性。在腦幹的某些神經核的神經元和神經纖維網中散在分布有中等大小呈卵圓形或圓形的空泡，其邊緣整齊，很少形成不規則的孔隙。腦幹的迷走神經背核、三叉神經束核、孤束核、前庭核、紅核網狀結構等神經細胞核周圍和軸突內含有一個或多個大空泡，有時明顯擴大致使胞體呈氣球樣，使局部呈海綿狀結構。延髓、中腦的中央灰質部，下視丘的室旁核區以及丘腦的中隔區是空泡變性最嚴重的部位，而小腦、海馬、大腦皮層和基底神經節通常很少形成空泡。在神經細胞內可見類脂質-脂褐素顆粒沉積。此外，神經元變性及喪失使神經元數目減少，還有神經膠質增生、膠質細胞肥大等變化。

實踐應用

1. 簡述皮膚炎症、丘疹、疱疹的病理變化特徵並列舉其常見疾病。
2. 描述急性漿液性、出血性淋巴結炎的病理變化特徵並列舉其常見疾病。
3. 試述心包炎、心肌炎、心內膜炎的常見原因、類型和病理特徵。
4. 上呼吸道炎症多見於哪些傳染病？
5. 描述支氣管肺炎的病理變化特徵，說明其常發原因。
6. 描述纖維素性肺炎的不同階段病理變化特徵，其結局和對機體影響如何？
7. 急性炎性脾腫的病理變化特徵是什麼？常見於哪些傳染病？
8. 肝炎的原因和病理變化特徵是什麼？
9. 試述胃炎、腸炎的類型及其病理變化特徵，列舉其常見疾病。
10. 試述腎炎的類型及其常見的疾病。

11. 描述卵巢炎、子宮內膜炎和乳腺炎的病理變化特徵。
12. 試述白肌病的病理變化特徵。

第十四章 臨 床 病 理

學習目標

能辨識臨床上各種營養與代謝病、中毒性疾病、細菌性傳染病、病毒性傳染病、寄生蟲病的病理變化；能分析上述幾種疾病的發生原因和機理。

任務一 營養與代謝病病理

一、維他命 A 缺乏症

1. 原因及發病機理 動物體內的維他命 A 來源於一切綠色植物和黃色根莖及黃玉米中。在草食動物小腸內被吸收。大多數動物對維他命 A 需求量較低，多餘者儲藏在肝臟中。食入過量維他命 A 並超過肝臟儲藏能力時，可引起中毒。維他命 A 對上皮的正常形成、發育及維持十分重要。當維他命 A 缺乏時，黏膜細胞中的糖蛋白生物合成受阻，改變了黏膜上皮的正常結構，導致所有的上皮細胞萎縮，特別是具有分泌機能的上皮細胞被覆層角化上皮細胞取代，常導致胎盤變形、眼乾燥、角膜變化等臨床症狀。維他命 A 可維持成骨細胞和破骨細胞的正常位置和活動，缺乏時，成骨細胞活性增高，導致骨皮質內鈣鹽過度沉積，軟骨內骨形成失調，特別是骨的細緻造型不能正常進行，骨質肥厚腔隙縮小，可造成神經系統嚴重的損傷。

維他命 A 缺乏的原因有三種：①缺乏青綠飼料、黃玉米、胡蘿蔔等，或飼料收穫、儲存不良，存放時間過長，導致胡蘿蔔素破壞；②膽汁或胰液分泌障礙或因腹瀉、慢性腸炎時，可致腸道不能吸收維他命 A；③存在氯化萘等維他命 A 的對抗物，干擾其代謝。

2. 病理變化 維他命 A 缺乏可引起上皮結構受損，骨和牙齒生長障礙，畸胎和神經系統病變。

（1）上皮的完整性受損。視網膜感暗光的錐體細胞中的視紫質因缺乏維他命 A 不能再合成，感暗光機能減退，引起夜盲。眼結膜和淚腺上皮化生為複層鱗狀上皮，導致乾眼症，可繼發結膜炎、角膜炎症或潰瘍。唾液腺小葉間導管化生，因分泌物停滯並繼發感染，可引起犢牛和豬化膿性涎腺炎。豬膀胱黏膜化生，眼觀黏膜上有 1～2 mm 大小結節，並易引起尿結石。對於雞，常可造成口腔、咽部、食管甚至嗉囊黏膜表面形成多量 1～2 mm 大小白色膿疱樣結節，有的可見潰瘍、乾酪樣壞死或白喉樣偽膜，部分堵塞鼻腔、喉頭和聲門。

（2）齒、腎和骨骼生長障礙。因成牙質細胞分化不當，齒質形成不規則，出牙延長或不出牙。母豬腎異位、畸形或纖維化。扁骨生長受損，使顱骨和脊髓管的容積相對變小。骨形成失調，出現長骨變短和骨骼變形。

（3）畸胎、神經系統受損。維他命 A 缺乏可引起母畜（豬、牛）發生流產、死胎、胎兒畸形。犢牛視神經孔狹窄而使視神經萎縮和纖維化。小腦膜骨性增厚，小腦呈圓錐狀，大腦水腫。

二、維他命 D 缺乏症

1. 原因及發病機理 維他命 D 是一種固醇類衍生物，脂溶性，有 6～8 種，其中與動物營養最為密切的是維他命 D_2（麥角骨化醇）和維他命 D_3（膽固化醇）兩種。主要是調節血鈣濃度、促進骨骼正常鈣化。維他命 D_3 主要來源於飼料，動物皮膚顆粒層中的7－脫氫膽固醇在紫外線照射下，也可轉變為維他命 D_3，儲存在肝臟。維他命 D 缺乏時，小腸對鈣、磷的吸收和運輸降低，血鈣、血磷水準下降。低血鈣可引起破骨細胞活性加強，使鈣鹽溶出，同時抑制腎小管對磷的重吸收，結果血液中鈣磷沉積降低，鈣、磷不能在骨生長區的基質中沉積轉化為骨質，引起幼畜佝僂病。對於成年動物，因骨鹽不斷溶解而發生骨軟症。

2. 病理變化

（1）佝僂病。為幼畜生長性骨骼疾病，可因飼料中維他命 D 或磷缺乏，影響鈣、磷的吸收和血液內鈣、磷的平衡而引起本病。主要病變表現為：軟骨不能鈣化，骨化線呈鋸齒狀；骨幹比正常短，骨髓腔狹窄，長骨因負重而彎曲或骨折；關節腫大，在肋軟骨連接處出現一排珠狀乾骺端（佝僂珠）；顱骨比正常更呈圓頂狀，囟門可能仍然開放，骨縫增寬。

（2）骨軟症。為成年動物骨骼代謝病。其原因可能為飼料中維他命 D 含量低，舍飼動物受陽光照射少，妊娠和泌乳使維他命 D 流失等。其病變特徵為大量類骨質聚積，使骨骼變軟變形，骨盆腔狹窄，胸腔扁平，胸骨凸出。骨髓腔增大並可能延伸到骨骺，骨皮質變薄，多孔狀。動物表現為低血鈣。

三、維他命 E 和硒缺乏症

1. 原因及發病機理 維他命 E 和硒常同時缺乏。缺硒多與土壤有關，如多石灰質性、玄武岩性土壤，因硒含量低，其生長的植物含硒也低。此外，某些治療藥物、礦物添加劑與硒絡合而誘發本病。有研究認為，飼料中硒含量低於 0.05 mg/kg 時就會引起 40 多種動物的 20 多種缺硒病的發生，但飼料中硒含量高於 0.5 mg/kg 時則可發生硒中毒。維他命 E 缺乏則多由於飼料變質、動物性飼料中含有不飽和脂肪酸等引起。

維他命 E 和含硒酶（麩胱甘肽過氧化物酶）都有抗氧化和抗自由基作用。硒還可以促進淋巴細胞增生，增強動物對傳染病的抵抗力。維他命 E 和硒缺乏時，動物機體在氧化過程中不斷形成的過氧化物和自由基，可引起細胞膜的過氧化作用與蛋白質分子的損傷，從而損傷細胞，造成血管通透性增高，血液外滲，神經內分泌機能和繁殖機能障礙等。

2. 病理變化

（1）牛、羊。犢牛、羔羊營養性肌萎縮，四肢僵硬，犢牛走路時常伴有跗關節的旋轉運動，羔羊則表現為僵硬的鵝步或踩高蹺步態，肌肉顫抖。觸摸肌肉有硬感，似橡膠，並常見腫脹。嚴重病例，由於肌肉損害，致使肩胛骨上緣凸出甚至高於背中線，並且遠離胸壁，腕關節和掌關節鬆弛。無力抬頭，吞嚥困難，舌無力，腹肌鬆弛，飲水時常發生哽噎。屍體剖檢病變以骨骼肌與心肌鈣化為主。心外膜與心內膜下有白色刷狀條紋，鈣化處呈不透明乳白色。有的在大腿和肩胛部肌肉中也有病變，呈雙側對稱。

（2）豬。豬缺硒和維他命 E 時有三種表現形式。

① 白肌病。常侵犯 6～20 週齡仔豬，主要病變為骨骼肌顏色蒼白，鏡檢見肌纖維變性。

② 桑葚心病。心臟表面廣泛出血，狀如桑葚，心外膜和心內膜面有蒼白壞死條紋與斑點伸入心肌。全身多處小動脈壁形成透明血栓或纖維素變性。

③ 營養性肝病。肝腫大，灰白色壞死區與深紅色出血區呈鑲嵌狀，殘存的肝小葉呈黃褐色。此外還可見心肌、骨骼肌變性，體脂呈黃褐色，皮下普遍發生水腫。

（3）雞。主要病症有三種：滲出素質病、肌肉營養性病變和胰臟營養性萎縮。滲出素質病：發病一般在 3～6 週齡；皮下、肌間間質水腫與出血，尤以胸、腹部最為嚴重，呈褐紅色或藍色；病雛常發生貧血和低蛋白血症，生長緩慢。肌肉營養性病變（白肌病）；特徵是虛弱、運動困難，腿、頸、胸等處肌肉及肌胃壁中，可見對稱性、與肌纖維平行的灰黃色條紋，大部分雛雞心室壁有灰白色條紋；鏡檢可見橫紋肌發生變性、壞死。胰臟營養性萎縮：症狀特徵為胰臟硬化、萎縮，且胰臟機能消失，病雞生長受阻，羽毛生長不良。

任務二　中毒病病理

一、氨中毒

1. 原因及發病機理　氨中毒是指由氨合成的銨態和部分硝態的氮素肥料，以及由廄肥和其他來源的氨所引起的一種中毒性疾病。化肥保管不嚴而被動物誤食誤飲、氨化飼料處理不當或用尿素餵牛過量，可使氨經消化道吸收而中毒；裝有液氨或氨水的容器密閉不嚴或有損壞，氨氣逸出，或因進行畜禽舍燻蒸消毒後，未充分通風換氣而過早地放入畜禽，極易經呼吸道和皮膚吸收而引起氨氣中毒；另外，畜禽舍內糞便不能及時清除，糞便或其他含氮物質發酵分解產生多量氨氣，加之通風不良時，極易引起動物氨中毒，應當引起重視。

氨對接觸的部位產生強烈的刺激作用。皮膚和黏膜接觸不同形態的氨時，可引起皮膚充血、水疱，結膜炎，角膜炎，甚至角膜潰瘍。低濃度的氨氣引起眼結膜、角膜、黏膜和上呼吸道充血、水腫、分泌物增加，高濃度的氨對所接觸的局部引起鹼性化學灼傷，吸收水分，鹼化脂肪，造成組織呈溶解性壞死。氨進入消化道後，直接刺激黏膜，發生口膜炎、咽炎、咽水腫和胃腸炎等。吸入高濃度氨時，可引起喉炎、喉水腫和喉痙攣，以及氣管、支氣管、肺的炎症和肺水腫，還可以透過刺激三叉神經末梢，引起反射性呼吸中樞抑制。

氨被吸收入血後，可阻斷檸檬酸循環，使糖原無氧酵解，導致血糖和乳酸增多，引起動物酸中毒。干擾腦細胞的能量代謝，引起中樞神經機能障礙。呼吸中樞抑制，引起呼吸衰竭。血氨可增加微血管壁的通透性，引起肺水腫、體液喪失，血液濃縮；血氨增加還能引起中毒性肝病、腎間質性炎症，重者因心肌變性導致心臟衰竭而死亡。

2. 病理變化 急性病例皮膚及整個屍體漿膜下布滿出血斑，血液稀薄而色淡。口腔黏膜充血、出血、腫脹及糜爛。胃腸黏膜水腫、出血和壞死，胃腸內容物有氨味。鼻、咽、喉、氣管、支氣管黏膜充血、出血，管腔內有大量泡沫狀炎性滲出液。肺臟充血、出血和水腫。肝臟、脾臟腫大，質地脆弱，有出血點。腎臟有出血和壞死灶，腎小管混濁腫脹。心包和心外膜點狀出血，心肌色淡。慢性病例可見腎臟腫大，尿道黏膜充血、炎症。

二、亞硝酸鹽中毒

1. 原因及發病機理 亞硝酸鹽多由硝酸鹽透過還原菌或反硝化菌（具有硝化酶和供氫酶的細菌）的作用而產生。富含硝酸鹽的植物性飼料由於加工、調製或保存不當，如燜泡時間過長、堆製中發生腐敗等，為細菌滋長造成良好條件，使飼料中的硝酸鹽還原成亞硝酸鹽。另外，動物胃腸道內有許多細菌在適宜的 pH 條件下，也能將攝取飼料中的硝酸鹽還原成亞硝酸鹽而引起中毒。

亞硝酸鹽是一種強氧化劑。當過量吸入血液後，使血紅素中的二價鐵（Fe^{2+}）脫去電子而氧化成為三價鐵（Fe^{3+}），形成的高鐵血紅素與羥基結合牢固，流經肺泡時不能氧合，流經組織時不能氧離，失去正常運載氧的能力，導致全身性缺氧。當高鐵血紅素達到 30%～40%時，即可引起動物缺氧，引起全身組織尤其是腦組織的急性損傷。亞硝酸鹽還有擴血管作用，導致外周循環障礙，使全身組織缺氧加劇，表現為呼吸困難，神經功能紊亂。當短時間攝取大量亞硝酸鹽，形成的高鐵血紅素量達到 70%～90%時，可引起動物嚴重缺氧而迅速死亡。另外，硝酸鹽對消化道黏膜有刺激作用，可引起胃腸道炎症。

2. 病理變化 大多突然發病，流涎嘔吐，呼吸急促。皮膚、可視黏膜發紺，呈藍紫色或紫褐色。血液呈咖啡色或醬油樣，在空氣中長期暴露也不變紅、不凝固。心外膜點狀出血，心肌變性，心腔內充滿暗紅色血液。氣管與支氣管充滿白色或淡紅色泡沫樣液體，肺胸膜下有散發性出血點，肺膨大，氣腫明顯，伴發瘀血、水腫。肝臟、脾臟、腎臟瘀血，呈黑紅色；胃內充滿飼料，內容物有硝酸樣氣味，胃底腺區黏膜充血或見密集小出血點，黏膜容易剝脫，小腸黏膜散在點狀出血。

三、黃麴毒素中毒

1. 原因及發病機理 黃麴毒素是黃麴黴群真菌的代謝產物，對人和大多數動物都具有強烈的毒性作用，主要損害肝臟。依據其化學結構不同，黃麴毒素有20多種，其中以黃麴毒素 B_1 的毒性最強。動物攝取黃麴毒素 B_1 後，迅速經胃腸道吸收，毒素從門靜脈進入肝臟，在肝臟中透過羥基化、去甲基作用轉化為毒性較低的代謝產物，大部分經膽汁進入腸道隨糞便排出。

黃麴毒素在體內代謝過程中，抑制 RNA 聚合酶，使核糖蛋白體和細胞的 RNA 合成受阻；抑制 DNA 前體，干擾 DNA 轉錄，抑制蛋白質合成。據研究證實，黃麴毒素進入細胞內，首先引起核仁變化，然後出現細胞質變化。核染色體碎裂，核分裂受阻，結果使細胞增大，肝內可見巨肝細胞。黃麴毒素還可作為致癌物，經代謝活化後與 DNA 或 RNA 的特異受體以共價鍵相結合，引起遺傳密碼改變，最終引起腫瘤發生。

2. 病理變化 由於動物品種、年齡及飼料含毒量不同，中毒的病變有所差別。

(1) 豬。仔豬常為急性中毒，可見耳、腹、四肢內側皮膚出血紫斑，腹腔中有淡黃或淡紅色腹水。肝臟腫大，蒼白或磚紅色，質脆易碎，切面結構模糊不清；心包積液，心內外膜上有出血斑點或條紋；小腸有出血斑點，糞便因含多量血液而呈煤焦油樣；血液稀薄且凝固不良。病程稍長的皮膚、黏膜黃染，肌肉蒼白；肝臟枯黃色，表面及切面有膽汁沉積的小斑塊；腎臟土黃色並有小出血點，結腸壁及黏膜水腫，全身淋巴結水腫。慢性病例特徵性病變為結節性肝硬化、黃色脂肪變性和胸、腹腔積液。

(2) 犢牛。主要病變為肝硬化、腹水、內臟器官水腫。肝臟質地堅實，色澤蒼白，膽囊擴張，腹腔內有橙黃色液體，在空氣中易凝固。瘤胃漿膜、皺胃黏膜、腸繫膜、直腸黏膜水腫。

(3) 雛鴨。急性中毒者肝臟腫大，色澤變淡，有瀰漫性出血斑點，顯微鏡下見肝細胞變性、壞死，卵圓細胞和膽管組織顯著增生。慢性中毒時，肝臟硬度增加，體積縮小，表面粗糙呈顆粒狀，膽囊擴張，腎臟蒼白腫大，常發生心包積水和腹水症。鏡下可見肝臟內膽管上皮增生更加明顯，肝小葉內淋巴細胞廣泛增生形成結節，肉眼看如針尖樣灰白色小點。慢性中毒病例，易誘發原發性肝癌。

任務三　細菌性傳染病病理

一、炭　　疽

1. 原因及發病機理 炭疽是由炭疽桿菌引起的急性敗血性傳染病。主要透過採食、飲水經消化道感染，也可因皮膚創傷、昆蟲叮咬感染，也可因吸入帶有炭疽芽孢的灰塵，經呼吸道感染。病原體侵入機體後，在侵入局部增殖或發芽繁殖，形成局部感染病灶並侵入局部淋巴結。在組織內增殖的炭疽桿菌多形成莢膜，它具有保護菌體抵禦白血球吞噬的作用，莢膜的可溶性物質（莢膜黏液素）及菌體死亡後的崩解產物進入血液能中和血液中的殺菌物質，並對機體產生強烈的致病作用，炭疽桿菌繁殖過程中可產生水腫因子、保護性抗原、致死因子三種外毒素蛋白複合物，使局部組織細胞發生變性、壞死，血管通透性增高，局部漿液、纖維素滲出和出血。炭疽桿菌在局部形成的炎症灶，稱炭疽癰，當病灶內細胞大量繁殖和產生毒素時，可突破和瓦解組織的防禦屏障，進入血液和淋巴液，擴散到全身組織和器官繼續繁殖，最終發展為敗血症而引起動物死亡。

2. 病理變化

（1）敗血型。多見於牛、羊、馬。死於敗血症的病例，屍僵不全，屍體容易腐敗，可視黏膜發紺、出血，天然孔流出暗紅色或煤焦油樣不凝固的血液。全身組織均可見出血斑點。脾臟明顯腫大，暗紅色，脾髓軟如爛泥樣，脾白髓及小梁結構模糊不清。全身淋巴結腫大出血，暗紅或磚紅色，心臟、肝臟、腎臟變性、出血，肺臟瘀血、水腫和出血。鏡檢脾臟和淋巴結，除發現有充血、出血、組織細胞變性壞死外，還可見大量炭疽桿菌。

（2）癰型。由於動物機體抵抗力強，或侵入的病菌數量少、毒力弱等原因，病原體在入侵局部形成炭疽癰病灶。根據發生部位有不同名稱。

① 咽炭疽。主要見於豬。急性者整個咽喉或一側腮腺腫脹，皮膚發紫，有時腫脹蔓延至頸部與胸前。剖檢可見以咽扁桃體為中心，黏膜出血、壞死，咽喉和頸部皮下出血性膠樣浸潤，下顎淋巴結明顯腫大、充血、出血，有的可見中央有稍凹陷的黑紅色壞死灶。慢性者多在宰後檢查時發現，下顎淋巴結腫大質硬，切面乾燥，有磚紅色壞死灶，有的形成膿腫或外周包囊。

② 皮膚炭疽。最典型的皮膚炭疽見於人，初期在皮膚上形成炎性腫脹，出現鮮紅色、圓錐狀隆起，在病灶頂端形成含有混濁液體的小水疱，小水疱乾涸後後期形成煤炭樣褐色痂，病灶周圍有廣泛的水腫區，局部淋巴結呈漿液出血性淋巴結炎。牛和綿羊有時也可發生皮膚炭疽。

③ 腸炭疽。見於馬、牛、羊和豬，主要發生在小腸。多數以腫大、出血和壞死的淋巴濾泡為中心，形成局灶性出血性壞死性腸炎。癰灶表面覆有纖維素性固膜性痂，鄰接的腸黏膜呈出血性膠樣浸潤。光鏡下見腸絨毛大片壞死，黏膜下層水腫、出血和中性粒細胞浸潤，腸繫膜淋巴結呈漿液出血性炎症。

④ 肺炭疽。較少見。主要位於膈葉前下部，有多少不等、拇指或雞蛋大的硬塊，切開呈暗紅或黑褐色，乾燥，無彈性，周圍水腫，呈明顯的膠樣浸潤。鏡檢可見肺組織充血、出血，肺泡內有多量漿液和纖維素滲出物，也可見到炭疽桿菌。

二、沙門氏菌病

1. 原因及發病機理　沙門氏菌病是由沙門氏菌屬細菌引起的各種動物疫病的總稱。致病菌的血清型有 30 多種。有的只對相應動物有致病性，如羊流產沙門氏菌、雞白痢沙門氏菌；有的對多種動物有致病性，如鴨沙門氏菌、腸炎沙門氏菌。本病除透過直接或間接接觸傳播外，健康動物的帶菌現象較為普遍，消化道、淋巴組織和膽囊內常有病菌潛藏，當機體抵抗力降低時，可造成內源感染。雞患本病時可透過種蛋傳播。病菌在體內可產生內毒素、腸毒素，突破屏障系統進入血液，引起毒血症、敗血症，最終導致病畜死亡。當動物抵抗力強或病菌的毒力較弱時，進入血液的病菌大部分被消滅，其餘的可侷限在肝臟、脾臟、肺臟、腸等器官內，形成局灶性損害。

2. 病理變化

（1）豬副傷寒。急性者主要為敗血症病變，皮膚淡藍或淡紫色，全身漿膜、黏膜斑點狀出血；淋巴結出血，呈大理石樣；腸繫膜淋巴結索狀腫大、水腫和出血。脾臟腫大，暗藍色，質硬如橡皮。肝實質有時可見糠麸樣細小壞死點。慢性病例以壞死性腸炎為特徵，盲腸、結腸壁增厚，黏膜上覆蓋汙灰色糠麸樣物，撕去後露出紅色不規則潰瘍面，周圍呈堤狀隆起。腸繫膜淋巴管因淋巴淤滯或淋巴栓而變粗，呈灰白色條索狀。肝被膜下或切面可見灰黃色壞死小點。

（2）牛副傷寒。成年牛主要表現為急性出血性腸炎。腸黏膜潮紅、出血，大腸黏膜脫落，有局灶性壞死，腸繫膜淋巴結水腫、出血。肝臟局灶性壞死。犢牛常呈敗血症變化。脾臟腫大 2～3 倍，黑紅色，包膜下見出血、粟粒大壞死灶和結節；肝臟腫大柔軟，色澤蒼白，被膜下散在性針尖大病灶，為組織壞死或細胞增生形成；心壁、皺胃、小腸和膀胱黏膜有小出血點；腸淋巴濾泡髓樣腫脹，呈半球狀或堤狀隆起。病程較長者，小腸可見浮膜性或固膜性炎。慢性病例，可見肺臟有卡他性和化膿性支氣管肺炎病變，局部色紅質硬，有時見散在性粟粒至豌豆大小、灰黃色病灶，切開時流出黏液或膿性滲出物。關節囊腫大，關節腔中有膿汁或纖維素滲出物。

（3）雞白痢。雛雞發生本病時，屍體消瘦，肛周玷汙石灰漿樣白色稀糞。肝臟腫大變性，表面散在針尖或粟粒大灰黃色壞死點或灰白色結節。膽囊腫大，充滿膽汁。脾臟腫大達 2～3 倍，被膜下有小壞死灶。肺臟充血出血，有灰黃色乾酪樣壞死灶或灰白色結節。心肌蒼白柔軟，見有米粒大壞死灶，有的在心外膜上見到灰白色突起結節，狀如小丘。輸尿管充滿尿酸鹽而擴張。盲腸中常含有白色乾酪樣物，有時混有血液。成年母雞以卵巢慢性炎症為特徵，卵泡變色變形，內容物呈乾酪樣或稀薄油樣。常因卵泡破裂，卵黃物質布滿腹腔而引起腹膜炎，腹腔內可見多量黏稠的卵黃或纖維素滲出物。輸卵管內充滿煮熟樣的卵白和卵黃物質。患病公雞可見一側或雙側睪丸腫大或萎縮變硬，睪丸鞘膜增厚，實質內有許多壞死灶或小膿腫，輸精管增粗，充滿稠密的均質滲出物。

三、巴氏桿菌病

1. 原因及發病機理　病原主要為多殺性巴氏桿菌，有許多血清型。本病可因病畜的分泌物、排泄物汙染飼料、水源等經消化道感染，也可因病畜禽咳嗽排菌經呼吸道感染。此外，畜禽扁桃體和上呼吸道正常情況下即有本菌寄居，當機體抵抗力降低時，這些寄居的病菌毒力增強，病原菌突破局部防禦屏障，經淋巴進入血流形成菌血症。由於受害局部組織壞死及菌體崩解，產生內毒素，導致機體功能紊亂，很快發展為敗血症，導致動物死亡。

2. 病理變化

（1）豬巴氏桿菌病。又稱豬肺疫，有流行性和散發性兩種。

① 流行性。為感染 Fg 型菌所致，發病急，死亡快，口、鼻流出紅色泡沫樣液

體。外觀咽喉及頸部腫脹，硬實，切開可見多量淡黃色漿液，局部組織呈黃色膠凍樣，故俗稱「鎖喉瘋」。頜下、咽後及頸部淋巴結充血、出血、水腫明顯，全身漿膜和黏膜有點狀出血，胸、腹腔及心包內積液；肺臟局部呈紅色肝變病灶。脾臟眼觀變化不明顯。

② 散發性。多為感染 Fo 型菌引起，肺部病變明顯，多發生於心葉、尖葉和膈葉前部，嚴重時累及整個肺葉。病變肺組織腫大、堅實，色澤暗紅或灰黃，被膜粗糙等，呈現不同階段的纖維素性肺炎病變，外觀呈大理石樣。胸膜有斑點狀出血，表面常因纖維蛋白附著而粗糙，失去光澤。有的肺臟和肋胸膜黏連。心包液增多，內含絮狀纖維素，心外膜充血、出血。鏡檢：病變部肺泡壁微血管充血、出血，肺泡內充滿了漿液、纖維蛋白和紅血球及大量中性粒細胞浸潤。

（2）牛巴氏桿菌病。多為 Fg 型菌引起，根據剖檢特徵可分為三種類型。

① 敗血型。生前無明顯症狀，剖檢呈一般敗血症病變。可視黏膜紫紅色，全身組織器官均可見散在性出血點，實質器官變性，淋巴結腫大、充血，呈急性漿液性炎症。心包液增多，含多量纖維素滲出物。

② 水腫型。主要表現為頜下、咽喉部、面部和頸胸部腫脹，切開時流出淡黃色稍混濁液體，頜下、咽背、頸部及肺門淋巴結腫脹充血，上呼吸道黏膜紅腫，肺臟瘀血水腫，胃腸黏膜呈急性卡他性或出血性炎，各實質器官變性，脾臟不腫大。

③ 肺炎型（胸型）。除出現敗血症的各種病變外，突出病變為纖維素性肺炎和胸膜炎。肺臟不同部位呈不同肝變期，質地硬軟不一，表面和切面大理石樣。胸膜表面附著灰白色纖維素薄膜，胸腔、心包腔內有多量纖維素滲出物，有的發生黏連。

（3）兔巴氏桿菌病。由 Fo 型菌引起，病變因臨床表現不同而異。

① 敗血症型。生前無症狀而突然死亡，剖檢見一般敗血症變化。全身漿膜、黏膜有散在性出血點，肺臟瘀血水腫，心包和胸腔積液，肝臟有細小壞死灶，淋巴結腫脹出血。

② 鼻炎型。比較多見，鼻腔黏膜紅腫，表面覆有黏稠膿液，鼻竇和副鼻竇內也積有膿性滲出物。慢性病例可見鼻黏膜增厚。

③ 肺炎型。兩側肺葉同時表現為纖維素性炎症，有的還可見化膿或壞死。常伴發纖維素性胸膜炎和心包炎，心包和胸腔積液，胸膜有纖維素偽膜。

④ 子宮內膜炎型。主要病變為子宮內膜炎和子宮積膿。

⑤ 中耳炎型。外耳道有膿液流出，耳郭內側皮毛黏有膿痂或碎屑。

⑥ 睪丸炎和附睪炎型。陰囊腫大積膿，睪丸或附睪有小膿腫灶。

（4）禽巴氏桿菌病。又稱禽霍亂，由 Fo 型菌引起，傳染性強，死亡率高。最急性者往往突然死亡，病變不明顯。急性病例可見雞冠和肉髯髮紫，嗉囊積食，口鼻流黏稠液體，肛周羽毛被糞便汙染。剖檢見全身組織器官有出血點，尤其心冠狀溝明顯。心包腔擴張並蓄積多量纖維素性滲出液。肝臟腫大，表面見針尖大到粟粒大壞死灶（具有證病意義）。十二指腸擴張，黏膜充血腫脹和出血，腸腔內有多量混有血液的黏液樣滲出物。

慢性病例，通常表現為局部病變，如纖維素性壞死性肺炎、心包炎、胸膜腹膜炎、關節炎及雞冠和肉髯壞死等。發生纖維素性壞死性肺炎時，肺炎病灶大小不一，胸膜也可伴發纖維素性炎，胸腔內有混濁液體或乾酪樣纖維素凝塊。肝臟腫大，表面呈結節樣高低不平。關節炎時，關節腫脹、變形，關節囊內蓄積黏稠或乾酪樣纖維素性或膿性滲出物。

四、布魯氏菌病

1. 原因及發病機理 布魯氏菌病是由布魯氏菌引起的一種人獸共患傳染病，動物以流產、不孕、睪丸炎等為特徵。細菌可透過消化道、生殖道、皮膚、結膜以及呼吸道等途徑感染。細菌侵入機體後，由淋巴管到達淋巴結定居，條件允許時，細菌開始增殖並突破淋巴結防禦進入血液，出現菌血症、毒血症，並引起發燒和抗體產生。細菌因寄生於中性粒細胞和巨噬細胞內，從而逃避了宿主免疫作用而長期生存。同時，病菌透過血液循環散播於生殖系統和肝臟、脾臟、乳腺、骨髓、關節等各個器官組織，引起廣泛的病理變化。

母畜感染布魯氏菌後，細菌感染胎盤，引起胎盤化膿性和壞死性炎症，常常引發流產、胎兒發育不良、死胎及胎衣不下。公畜感染後多出現睪丸和附睪炎症。

2. 病理變化

（1）牛。子宮絨毛膜的絨毛有壞死病灶，表面有汙灰色或黃色無氣味的膠樣滲出物；胎膜因水腫而肥厚，呈膠樣浸潤，表面覆以纖維素和膿汁。子宮內膜充血、水腫，呈汙紅色，有時還可見瀰漫性紅色斑紋，有時尚可見到局灶性壞死和潰瘍。輸卵管腫大，有時可見卵巢囊腫。嚴重時乳腺可因間質性炎而發生萎縮和硬化。流產的胎兒主要為敗血症變化，漿膜和黏膜有出血斑點，脾臟與淋巴結腫大，肝臟中有壞死灶，肺臟常見支氣管肺炎。

公牛主要是化膿性壞死性睪丸炎或附睪炎。睪丸顯著腫大，其被膜與外層漿膜黏連，切面可見到壞死灶或化膿灶。陰莖可以出現紅腫，其黏膜上有時可見到小而硬的結節。

（2）羊。淋巴結、脾臟、肝臟等表現為網狀內皮細胞增生，呈瀰漫腫大，有的表現為結節性肉芽腫。子宮、胎盤與胎兒的病變與牛相似，可見子宮內膜有結節性肉芽腫，切開結節，其中心可見壞死灶。

（3）豬。流產母豬的子宮黏膜壞死脫落，黏膜深部有許多灰黃色粟粒樣結節，向表面隆起，結節中央含有膿液或乾酪樣物質。胎盤布滿出血點，胎膜由於水腫而增厚，表面覆蓋有纖維蛋白和膿汁。鏡檢：子宮腺體和內膜基質有淋巴細胞浸潤，腺體周圍有結締組織增生。

胎兒通常因感染而死亡，多呈敗血症病理變化。主要表現為漿膜、黏膜有出血斑點，皮下組織炎性水腫；淋巴結、脾臟腫大，出血；肝臟出現小壞死灶；臍帶也常呈現炎性水腫變化。

公豬的主要病變發生在睪丸，據統計有34%～95%的患病公豬有睪丸病變。病初，睪丸腫大，出現化膿性或壞死性炎；後期病灶可發生鈣化，睪丸萎縮。切開睪丸，腫大的睪丸多呈灰白色，有大量的結締組織增生，在增生組織中常見出血及壞死灶；而萎縮的睪丸多發生出血和壞死，睪丸的實質明顯減少；除睪丸外，附睪、精囊、前列腺和尿道球腺等均可發生相同性質的炎症。病豬頜下、頸部、腹股溝和咽淋巴結腫大，皮下淋巴結、胸腔淋巴結、脾、腱鞘等膿腫，有的肝臟腫大充血。有的還可見化膿性關節炎、滑腱炎及腱鞘炎。

五、鏈球菌病

1. 原因及發病機理 鏈球菌能引起人和多種動物患病，菌屬分類複雜，臨床報導大多為β溶血型。病菌可經過呼吸道、消化道、皮膚黏膜的創口或昆蟲叮咬而傳播。由於鏈球菌是禽腸道菌群的一部分，因此禽也可發生內源性感染。病菌進入機體後，能很快突破防禦屏障侵入淋巴或血流，迅速播散到全身。由於細菌大量生長繁殖並產生溶血素、殺白血球素、透明質酸酶等毒素，溶解紅血球，損傷血管壁等，致使機體內相繼發生菌血症、毒血症和敗血症。因本菌菌型、侵害部位及各種動物抵抗力不同，所引起的症狀和病理變化多種多樣。

2. 病理變化

（1）豬。最急性死亡的豬，解剖病變不明顯，多見腦膜增厚、充血，腦實質有化膿性腦炎變化。急性病例多以敗血症為主。胸腹下部和四肢內側皮膚呈紫紅色並有出血點；上呼吸道黏膜充血，表面覆有黏液；肺臟充血腫大，表面和切面有出血點；心肌柔軟色淡，心外膜點狀或瀰漫性出血，有時因附著纖維素而呈「絨毛心」，並常與心包黏連，心室內積有煤焦油樣血塊；胸、腹腔積有含纖維素絮片的混濁液體；肝臟、脾臟腫脹，膽囊水腫，囊壁增厚；腎臟腫脹或瘀血，皮質和髓質有斑點狀出血；胃底部瀰漫性出血，黏膜脫落；腸黏膜、漿膜點狀或條索狀出血；膀胱積尿，有出血點；全身淋巴結出血、腫大或壞死。有的關節周圍腫脹，滑液混濁，甚至關節軟骨壞死，周圍組織化膿。

（2）禽。急性型剖檢主要呈敗血症變化，皮下、漿膜及肌肉出血、水腫；肝臟腫大，表面有紅色、黃褐色或白色壞死灶；脾臟、腎臟腫大；肺臟瘀血或水腫。部分病例喉頭有乾酪樣粟粒大小壞死，氣管、支氣管黏膜出血，心包積液，心冠脂肪、心內膜出血，心肌布滿出血點。腹膜炎，卡他性腸炎，十二指腸、直腸出血。少數腺胃出血或肌胃角質膜糜爛。輸卵管黏膜出血。雛雞還可見皮下有淡紅色膠凍樣漿液滲出。胸肌、大腿肌有針尖樣出血。肝臟稍腫，呈淡黃色。尿酸鹽類沉積，腺胃黏膜增厚，卵黃吸收不全。

（3）羊。特徵病變為全身出血性敗血症，可視黏膜紫紅，各臟器廣泛出血。咽喉部組織水腫、多汁，黏膜上有斑塊狀出血。心外膜出血，心肌色澤混濁，質脆易碎。肝臟腫脹質脆，呈檳榔樣花紋，表面紫紅，切面黃褐色。膽囊腫大。脾臟明顯腫大，質度柔軟，切面結構模糊不清，全身淋巴結腫大出血。病程稍長者，表現為纖維素性胸膜肺炎和腹膜炎病變。胸腔積有纖維素性滲出液，肺臟呈纖維素性大葉性肺炎，肺臟與胸膜和橫膈黏連；腹腔積液混濁，含有纖維素絮片，肝臟與橫膈及腸袢可發生黏連。

六、大腸桿菌病

1. 原因及發病機理 大腸桿菌病是由致病性大腸桿菌引起的人和多種動物共

患的傳染病，病菌抗原結構複雜，有數千個血清型。感染途徑多為消化道。病菌的莢膜、K 抗原、脂多醣等有抗吞噬活性，並能抵禦血清免疫物質。根據對人和動物的致病性不同，可將致病性大腸桿菌分為 8 類，其致病機理各有差異。有的透過菌毛黏附於小腸黏膜表面生長繁殖，產生腸毒素，刺激腸道分泌增加而引起腹瀉。有的能產生神經毒素，經腸壁吸收後，引起腸毒血症，導致水腫和神經症狀。有的病菌產生溶血素，溶解紅血球。也有的雖不產生腸毒素，但可產生束狀菌毛和緊密素，與十二指腸、空腸和迴腸上段的腸壁細胞緊密黏附，導致細胞損傷、吸收不良和腹瀉，或是在大、小腸黏膜上皮細胞內增殖，引起局部潰瘍和炎症。有些病原菌株能產生大腸桿菌素 V 等，可抵禦宿主防禦機制，引起敗血症，也可引起局部組織器官感染，如腦膜炎、關節炎、氣囊炎、心包炎等。

2. 病理變化

（1）豬大腸桿菌病。按其發病日齡可分為 3 種。

① 仔豬黃痢。見於 1 週齡內仔豬，屍體嚴重脫水，肛周有黃色稀糞玷汙。胃內充滿酸臭的凝乳塊，胃底潮紅出血，被覆多量黏液。腸壁變薄，腸黏膜和漿膜充血水腫，腸腔內充滿腥臭黃色稀薄液狀內容物或氣體，以十二指腸最嚴重，空腸、迴腸次之，結腸較輕，腸繫膜淋巴結有瀰漫性小出血點。實質器官變性，肝臟、腎臟有小的凝固性壞死灶。

② 仔豬白痢。多發生於 10～30 日齡仔豬，病死仔豬消瘦，胃內有凝乳塊，幽門部和小腸黏膜充血，腸壁淋巴濾泡腫大。腸腔內有灰白色糊狀內容物，混有腥臭氣體。病程稍長者，腸壁變薄而透明，實質器官發生變性。

③ 仔豬水腫病。為斷乳前後仔豬的一種急性腸毒血症。常見皮膚、黏膜蒼白，眼瞼、前額水腫。胃底部黏膜水腫增厚，黏膜與肌層分離，內含淡黃色液體。結腸袢的腸繫膜呈透明膠樣水腫。各處淋巴結水腫，邊緣充血。組織學檢查，脊髓、大腦皮層及腦幹部水腫和局灶性腦軟化，動脈管壁水腫、細胞壞死或玻璃樣變及單核細胞、嗜酸性粒細胞浸潤。胃腸黏膜下層結締組織水腫增寬，心臟、肝臟、腎臟細胞腫脹或脂肪變性。

（2）禽大腸桿菌病。由於致病性大腸桿菌血清型不同，可引起敗血症、心包心肌炎、腹膜炎、關節炎、輸卵管炎等各種疫病。

① 敗血症型。以 4～10 週齡雛雞多發，不見任何症狀而突然死亡。剖檢可見雞冠暗紅，鼻分泌物增多，心包內有纖維素性滲出物；肝臟呈銅綠色，表面散布針尖大灰白色小點；腸黏膜充血出血，有的腹腔積液或有血凝塊。

② 漿膜炎型。包括心包炎、肝周炎、卵黃性腹膜炎、氣囊炎等。共同的病變特點為有纖維素性滲出物附著於漿膜表面，漿膜增厚甚至與周圍器官黏連。卵黃性腹膜炎時，腹腔內積有多量卵黃狀物，散發有腥臭氣味，卵泡變形、破裂。發病公鵝可見陰莖腫大，有芝麻到黃豆大小黃色膿性或乾酪樣結節。

③ 肉芽腫型。主要在肝臟、腸、腸繫膜或肺臟生長出白色或黃色、花椰菜樣肉芽腫，結節較堅硬，一般如粟粒或玉米粒大小。

④ 其他病型。輸卵管炎型，病變輸卵管膨大，管內有條索狀含有壞死組織和細菌的乾酪樣物。腸炎型，多見腸黏膜充血、出血，腸內容物稀薄，含有黏液或血液。關節炎型，見關節腫脹，關節囊肥厚，關節液混濁，並有乾酪樣滲出物。

（3）犢牛大腸桿菌病。急性死亡的病犢常無明顯病變。有下痢症狀的病犢，屍體消瘦，真胃內有大量凝乳塊，黏膜充血、水腫，覆有膠狀黏液，皺褶部有出血。小腸黏膜充血、出血，上皮脫落，腸內容物混有血液和氣泡，散發惡臭氣味，腸繫膜淋巴結腫大。肝臟、腎臟蒼白，有時有出血點，膽囊充滿黏稠暗綠色膽汁。病程長的有肺炎及關節炎病變。

（4）羔羊大腸桿菌病。

① 敗血型。胸腹腔和心包腔內見有大量積液，內含纖維蛋白。某些關節，尤其是肘和腕關節腫大，滑液混濁，關節囊內含纖維素性膿性絮片，腦膜充血，有很多小出血點，大腦溝含有膿性滲出物。

② 腸型。真胃、小腸和大腸內容物呈黃灰色半液體狀，黏膜充血、微腫，腸繫膜淋巴結腫脹發紅，有的肺臟瘀血、水腫，呈初期肺炎病變。四肢可發生纖維素性化膿性關節炎。

（5）兔大腸桿菌病。會陰部皮毛汙染糞便，腸內充滿積液，黏膜下水腫和出血，腸道固有層水腫，有肉芽腫，但沒有黏膜潰瘍，在迴腸和盲腸常見到絨毛膜脫落。

七、結 核 病

1. 原因及發病機理　本病是由結核分枝桿菌所引起的人和畜禽共患的慢性傳染病。主要透過消化道和呼吸道傳播，交配也能感染。分枝桿菌是細胞內寄生的細菌，病菌侵入機體後，被吞噬細胞吞噬，但不能與溶酶體融合，因此不能形成充分成熟的吞噬體，反而使吞噬細胞成了分枝桿菌的庇護所和帶原者。吞噬細胞將分枝桿菌帶入局部的淋巴管和組織，在侵入的組織或淋巴結處發生原發性病灶，細菌被滯留並在該處形成結核。如果機體抵抗力強，此局部的原發性病灶侷限化，長期甚至終生不擴散。如果機體抵抗力弱，疾病進一步發展，細菌經淋巴管向其他一些淋巴結擴散，形成繼發性病灶。如果疾病繼續發展，細菌進入血流，散布全身，引起其他組織器官的結核病灶或全身性結核。有研究發現，結核病的細胞免疫隨病情好轉而加強，而體液免疫則隨病情惡化而加強。

2. 病理變化　結核病的病理特點是在多種組織器官形成肉芽腫和乾酪樣、鈣化結節病變。在器官組織發生增生性或滲出性炎，有時兩者混合存在。機體抵抗力強時，機體對分枝桿菌的反應以細胞增生為主，形成增生性結核結節，即增生性炎。結核結節中心為壞死細胞、細菌及分泌物形成的乾酪樣物，其外層由上皮樣細胞和巨細胞聚集在乾酪樣物周圍，構造特異性肉芽腫。最外圍是一層密集的淋巴細胞和成纖維細胞，形成非特異性肉芽組織。當機體抵抗力降低時，機體的反應則以滲出性炎為主，即在組織中有纖維蛋白和淋巴細胞的瀰漫性浸潤，後發生乾酪樣壞死，化膿或鈣化。這種變化主要見於肺臟和淋巴結。

（1）肺臟。有粟粒到豌豆大小白色或黃白色結節，外有包膜包裹。發生鈣化時，刀切有沙礫感。有的壞死組織溶解軟化、排出後，形成肺空洞。

（2）胸膜。多見於牛，胸膜上可見密集的粟粒至豌豆大、灰白色半透明狀結節，有的融合成花椰菜狀團塊，有的呈球狀，排列成層，狀如珍珠，俗稱「珍珠病」。

（3）淋巴結。肺門淋巴結和縱隔淋巴結病變較常見，淋巴結腫大，切面外翻，切面上可見灰白色壞死點。

（4）乳房。乳房內有大小不一的病灶，內含乾酪樣物質，病灶周圍有一層包膜，最外層可見充血現象。

（5）腸道。禽結核多發生於腸道，結節凸出於腸腔，質度較硬，刀切有沙礫感。

八、豬丹毒

1. 原因及發病機理　本病由豬丹毒桿菌引起。除外源性感染外，健康豬體內也可帶菌，當機體抵抗力下降時而發病。病原透過消化道或破損的皮膚進入體內後，很快侵入淋巴道及血液循環而發展成為菌血症。如果細菌毒力強、數量多及豬的抵抗力低時，則細菌在血液和組織中大量繁殖並產生毒素，使機體的正常代謝、機能障礙，引起敗血症，最終導致死亡。如果細菌弱或機體抵抗力較強時，則病菌被侷限在局部器官組織中，引起局部病變，如皮膚疹塊等。某些病例，由於細菌長期存在於體內的某些部位，反覆刺激機體，引起局部變態反應性病變，如心內膜炎、關節炎、皮膚壞死等。

2. 病理變化

（1）急性敗血型。呈現敗血症的一般病變。體表皮薄的部位可見不規則形、稍隆起的紫紅色充血區，即丹毒性紅斑。全身淋巴結腫大，潮紅或紫紅，有出血斑點。脾臟腫大，櫻桃紅色，心冠狀溝點狀出血，心肌混濁質脆，肝臟、肺臟瘀血、出血。腎臟暗紅色，皮質上有散在出血點。胃腸黏膜紅腫，呈卡他性或出血性炎症。

（2）亞急性疹塊型。疹塊多位於頸、背部並向後延至尾根部。疹塊大小不等，邊緣明顯，呈方形、菱形或不規則形，較周圍皮膚稍有隆起。損傷較重的疹塊，可變為乾性壞疽。

（3）慢性型。常有如下幾種變化。

① 心內膜炎，在左心二尖瓣處，可見大量灰白色的血栓樣贅生物，如花椰菜樣，表面高低不平，不易剝離。由於瓣膜變形，常引起心肌代償性肥大，心腔擴張。

② 關節炎，以四肢腕關節和跗關節多見。關節囊增大、變厚，關節面粗糙，關節腔內充滿滲出液。嚴重的關節囊纖維結締組織增生，關節變形或完全癒合。

③ 皮膚壞死，常見於疹塊型豬丹毒。皮膚壞死部逐漸乾燥變為乾性壞疽，形成褐色質硬乾痂。

任務四　病毒性傳染病病理

一、口蹄疫

1. 原因及發病機理　口蹄疫是反芻動物、豬等多種動物共患的高度接觸性熱性傳染病。病毒經消化道、呼吸道黏膜或損傷的皮膚侵入機體上皮層中，首先在侵入部位上皮細胞中繁殖，引起細胞漿液滲出，形成一個或多個原發性水疱，又稱第一期水疱，通常不被髮覺。幾小時後，病毒從原發性水疱侵入血液中，隨血流到達淋巴結、乳腺、甲狀腺、腎上腺、肝臟、腎臟等各內臟及黏膜和皮膚的上皮細胞中增殖，引起多處繼發性水疱，又稱第二期水疱。特別在口腔、乳頭、足端、瘤胃肉柱等常受機械刺激的黏膜和皮膚處，病變較為明顯。病毒還可侵入心肌和骨骼肌中，引起變性、壞死。

2. 病理變化

（1）惡性口蹄疫。無水疱形成而死亡率高，以心肌炎為特徵。心室壁和乳頭肌內有大小不等、界線不清的淡灰或黃白色條紋和斑塊，狀似虎斑，稱「虎斑心」。鏡檢可見心肌纖維壞死，伴有單核細胞浸潤，骨骼肌也有類似變化。有的還可見非化膿性腦炎。

（2）良性口蹄疫。病畜的口腔、唇黏膜、舌、齒齦、蹄叉、蹄踵、蹄冠部和母畜的乳頭、乳房均可見明顯水疱和爛斑，繼發感染者，可出現化膿性病變。個別病例在支氣管、食道、胃和腸黏膜上也有水疱或潰瘍，表面覆蓋一層細緻的纖維素薄膜。牛的瘤胃，有時在瓣胃的瓣葉上，可見 1～2 cm 大小圓形或不規則形的棕黑色痂塊，脫落後則留下爛斑。小腸黏膜潮紅，有點狀出血，心包腔積液，腦室液有時增多並且混濁。

不同動物的病變有些差異。如綿羊可能不發生水疱，或表現為壞死性糜爛，多以蹄部為主；豬一般口腔無特徵性病變，而蹄冠、趾間等較明顯。

二、痘　病

1. 原因及發病機理　痘病是由痘病毒引起的各種家畜、家禽和人類共患的一種急性、熱性、接觸性傳染病。哺乳動物痘病的共同特徵是在皮膚上發生痘疹，禽痘則在皮膚產生增生性和腫瘤樣病變。

病毒可以透過呼吸道、昆蟲叮咬或破損的皮膚進入機體，在感染部位的表皮和真皮細胞內複製後被巨噬細胞吞噬，吞噬後感染的巨噬細胞到達局部淋巴結，導致廣泛性淋巴結增生和腫大，病毒大量增殖。然後病毒從淋巴結中釋放，伴隨感染的巨噬細胞進入血液並擴散到全身，產生病毒血症。病毒還可在表皮、真皮、內皮層、肌肉、關節、睪丸、漿膜等部位廣泛複製。病毒在上皮細胞內複製，引起細胞變性，誘發典型的水疱性變性。由於病毒游離到血管末端，損傷血管內皮，導致血管炎或血栓，誘發局部變性和壞死。

2. 病理變化　痘疹有特徵性的發生次序，即從紅斑開始，變為丘疹，然後是水疱。水疱進一步發展，形成中心凹、邊緣隆起發紅的臍狀膿疱，膿疱破潰後表面結痂，癒合後留下疤痕。黏膜發生暫時性水疱，發展為潰瘍而不形成膿疱。

(1) 豬痘。眼結膜和鼻黏膜潮紅、腫脹，並有分泌物。痘疹主要發生於腹下、股內側、背部或體側部皮膚。開始為深紅色凸出於皮膚表面的圓形硬實結節，直徑1～3 cm，周圍有紅暈，以後見不到水疱即轉為膿疱，並很快結痂。有的因摩擦使痘疹破潰，而有漿液或血液滲出物。痂皮脫落後遺留白色斑塊而痊癒。鏡檢常見上皮細胞壞死，真皮和表皮下層出現中性粒細胞和巨噬細胞的浸潤。

(2) 綿羊痘。死亡病例，呼吸道和消化道黏膜有出血性炎症。嘴唇、鼻咽、乳房、食道、氣管黏膜常有痘疹。有明顯的水疱期，水疱呈臍狀，內含少量液體。膿疱多形成薄的痂殼，嚴重時互相融合，真皮有明顯膠樣水腫。前胃和真胃黏膜，有大小不等圓形或半球形堅實的結節，有的還形成糜爛或潰瘍。肺臟見有乾酪樣結節和卡他性肺炎區。另外，常見細菌性敗血症變化，如肝脂肪變性、心肌變性、淋巴結急性腫脹等。

(3) 山羊痘。病羊鼻腔、眼角有膿樣分泌物，皮膚無毛和毛少的部位可見痘疹，有的已形成水疱，內含黃色透明液體，有的痘疹形成痂皮。

(4) 禽痘。特徵是在無毛或少毛的皮膚上發生痘疹，或在口腔、咽喉部黏膜形成纖維素性壞死性偽膜，又名禽白喉。有的病禽，兩者可同時發生。

① 皮膚型。在雞冠、眼瞼、喙角、耳球、腿、腳、泄殖腔以及翅內側形成特異的痘疹。起初為輕度隆起小紅斑點，迅速長成灰白色小結節，結節增大相互融合，形成粗糙、堅硬、凹凸不平的褐色痂塊。眼部出現痘疹時致使雞眼難睜。

② 黏膜型 (白喉型)。口腔、咽喉等處黏膜發生痘疹，初為圓形黃色斑點，迅速增大融合成一層黃白色乾酪樣壞死物，形成偽膜，故又稱禽白喉，隨後變厚而成棕色痂塊，痂塊不易脫落，強行撕脫則引起出血。有的病例，偽膜可延伸到喉部。如痘疹發生在眼及眶下竇，則眼瞼腫脹，結膜上有多量膿性或纖維素性滲出物。

③ 混合型。皮膚、黏膜均受侵害，發生痘疹。

三、狂犬病

1. 原因及發病機理　狂犬病俗稱瘋狗病，是由狂犬病毒引起的一種人獸共患的急性接觸性傳染病。病毒存在於患病動物的唾液腺、唾液、淚腺、胰腺和神經組織中。透過咬傷易感動物或人的皮膚，病毒隨唾液進入皮膚和皮下組織，與神經-肌肉處的乙醯膽鹼受體及神經節苷脂受體等特異性結合，在靠近傷口部的肌細胞內複製。狂犬病毒對神經節細胞極為敏感，是病毒增殖的重要場所。病毒沿神經末梢向中樞神經系統擴散，經脊髓進入腦內，並大量複製，引起神經細胞變性、壞死和功能紊亂，表現為神經症狀。

2. 病理變化　本病通常無特徵性剖檢變化。組織學檢查可見非化膿性腦炎和神經炎變化，神經元變性壞死，神經膠質細胞增生，血管周圍有淋巴細胞呈圍管樣浸潤，形成血管套。具有診斷意義的是在大腦海馬迴的錐體細胞或小腦浦金野細胞、脊神經節等部位的神經細胞內，見有圓形、嗜酸染色的核內包含體。犬狂犬病時，包含體主要見於大腦海馬迴的錐體細胞；牛狂犬病時，小腦浦金野細胞內包含體檢出率高。

但應注意，未檢出包含體，並不能排除本病，有報導稱，貓的包含體檢出率為75%左右，豬則更低。因此需結合其他檢查方法，以便確診。

四、豬藍耳病

1. 原因及發病機理 豬藍耳病又稱豬繁殖和呼吸障礙症候群（PRRS），PRRS病毒只感染豬，不同品種、年齡和用途的豬均可感染，但以繁殖母豬和1月齡以內的仔豬最易感。病豬的鼻分泌物、糞便、尿均含有病毒。接觸感染、呼吸道和精液是主要傳播途徑，也可透過胎盤垂直傳播。PRRS病毒進入機體後，侵害巨噬細胞，尤其肺泡巨噬細胞是PRRS病毒的靶細胞。病毒在細胞內增殖，使巨噬細胞破裂、溶解，數量減少，巨噬細胞對其他細菌和病毒的免疫功能降低，常造成其他細菌和病毒繼發感染。這是本病與其他疫病常同時存在的主要原因。PRRS病毒可透過血液循環穿過胎盤使胚胎受到感染，從而引起妊娠後期母豬流產。

2. 病理變化 部分病豬耳朵發紫，耳、背、腹壁皮膚出血，全身淋巴結腫大，棕褐色。無併發症的病例除有淋巴結輕度或中度水腫外，呈現間質性肺炎變化，有時有卡他性肺炎。肺臟水腫，灰白至棕色，表面似透明，間質增寬呈膠凍樣，切面濕潤多汁。肝臟、脾臟、心外膜、腦膜等處有點狀出血，全身淋巴結腫大、充血。鏡檢可見支氣管上皮黏膜脫落進入管腔，支氣管周邊有組織細胞浸潤及成纖維細胞增生，肺泡間隔增厚，單核細胞浸潤及Ⅱ型上皮細胞增生，多數肺泡融合，形成大小不一的空洞結構。肺泡腔內有壞死細胞碎片。

若PRRS和細菌、病毒混合或繼發感染時，則可出現相應的病理變化，如心包炎、胸膜炎、腹膜炎及腦膜炎等。間質性肺炎常混合化膿性纖維素性支氣管肺炎。有些感染病例還可見胸膜炎。

鼻甲部黏膜的病變是PRRS感染後期的特徵，其上皮細胞纖毛脫落，上皮內空泡形成和黏膜下層淋巴細胞、巨噬細胞和漿細胞浸潤。淋巴結、胸腺和脾臟組織肥大、增生、中心壞死，淋巴竇內有多核巨細胞浸潤。血管、神經系統、生殖系統的病變也主要表現為淋巴細胞、巨噬細胞、漿細胞的增生和浸潤。

流產的胎兒血管周圍出現以巨噬細胞和淋巴細胞浸潤為特徵的動脈炎、心肌炎和腦炎。臍帶發生出血性壞死性動脈炎。母豬可出現子宮內膜炎及子宮肌炎。

五、禽流感

1. 原因及發病機理 禽流感是由A型禽流感病毒引起的禽類傳染病。根據臨床表現可分為高致病性禽流感（HPAI）和中低致病性禽流感（MPAI）。病毒按照血凝素（HA）和神經胺酸酶（NA）的差異，可分為許多亞型。不同的H抗原或N抗原之間無交叉反應。低致病性毒株在合適條件下很容易變為高致病性。各種品種和不同日齡的禽類均可感染A型流感病毒，在家禽中以雞和火雞最易感。病毒可經消化道、呼吸道、損傷的皮膚和眼結膜等途徑傳播。吸血昆蟲可傳播病毒，帶毒的種蛋可垂直傳播。野鳥特別是遷徙的水鳥，在本病的傳播上有重要意義。

病毒侵入機體後首先在呼吸道和消化道黏膜上皮細胞內增殖，當達到一定濃度時，病毒隨淋巴液進入血液，形成病毒血症，並隨血流侵入肺臟、肝臟、腎臟、心臟和腦等全身組織器官，引起組織細胞腫脹、變性和壞死。疾病的嚴重程度主要取決於病毒毒株的毒力、宿主的抵抗力及有無併發症等。有報導認為，病毒致病能力以及在機體內擴散能力與病毒 HA 鹼性胺基酸的多少和宿主體內蛋白裂解酶的分布有密切關係。

2. 病理變化 本病的病理變化因病毒株毒力強弱、病程長短及禽種不同而變化不一。

（1）低致病性禽流感。雞的剖檢病變：呼吸道尤其是鼻竇出現卡他性、漿液纖維素性或纖維素性膿性的炎症。氣管黏膜充血水腫，偶爾出血，管腔中有漿液或乾酪樣滲出物，氣囊膜混濁。腺胃、肌胃出血，腸道出血及潰瘍。腹腔內及小腸可見卡他性或纖維素性炎症。蛋雞發生卵巢炎症、卵泡出血、變性和壞死，輸卵管黏膜充血、水腫，漿液性、乾酪樣滲出，卵黃性腹膜炎。胰腺有斑點狀灰白色壞死點。有的病例腎臟腫脹，有尿酸鹽沉積。

（2）高致病性禽流感。爆發型死亡禽僅見冠和肉髯、皮膚呈紫紅色，頭部、眼瞼水腫，鼻竇有黏性分泌物。病程稍長者，眼觀病雞頭部、上頸和腳部腫脹，雞冠、肉髯發紺、壞死及出血。皮下可見黃色膠凍樣液體，胸部、腿部等各處骨骼肌斑點狀出血。氣管黏膜輕度水腫，氣囊壁增厚，有漿液性、纖維素性或灰黃色乾酪樣滲出物。心肌、腦、肺臟、肝臟、脾臟和腎臟、胃與小腸廣泛充血和出血，腺胃乳頭腫脹，腺胃與肌胃交界處呈帶狀或者球狀出血，肝臟、脾臟、腎臟和肺臟常見灰黃色壞死灶，有的還可見纖維素性心包炎、胸膜炎和腹膜炎，產蛋雞多見卵黃性腹膜炎。組織學檢查：血管周圍發生淋巴細胞圍管現象（血管套），實質器官變性且有灶狀壞死。腦膜充血、水腫，神經元變性和壞死，膠質細胞灶狀或瀰漫性增生。法氏囊、脾臟淋巴細胞壞死和減少。

六、豬圓環病毒感染

1. 原因及發病機理 豬圓環病毒（PCV）有 2 個血清型，即 PCV－1 和 PCV－2。研究認為，僅 PCV－2 對豬具有致病性。臨床上很多疾病，如仔豬斷奶後多系統衰竭症候群、繁殖障礙、呼吸道症候群、增生和壞死性肺炎、仔豬先天性震顫、豬皮炎腎病症候群、增生性腸炎、滲出性表皮炎、壞死性淋巴結炎等均與 PCV－2 感染相關。

豬圓環病毒致病機理至今尚不十分清楚。一般認為，PCV－2 可透過消化道、呼吸道傳播。成年豬可透過交配感染，仔豬可以透過垂直傳播。病毒在扁桃體、局部淋巴結增殖後，向其他淋巴組織、肺臟、肝臟、腎臟擴散，引起臨床上相關疾病的出現。誘發免疫抑制、間質性腎炎、腸炎及肝臟損傷。由於正常免疫功能受損，機體抵抗力下降，極易引起繼發或並發感染，使疾病更加嚴重和複雜。

2. 病理變化

（1）斷奶仔豬多系統衰竭症候群（PMWS）。主要病變為全身淋巴結，特別是腹股溝淺淋巴結、腸繫膜淋巴結、支氣管淋巴結腫脹，切面濕潤，土黃色，淋巴結皮質出血者，則呈紫紅色。顯微鏡下可見淋巴器官肉芽腫和不同程度的淋巴細胞缺失。

肺間質性炎，間質增寬，棕黃或棕紅色斑駁狀，觸之有橡皮樣彈性。鏡檢時見單核細胞（主要是巨噬細胞和淋巴細胞，偶爾有多核巨細胞）和Ⅱ型肥大細胞浸潤，使肺泡間隔增厚。

心臟變形，質地柔軟，心冠脂肪萎縮。

胸膜炎、腹膜炎。肝臟萎縮或腫脹，呈土黃色（黃疸）。腎臟腫脹，顏色變淺，皮質變薄，有時有出血點或灰白色病灶，鏡檢可見間質性腎炎和腎盂腎炎，炎症周圍出現纖維素性增生區。

若繼發細菌感染，則心包炎、胸膜肺炎和肝周炎等比較明顯，並有纖維素性滲出物，引起器官黏連，甚至化膿性病變。

（2）豬皮炎腎病症候群（PDNS）。

① 眼觀病變。患豬會陰部和後肢皮膚出現圓形至不規則的紅色或紫色斑塊，直徑為1～20 mm。並且隨著病情的惡化，這些斑塊會連成一片，形成不規則的結節。皮膚病變首先出現在後軀和腹部，然後逐漸向胸部、肋和耳部擴展。雙腎腫大，皮質蒼白，有大量直徑為 2～4 mm 的紅色點狀出血斑。腹股溝淋巴結腫大出血；關節出血和腸道出血。

② 顯微病變。全身壞死性脈管炎，真皮和皮下組織出現壞死性血管炎，常涉及微血管、小血管和中等大小血管，甚至動脈，並常伴隨有表皮壞死和潰瘍；腎纖維素性壞死性腎小球腎炎，這種病損是Ⅲ型過敏反應的特徵，屬免疫介導性障礙，由免疫複合物在脈管和腎小球微血管的管壁上沉澱所致。

（3）繁殖障礙。臨床出現流產、死胎、木乃伊胎增多。病豬常見非化膿性、壞死性或纖維素性心肌炎，心臟肥大和多處心肌變色。在心肌炎病變組織中存在大量PCV－2。組織學檢查可見肺泡中滲入單核細胞，心肌變性水腫和纖維素性壞死，而且常有淋巴細胞和巨噬細胞滲入並分布其中。

（4）豬呼吸道症候群（PRDC）。其特徵性病變是出現纖維素性支氣管炎和細支氣管肺炎，肺泡間隔淋巴細胞和漿細胞數量減少，而單核細胞和巨噬細胞滲入，使肺泡間隔明顯增厚，很多肺泡內含有大量壞死碎片，充滿Ⅱ型肥大細胞，使肺泡黏連。

（5）豬增生和壞死性肺炎（PNP）。特徵性病變為組織細胞和多核巨細胞的細胞質中出現形態多樣的、體積較大的嗜鹼性或兩性葡萄球狀包含體。另外，也常可見到小腸和大腸派氏結的淋巴細胞減少和出現肉芽腫性炎症。

七、豬　　瘟

1. 原因及發病機理　本病是由豬瘟病毒（CSFV，以前稱為 HCV）引起的豬傳染病。CSFV 毒株存在抗原變異，通常可將其分為高、中、低和無毒力株。病毒一般經消化道、鼻咽黏膜、眼結膜感染，也可經胎盤感染。病毒透過黏膜進入體內，先在扁桃體內複製增殖，然後擴散到周圍淋巴結，在感染後 16 h 內出現病毒血症。3～4 d 後病毒侵入包括咽黏膜、胃腸道、膽囊、胰、唾液腺、子宮、腎上腺和甲狀腺的內皮細胞和上皮細胞。通常在感染後 5～6 d 病毒即可傳到全身，並隨口鼻、淚腺分泌物及尿糞等排泄到外界環境中。

病毒在扁桃體、內臟淋巴結、骨髓、肝臟、脾臟、腎臟等組織器官內大量複製，破壞免疫器官結構，抑制機體免疫功能，引起內皮細胞變性、導致血小板嚴重減少、纖維原合成障礙，致使機體出現多發性出血。

2. 病理變化 由於感染的 CSFV 毒力差異，病豬臨床表現及病理變化有所不同，可分為不同類型。近年來，豬瘟的典型病理變化往往不明顯。

（1）最急性型。一般無特徵病變，僅見漿膜、黏膜和內臟有少量出血斑點。

（2）急性型。全身皮膚、漿膜、黏膜和內臟器官均有不同程度的出血，是病毒損傷微血管系統內皮細胞的結果。全身淋巴結特別是頜下、支氣管、腸繫膜及腹股溝等處淋巴結充血腫脹、出血，外觀紫褐色，切面大理石樣。腎皮質有針尖狀數量不等的出血點，嚴重時有出血斑。腎盂、腎乳頭出血。膀胱黏膜散在出血點。血液稀薄、發黑，不易凝固。脾臟不腫大，邊緣出現特徵性出血性梗塞。

（3）亞急性型。主要為淋巴結、腎和膽囊等處有數量不等的出血，肺炎、壞死性腸炎病變明顯，全身出血性變化較急性型輕。

（4）慢性型。實質器官見少量陳舊出血斑點，迴腸、結腸、盲腸（特別是迴盲瓣處）的淋巴組織和腸黏膜壞死，形成凸出於黏膜表面的灰色鈕扣狀潰瘍（固膜性炎）。

（5）持續感染型。主要是腎臟表面有數量不等的陳舊性針尖狀出血點，皮質、腎盂、腎乳頭均可見小出血點，頜下淋巴結、腸繫膜淋巴結、腹股溝淋巴結有少量出血點。有時扁桃體也可見到少量出血點。本型常因病變不明顯而被忽視。

（6）複雜感染型。因混合感染其他病原，體內多種組織均可出現病變。主要表現為淋巴結腫大，大理石樣，肝臟、脾臟、腎臟等有陳舊的針尖樣出血斑點和壞死灶，可見纖維素性出血性肺炎、纖維素性壞死性腸炎等病變。

八、非洲豬瘟

1. 原因及發病機理 本病是由非洲豬瘟病毒（ASFV）感染家豬和各種野豬（如非洲野豬、歐洲野豬等）引起的一種急性、出血性、烈性傳染病。在豬體內，非洲豬瘟病毒可在幾種類型的細胞質中，尤其是網狀內皮細胞和單核巨噬細胞中複製。該病毒可在鈍緣蜱中增殖，並使其成為主要的傳播媒介。

ASFV 可經過口和上呼吸道系統進入豬體，在鼻咽部或是扁桃體發生感染，病毒迅速蔓延到下顎淋巴結，透過淋巴和血液遍布全身。強毒感染時細胞變化很快，在呈現明顯的刺激反應前，細胞都已死亡。弱毒感染時，刺激反應很容易觀察到，細胞核變大，普遍發生有絲分裂。

2. 病理變化 病毒由口和上呼道進入體內，在鼻腔或扁桃體部發生感染，然後蔓延到下顎淋巴結等部位，豬漿膜表面先充血、後出血，內臟表面均有出血點；胃和腸道黏膜、膽囊和膀胱等均有出血；肺臟腫大，切開肺臟，可見泡沫性液體流出，氣管內亦有帶血泡沫樣黏液；脾臟腫大、易碎，呈深紅色或黑色，邊緣呈網狀，有時邊緣出現梗塞；頜下淋巴結、腹腔淋巴結腫大，嚴重時有出血。

九、豬傳染性胃腸炎

1. 原因及發病機理 本病是由豬傳染性胃腸炎病毒（TGEV）所致的豬的高度接觸性腸道傳染病。各種年齡的豬都易感，但以10日齡以內的仔豬發生率和病死率高。病毒隨糞便、乳汁、鼻分泌物及呼出氣體排出，可透過呼吸道、消化道或乳汁感染。無論是何種感染途徑，病毒都被吞嚥進入消化道，到達腸內的病毒在空腸、迴腸上皮細胞內及結腸的某些部位增殖，引起小腸黏膜上皮細胞變性、壞死、脫落，小腸絨毛萎縮，使黏膜功能破壞和酶活性下降，造成營養成分分解及吸收障礙，電解質平衡紊亂，腸內滲透壓升高而發生腹瀉、脫水，最終死亡。

2. 病理變化 病豬屍體消瘦，明顯脫水。病變主要在胃和小腸。胃內充滿凝乳塊，胃底黏膜充血，有時有出血點。小腸壁變薄，缺乏彈性，腸管擴張呈半透明狀，腸腔內充滿黃綠色或灰白色液體，含有氣泡或凝乳塊；小腸黏膜輕度充血，黏膜上皮變性、脫落。小腸黏膜絨毛萎縮，特別是空腸段絨毛可明顯縮短到原來的1/7。小腸腸繫膜淋巴管內缺乏乳糜，腸繫膜淋巴結充血、腫脹，切面多汁，帶有紅色。

心臟、肺臟、腎臟一般無明顯病變。部分豬脾臟背面有斑點，凸出於表面，腎臟、肺臟有不同程度的腫脹和間質增寬。

十、雞新城疫

1. 原因及發病機理 雞新城疫病毒可透過呼吸道、消化道、眼結膜、損傷的皮膚以及交配等侵入機體。病毒先在侵入的局部組織內增殖，然後迅速侵入血液擴散到全身，引起病毒血症並發展為敗血症，機體多個系統受損。病毒在血液中損傷血管壁，引起出血、血漿滲出和壞死變化；消化機能紊亂，使營養物質吸收障礙，由於下痢，體內水分和蛋白質成分大量喪失，還因炎性產物和壞死組織被吸收，可導致機體嚴重的自體中毒；巨噬細胞系統和淋巴組織受損，使機體造血功能障礙；中樞神經系統受損，則病雞出現共濟失調和肢體麻痺等神經症狀；呼吸中樞功能紊亂，引起呼吸困難。

2. 病理變化 本病的主要病理變化是全身黏膜和漿膜出血。口腔和咽部有米粒大隆起、黃白色壞死性纖維素附著物，氣管出血或壞死，周圍組織水腫，氣管中常蓄積多量汙黃色黏液。嗉囊充滿酸臭味的稀薄液體和氣體。

腺胃病變具有特徵性。腺胃黏膜上附著多量透明或膿樣黏液，腺胃乳頭或乳頭間有鮮紅或暗紅色粟粒大小出血點，或有潰瘍和壞死。肌胃角質層下也有出血點。小腸、盲腸、直腸黏膜有大小不等的出血點，尤以小腸最嚴重。腸黏膜出血性潰瘍，表面隆起，覆有纖維素滲出物形成的偽膜。

心臟擴張，心包液增多，心冠脂肪有針尖樣出血點。產蛋雞卵泡和輸卵管充血明顯，若卵泡膜破裂，卵黃流入腹腔則引起卵黃性腹膜炎。肝臟、脾臟、腎臟一般無特殊病變，胰腺組織中可見均勻分布的灰白色、粟粒大變性或壞死灶。腦膜充血或出血。

鵝發生本病時常見食管有散在白色或帶黃色的壞死灶，肌胃和腺胃黏膜壞死出血，腸道有廣泛壞死灶和出血，腔上囊萎縮。

鏡檢：心臟、肝臟、腎臟實質細胞不同程度變性，胃腸黏膜上皮、腸淋巴濾泡壞死、出血及淋巴細胞浸潤，腦實質中神經細胞變性，膠質細胞增生，血管周圍淋巴細胞浸潤。

十一、雞傳染性喉氣管炎

1. 原因及發病機理 雞傳染性喉氣管炎病毒（ILTV）可經呼吸道、消化道、眼感染，種蛋也可能傳播。病毒進入雞體後，在喉和氣管黏膜上皮細胞內大量增殖，引起喉和氣管炎症，在感染組織的上皮內形成核內包含體，並出現明顯病毒血症。喉氣管炎症由漿液性而變為黏液性，繼而發展為纖維素性、壞死性，同時伴有明顯的出血病變。炎症中形成的纖維素性偽膜和出血性滲出物及凝血條塊，阻塞喉頭和氣管，引起病雞呼吸困難，甚至因窒息而死亡。

ILTV 具有潛伏感染特徵，病毒在體內潛伏感染的部位是三叉神經節。在緊迫狀態、抵抗力降低時，病毒可被啟動而引起發病，並在雞群內傳播。

2. 病理變化 本病的病理變化有喉氣管型和結膜型兩種。

（1）喉氣管型。病死雞皮膚發紺，鼻腔內積有漿液或黏液，或帶有血凝塊或呈纖維素性乾酪樣物。喉頭和氣管腫脹、充血、出血，黏膜上覆有多量濃稠黏液或黃白色偽膜或黃白色豆腐渣樣滲出物，並常有血液凝塊。有的在喉和氣管內存有纖維素性的乾酪樣物質，附著於喉頭周圍，堵塞喉腔。氣管的病變在靠近喉頭處最重，往下稍輕，部分病例在兩支氣管或一側支氣管內有條柱狀黃白色豆腐渣樣滲出物，從支氣管伸到肺臟，有些堵塞在兩支氣管交叉狹窄處，導致窒息死亡。鏡檢：早期病例在喉和氣管黏膜上皮內可發現呈聚集狀態的核內包含體。呼吸道黏膜上皮細胞明顯脫落，殘存的黏膜上皮細胞腫脹、增生，核呈空泡變性而腫大。黏膜固有層充血、水腫，血管內皮腫脹、增生，管壁纖維素樣變。固有層有多量漿細胞、淋巴細胞及單核細胞浸潤。

（2）結膜型。單側或雙側眼結膜充血、瘀血、水腫，有時有點狀出血。有的病雞眼瞼水腫，角膜混濁，眶下竇出血，竇內充滿乾酪樣滲出物。鼻竇黏膜瘀血，有黏性滲出物蓄積，喉和氣管出血輕微。

十二、雞傳染性支氣管炎

1. 原因及發病機理 雞傳染性支氣管炎病毒（IBV）有 10 多個血清型，所引起的症狀和病變不完全相同。主要侵害雞的呼吸、泌尿生殖和消化系統等，以呼吸困難，排白色或水樣稀便，患病雛雞有較高死亡率，成雞產蛋下降，產畸形蛋、軟殼蛋等為主要臨床特徵。IBV 主要經空氣傳播，進入機體後在呼吸道、腸道、腎臟和輸卵管中複製。氣管組織是病毒最集中侵害的器官，常出現呼吸道症狀；而引起腎病型的IB毒株則形成間質性腎炎、腎小管內尿酸鹽大量沉積；腎機能障礙時，病禽可因中毒和脫水而死亡。

2. 病理變化

（1）呼吸型傳染性支氣管炎。主要病變可見氣管環出血，管腔中有黃色或黑黃色栓塞物。鼻腔、鼻竇黏膜充血潮紅，鼻腔、支氣管中有黏稠分泌物，病程稍長的，分泌物變成乾酪樣，或形成栓條狀阻塞氣管。肺臟水腫或出血。患雞輸卵管發育受阻，變細、變短或成囊狀。產蛋雞的卵泡變形，甚至破裂。光鏡下，氣管、支氣管黏膜纖毛脫落，上皮細胞內有包含體，黏膜固有層和下層可見大量的淋巴細胞和漿細胞浸潤。

（2）腎型傳染性支氣管炎。腎臟病變明顯，而呼吸道病變較輕微或缺如。剖檢可見雞冠、肉垂顏色暗紅，皮膚因大量失水而乾燥，呼吸道可見多量黏液滲出。典型病變為腎臟腫大，出現暗紅和白色條塊相間斑塊，或全腎蒼白。兩側輸尿管增粗，管內有白色尿酸鹽結晶物。鏡檢：氣管、支氣管黏膜上皮壞死脫落，周圍有大量淋巴樣細胞增生。腎小管上皮顆粒變性，集尿管和腎小管管腔擴張，管腔中央為紅染結晶，周圍有大量多核白血球和淋巴細胞增生。

（3）腺胃型傳染性支氣管炎。病雞極度消瘦，雛雞眼睛水腫，鼻腔、氣管內有大量稀薄黏液，氣管下段有紅色環狀充血。肺臟顏色變暗，氣囊混濁。成年雞的呼吸系統變化輕微或不出現。典型變化在腺胃。病初腺胃腫大如小圓球，較硬，胃壁增厚，切開後自行外翻。數日後見腺胃內壁乳頭增大、腫脹，可擠出白色黏稠液體，腺胃與肌胃交界處出現潰瘍、出血。有的在腺胃乳頭基部有環狀充血。後期腺胃鬆弛膨大，呈長囊狀，胃壁軟薄，腺胃乳頭平整融合，完全消失；肌胃瘺縮。有的胰腺腫大有出血點；有的腎臟腫大，有尿酸鹽沉積；盲腸扁桃體腫大出血；十二指腸、空腸、直腸和泄殖腔有不同程度的出血。

十三、減蛋症候群

1. 原因及發病機理　本病又稱雞產蛋下降症候群（EDS－76），是由禽腺病毒引起的，使蛋雞產量下降的病毒性傳染病。病毒可經消化道水準傳播，但主要經種蛋垂直傳播。雛雞感染後不表現任何臨床症狀，血清抗體也為陰性。一直到開始產蛋，病毒才開始活動。EDS－76病毒能使黏膜上皮細胞變性、脫落，細胞質內分泌顆粒減少或消失，子宮的腺體細胞萎縮，這樣使得鈣離子轉運障礙和色素分泌量減少，並使輸卵管內pH明顯降低，這種酸性環境可以溶解卵殼腺所分泌的碳酸鈣，使鈣鹽沉著受阻，從而導致蛋殼形成紊亂而出現蛋殼異常。由於輸卵管各部功能異常使雞的正常產蛋週期和排泄機制受到干擾和破壞，導致產蛋率下降或產蛋停止。

經口感染成年母雞後，病毒在鼻黏膜進行一定量的複製，形成病毒血症。感染後3～4 d病毒在全身淋巴組織中複製，7～20 d，病毒在輸卵管狹部蛋殼分泌腺大量複製，導致了黏膜分泌功能紊亂，蛋殼形成受阻，產蛋減少或停止。

2. 病理變化　本病眼觀病變不明顯，有時可見卵巢發育不良，或有出血；輸卵管萎縮，黏膜發炎，卵泡軟化。少數病例可見子宮水腫，腔內有白色滲出物或乾酪樣物，卵泡有變性和出血現象。

病理組織學檢查子宮輸卵管腺體水腫，單核細胞浸潤，黏膜上皮細胞變性壞死。子宮黏膜及輸卵管固有層出現漿細胞、淋巴細胞和異嗜細胞浸潤。輸卵管上皮細胞中有嗜伊紅的核內包含體，核仁、核染色質偏向核膜一側。

十四、鴨　　瘟

1. 原因及發病機理　本病又稱鴨病毒性腸炎，由鴨病毒性腸炎病毒引起。傳播途徑主要是消化道，也可經交配、眼結膜或呼吸道傳播。易感鴨經消化道等途徑感染後，病毒首先在整個消化道黏膜層大量複製，引起黏膜上皮破壞脫落並發生凝固壞死後，經血流形成病毒血症。病毒廣泛分布於病鴨的肝臟、脾臟、腦、血液、肺臟、肌肉、腎臟等組織器官，以食管、肺臟、泄殖腔和腦組織含毒量最高。局部由多量炎性細胞廣泛浸潤，導致廣泛的局灶性壞死、腸炎和脈管炎。

2. 病理變化　以頭頸部腫大和消化道黏膜出血、形成偽膜或潰瘍為特徵。眼瞼腫脹，眼角有漿液性或膿性分泌物。頭和頸部皮膚腫脹，有出血斑點，切開時，流出淡黃色的透明液體。口腔、食道黏膜有點狀出血或縱行排列呈條紋狀的灰黃色偽膜覆蓋，偽膜剝離後留下潰瘍斑痕。泄殖腔黏膜病變與食道相似，即有出血斑點和不易剝離的偽膜與潰瘍。食道膨大部分與腺胃交界處有一條灰黃色壞死帶或出血帶，肌胃角質膜下層充血和出血。十二指腸、空腸、直腸可見重度出血及壞死病灶。

病死鴨呈敗血症變化，皮膚、氣管、肺、心冠脂肪及心外膜、肝臟、腎臟、卵黃蒂、胰腺、法氏囊等瘀血或出血。肝臟表面和切面有大小不一、形狀不規則的灰白色或灰黃色壞死灶，而有的白色壞死灶中心為紅色出血點。膽囊腫大，充滿黏稠的墨綠色膽汁。脾臟呈黑紫色，體積縮小，或有灰白或灰黃色壞死點。心外膜和心內膜上有出血斑點，心腔裡充滿凝固不良的暗紅色血液。雛鴨感染時法氏囊充血發紅，有針尖樣黃色小斑點，到後期，囊壁變薄，囊腔中充滿白色、凝固的滲出物。產蛋母鴨的卵巢濾泡增大，有出血點和出血斑，有時卵泡破裂，引起腹膜炎。

十五、鴨病毒性肝炎

1. 原因及發病機理　本病由鴨肝炎病毒引起，該病毒有 3 個血清型。鴨病毒性肝炎通常是由Ⅰ型病毒所致。易感鴨經消化道和呼吸道等途徑感染Ⅰ型鴨肝炎病毒後，病毒在肝臟實質器官中大量繁殖，導致肝細胞瀰漫性變性和壞死，肝出血區可見大量壞死的肝細胞。血管周圍有不同程度顆粒白血球和淋巴細胞等炎性細胞浸潤，小葉間膽管上皮增生。病毒還可以隨血液循環到達脾臟、腎臟、胰腺、腦和膽囊等器官，進行大量複製，造成細胞變性壞死，器官組織炎症等。如免疫器官受病毒侵害後發生退行性變化，導致免疫功能急遽下降。雛鴨感染後腔上囊出血、壞死並發生萎縮。發生病毒性腦炎時，病鴨出現痙攣、角弓反張等一系列明顯神經症狀。

2. 病理變化 特徵性病變主要在肝臟。肝臟腫大、邊緣鈍圓，質地柔軟脆弱，顏色灰紅、土黃或斑駁狀，表面有瀰漫性出血點或出血斑；膽囊腫脹呈長卵圓形，充滿褐色、淡綠色或淡茶色膽汁；胰腺有散在性分布的灰白色壞死灶和斑點狀出血；脾臟和腎臟有不同程度的腫脹，表面有出血點或呈斑駁狀；心肌常呈淡灰色，質軟有瘀血，似開水煮樣；此外，部分病例還可見喉、氣管、支氣管等有輕度卡他性炎症及腦充血、出血等現象。鏡檢：肝組織廣泛出血，肝細胞瀰漫性變性、壞死，壞死灶周圍和肝細胞索之間淋巴細胞浸潤，小葉間膽管上皮增生；腎小管上皮細胞腫脹或脂肪變性；腦膜和腦內血管擴張，神經細胞變性和壞死，膠質細胞增生，淋巴細胞與膠質細胞形成血管套。雛鴨腔上囊上皮皺縮和脫落，淋巴小結萎縮。

Ⅱ型、Ⅲ型鴨肝炎病毒引起的病變與Ⅰ型肝炎相類似。

十六、小 鵝 瘟

1. 原因及發病機理 本病是由小鵝瘟病毒所引起的雛鵝的一種急性或亞急性敗血性傳染病。除經消化道感染外，也可經種蛋垂直傳播。易感鵝感染小鵝瘟病毒後，病毒首先在腸道黏膜層大量複製，導致小腸黏膜廣泛的急性卡他性炎症，腸黏膜絨毛因病毒損害及局部血液循環和代謝障礙，發生漸進性壞死，上皮層壞死脫落，整個絨毛的結構逐漸破壞，並與相鄰的壞死絨毛融合在一起，黏膜層的整片絨毛連同一部分黏膜固有層脫落。隨後細胞成分進一步發生崩解碎裂和凝固。小鵝瘟病毒經血液循環廣泛存在於患鵝的血液、肝臟、脾臟、心臟、肺臟、腎臟、胃、腸和腦組織中，在各組織器官複製，引起這些器官組織的病理損害，導致全身性淋巴網狀系統細胞增生反應。從神經組織、血管組織、淋巴網狀系統和消化道黏膜引起變性、壞死和炎症過程，表明小鵝瘟病毒為嗜器官性病毒。

2. 病理變化

（1）最急性型。剖檢時僅見小腸黏膜腫脹充血或出血，黏膜上覆蓋有大量淡黃色黏液；肝臟腫大，充血出血，質脆易碎；膽囊脹大，充滿膽汁，其他臟器的病變不明顯。

（2）急性型。除全身呈現敗血症病變外，腸道病變較為明顯。十二指腸特別是起始部黏膜瀰漫性紅色，空腸中段、後段及迴腸大片黏膜壞死脫落，與其纖維素性滲出物凝聚形成長短不一的栓子樣物體，質地堅實，似香腸，長度 2～6 cm 或更長，堵塞腸腔。眼觀腸管極度膨大，體積比正常腸管增大 2～3 倍，淡灰白色。剪開腸道後可見腸壁變薄，栓子不與腸壁黏連，易從腸道中取出。切開栓子，其中心是深褐色的乾燥腸內容物，外層包裹著由壞死的腸黏膜和纖維素性滲出物凝固形成的厚層的灰白色偽膜。有些病例缺少這種典型變化，而是腸腔中充滿黏稠的內容物，黏膜充血發紅，呈卡他性炎症變化。解剖時還可見肝臟腫大，呈深紫色或黃紅色，質脆；膽囊脹大，充滿暗綠色膽汁；脾臟腫大，呈暗紅色；腎臟稍微腫大，呈暗紅色，質脆易碎；心壁擴張，心耳及右心室積血；大腿內側皮下、胸肌、心內外膜、肺臟等部位有瘀斑、瘀點。

(3) 亞急性型。病鵝腸道栓子病變更為明顯。1 月齡以上的病鵝腸道形成的偽膜可以從十二指腸段開始，整個腸段均有栓子狀偽膜，有的栓子狀偽膜可延伸到直腸。

鏡檢可見，具有栓塊的腸段呈纖維素性壞死性炎症，腸黏膜的絨毛和腸腺消失，固有層有淋巴細胞、單核細胞浸潤。腦膜和腦實質小血管擴張充血和出血，腦內可見細小軟化灶，神經細胞變性或壞死，膠質細胞增生形成「血管套」。肝瘀血，肝細胞變性，局部有灶狀壞死及炎性細胞浸潤。

十七、犬瘟熱

1. 原因及發病機理 本病是由犬瘟熱病毒（CDV）引起的犬的一種高度接觸性、致死性傳染病。CDV 是一種泛嗜性病毒，可感染多種細胞與組織，造成相應的症狀。一般情況下，透過氣溶膠與上呼吸道黏膜上皮接觸而感染，病毒首先侵入上呼吸道，經鼻腔、咽部和氣管侵入機體，24 h 後擴散至扁桃體、咽後和支氣管淋巴結，2～4 d 後病毒大量增殖，進入循環系統形成病毒血症，並且隨著被感染的中性粒細胞和大單核細胞擴散到肝臟、脾臟、肺臟、胸腺、胃、小腸、骨髓等組織和器官，使機體免疫功能受到嚴重破壞，病毒是否進一步擴散及增殖取決於動物自身的抵抗能力。8～9 d 後病毒進一步擴散至上皮細胞和神經組織，免疫狀態低下的犬，9～14 d 後病毒擴散分布到整個機體。患犬會發生腸炎、肺炎及皮膚潰瘍灶，腳墊皮膚角化病等，3～4 週後會出現神經症狀而死亡。

2. 病理變化 成年犬表現為結膜炎、鼻炎，上呼吸道、肺部和消化道也有不同程度的卡他性炎症，重症病例肺部充血性水腫和壞死性支氣管炎。如果繼發感染，可發生化膿性支氣管肺炎。腸黏膜脫落，腸繫膜淋巴結腫脹。有神經症狀的犬常可見鼻和腳墊的皮膚角化病。腦膜充血，腦室擴張。幼犬通常出現胸腺萎縮。

病理組織學檢查，在呼吸道、膀胱和腎盂上皮細胞、網狀細胞中可以見到包含體。包含體常見於細胞質中，胞核中偶爾可見，多數呈卵圓形，嗜酸性。死於神經症狀的病例，可在腦組織中發現非化膿性炎症，有時可見神經膠質細胞及神經元內有核內和細胞質內包含體。

任務五　寄生蟲病病理

一、球蟲病

1. 原因及發病機理 球蟲病是由球蟲引起的原蟲病。土壤、飼料或飲水中的感染性卵囊被畜禽吞入後到達腸管，子孢子脫囊逸出，進入腸上皮細胞吸取營養，透過反覆地由裂殖體分裂而成為裂殖子，並重新進入新的上皮細胞內生長發育，這樣多世代增殖，使上皮細胞遭受嚴重破壞。腸黏膜上皮細胞消失，絨毛萎縮，降低採食量和飼料中養分的吸收率，上皮糜爛與潰瘍引起滲出性腸炎，可誘發貧血、低蛋白血症、脫水等。

經兩個或多個世代後，一部分裂殖子發育為大配子母細胞，最後發育為大配子。另一部分發育為小配子母細胞，繼而生成許多帶有2根鞭毛的小配子。活動的小配子鑽入大配子體內（受精），成為合子。合子迅速由被膜包圍而成為卵囊，離開宿主細胞隨糞便排出體外。因此，檢查糞便中卵囊是診斷本病的一種重要方法。

2. 病理變化 球蟲的毒力與宿主種類、感染細胞的類型和定位等多種因子有關。

（1）雞球蟲病。死雞消瘦，雞冠和可視黏膜蒼白或青紫，泄殖腔周圍羽毛被糞便汙染，常帶有血液。不同球蟲種類引起的腸道病變部位和程度有所不同。柔嫩艾美耳球蟲主要侵害盲腸，故又稱盲腸球蟲病，急性者兩根盲腸腫大3～5倍，腸內充滿凝固的混有暗紅色血液的內容物，腸上皮變厚並有糜爛，直腸黏膜可見有出血斑。毒害艾美耳球蟲損害小腸中段，病變部腸管擴張、肥厚、變粗，嚴重壞死。腸管中有凝固血塊，使小腸在外觀上呈現淡紅色或黃色。巨型艾美耳球蟲主要侵害小腸中段，腸管擴張，腸壁肥厚，內容物黏稠，呈淡灰色、淡褐色或淡紅色，有時混有少量血液。堆型艾美耳球蟲多侵害十二指腸前段，在上皮表層發育，而且同期發育階段的蟲體常聚集在一起，因此被損害的十二指腸和小腸前段出現大量淡灰色斑點或條紋，排列成橫行，外觀呈階梯樣。布氏艾美耳球蟲主要引起小腸後段與直腸的偽膜形成和乾酪樣腸栓，鏡檢壞死物中有大量球蟲。

（2）兔球蟲病。引起兔球蟲病的球蟲有許多種，兔艾美耳球蟲寄生於膽管上皮引起肝球蟲病，其餘均寄生於腸黏膜上皮引起兔球蟲病，但多見混合感染。肝臟腫大，表面和實質內有粟粒至豌豆大白色或淡黃色膿樣結節或條索，沿膽小管分布，膽囊腫大，膽汁濃稠。慢性肝球蟲可見肝小葉間和膽小管周圍結締組織增生，肝細胞萎縮。腸管充血，有的出血，腸臌氣，十二指腸擴張肥厚，慢性病例腸黏膜呈淡灰色，有白色小結節，並有化膿性或壞死性病灶。

（3）豬球蟲病。特徵性病理變化主要發生在空腸和迴腸。空腸和迴腸內充滿暗紅色稀薄水樣內容物，腸黏膜有大量出血斑和瀰漫性壞死，腸繫膜淋巴結腫大，腸壁充血腫脹，其他臟器無肉眼可見病變。鏡檢：在腸黏膜上皮細胞內見到大量似成熟的球蟲裂殖體、裂殖子等。

（4）牛球蟲病。病牛屍體消瘦，可視黏膜蒼白，肛門外翻，肛門周圍和後肢被含血稀便所汙染。盲腸、結腸、直腸發生出血壞死性炎症，內容物稀薄，混有血液、黏液和纖維素。腸壁淋巴濾泡腫大，呈灰白色，其上部黏膜常發生潰瘍。腸繫膜淋巴結腫大。組織學檢查，病變部位的腸黏膜上皮細胞發生變性、壞死和脫落，在腸腔內形成許多細胞碎屑。尚存的上皮細胞內可發現處於不同發育時期的球蟲。黏膜固有層有大量嗜酸性粒細胞浸潤。

（5）鴨球蟲病。整個小腸呈出血性腸炎，腸壁腫脹、出血，黏膜上有出血斑或密布針尖大小的出血點，有的見有紅白相間的小點，有的黏膜上覆蓋一層糠麩狀或奶酪狀黏液，或有淡紅色或深紅色膠凍狀出血性黏液。

二、附紅血球體病

1. 原因及發病機理 附紅血球體是一種能引起人和多種動物感染的寄生生物。

據報導，吸血昆蟲、注射針頭、交配等可傳播本病，也可經胎盤垂直傳播，很多呈隱性感染。致病機理尚未完全清楚。附紅血球體感染機體後，吸附於紅血球上，並從中吸取養分，使紅血球膜出現損傷，細胞膜通透性增加，膜脆性增高，甚至出現膜凹陷和空洞，使血漿進入紅血球內引起紅血球破裂，攜氧功能喪失。當機體免疫力下降或受到其他病原體侵襲時，附紅血球體大量增殖，損傷的紅血球增多，逐漸出現貧血及黃疸。在機體免疫系統免疫監視和自身辨識功能作用下，將附紅血球體寄生的紅血球作為異種抗原，加速進行吞噬，從而加劇了貧血和血紅素尿的形成。同時還引起機體產生自身抗體 IgM 型冷凝素，攻擊被感染的紅血球，導致Ⅱ型變態反應，進一步引起紅血球溶解，加重了貧血和血紅素下降。除此之外，由於附紅血球體大量繁殖，可引起部分組織器官嚴重損傷，機體代謝紊亂、酸鹼失衡，如酸中毒和低血糖症等嚴重後果。

2. 病理變化　主要病理變化為貧血及黃疸。皮膚及可視黏膜蒼白、黃染，並有大小不等暗紅色出血點或出血斑，眼角膜混濁，無光澤。皮下組織乾燥或黃色膠凍樣浸潤。血液稀薄色淡，呈水樣，不易凝固。全身肌肉、漿膜腔內脂肪黃染。皮下組織及肌間水腫，黃染。多數有胸水和腹水。

心包積液，心外膜有出血點，心肌鬆弛，色熟肉樣，質地脆弱，心冠溝脂肪輕度黃染。肝臟腫大變性呈黃棕色，表面有黃色條紋狀或灰白色壞死灶。膽囊膨脹，內部充滿濃稠明膠樣膽汁。脾臟腫大變軟，呈暗黑色或土黃色，有的脾臟有針頭大至米粒大灰白或灰黃色丘疹樣壞死結節，脾組織中吞噬細胞含鐵血黃素沉著。腎臟混濁腫脹，質脆，皮質有微細出血點或黃色斑點。全身淋巴結腫大，呈紫紅色或灰褐色，切面多汁，有灰白色壞死灶和出血斑點。腦膜充血、出血，腦室內腦脊髓液增多。膀胱黏膜黃染並有少量出血點。胃底出血，壞死，十二指腸充血，腸壁變薄。

三、旋毛蟲病

1. 原因及發病機理　本病為人獸共患的寄生蟲病。動物採食了含有包囊幼蟲的肌肉後，幼蟲在胃內脫囊而出，到達小腸內發育為成蟲。成蟲交配後，鑽入腸腺和淋巴間隙，經過 7～10 d 產出幼蟲。幼蟲大部分進入黏膜下的微血管，隨著血液循環到達全身各處，只有在橫紋肌纖維內才能進一步發育為感染性幼蟲，特別是活動量較大的肋間骨、膈肌中較多，常引起肌肉發生變性。

旋毛蟲的宿主範圍十分廣泛，犬、豬的活動範圍廣，吃到動物屍體的機會很多，對動物糞便的嗜食性較強，因此感染率要比其他動物高。

2. 病理變化　成蟲侵入小腸上皮時，易引起急性腸炎，可見小腸黏膜肥厚、水腫、充血、出血，炎性細胞浸潤。腸腔內充滿黏液樣分泌物，黏膜有出血斑，或潰瘍。

幼蟲侵入肌肉時，局部肌肉急性發炎，表現為肌細胞變性，肌纖維腫脹，橫紋消失，組織充血和出血，局部炎性細胞浸潤。嚴重者肌纖維發生壞死，肌間結締組織增生。後期，採取肌肉做活組織檢查或死後肌肉檢查發現肌肉表現為蒼白色，切面上有針尖大小的白色結節，顯微鏡檢查可以發現蟲體包囊，包囊內有捲曲狀的幼蟲一至數條，外圍有結締組織包裹，時間較長的可發生鈣化。

四、豬囊尾蚴病

1. 原因及發病機理 豬囊尾蚴病又稱豬囊蟲病，是由豬帶絳蟲的幼蟲引起的人獸共患寄生蟲病。人是豬帶絳蟲的終末寄主，也是其中間寄主，人因吃了汙染其蟲卵的食物而感染。蟲卵入胃後，其胚膜經胃液處理，為消化液中的蛋白酶所破壞，頭節外翻，利用吸盤和小鉤固著於腸黏膜，以腸內消化的食物為營養，除對腸黏膜的機械損傷外，其代謝產物可引起腸道功能紊亂和某些神經症狀，不斷產生的節片脫落後隨糞便排出。

豬是豬帶絳蟲的中間寄主。蟲卵被豬吞食後，在小腸經消化液作用，六鉤蚴逸出，透過腸繫膜靜脈和淋巴循環到達全身各個部位，如肌肉組織、腦、肝臟、肺臟、腎臟等器官。在寄生局部形成占位與機械損傷，其分泌代謝產物或蟲體死亡釋放的蛋白類物質，往往引起周圍組織的炎症反應及水腫。

2. 病理變化 豬囊尾蚴為白色半透明的小囊泡，長 6～10 mm，寬約 5 mm，囊內含有透明的液體，囊壁上有一乳白色的小結，其中嵌藏著一個頭節。囊蟲包埋在肌纖維間，像散在的豆粒或米粒。在嚴重感染的情況下，病豬肉呈蒼白色而濕潤，囊尾蚴除寄生於各部分肌肉外，還可寄生於腦、眼、肝臟、脾臟、肺臟等部位，甚至在淋巴結和脂肪內也能找到囊尾蚴。在寄生初期，囊尾蚴外部有細胞浸潤，繼之發生纖維性變，約半年後蟲體死亡而鈣化。

五、弓形蟲病

1. 原因及發病機理 本病是由龔地弓形蟲引起的人和多種動物共患的寄生蟲病。貓是終末宿主，其他動物為中間宿主。貓食入了感染弓形蟲的動物（老鼠等）後，速殖子與緩殖子在腸上皮細胞內進行無性生殖和有性繁殖，生成裂殖體、配子體、合子，變為卵囊，隨糞便排出體外。

弓形蟲經消化道、呼吸道及傷口侵入中間宿主後，其中的子孢子隨血液和淋巴液進入全身各臟器或組織的細胞中，在細胞質內以出芽方式進行無性繁殖，增殖大量的速殖子，直至細胞脹破。逸出的速殖子又可侵入鄰近的細胞，如此反覆不已，造成局部組織的灶性壞死和周圍組織的炎性反應。如機體免疫功能正常，可迅速產生特異性免疫而清除弓形蟲，形成隱性感染。蟲體可在體內形成包囊，長期潛伏。一旦機體免疫功能降低，包囊內緩殖子即破囊逸出，引起復發。如機體免疫功能缺損，則蟲體大量繁殖，引起全身廣泛性損害。

2. 病理變化 內臟最特徵的病變是肺臟、淋巴結和肝臟，其次是脾臟、腎臟、腸。肺臟腫大，呈暗紅色，間質水腫增寬，切面流出多量帶泡沫的漿液，肺臟表面有局灶性灰白色壞死灶。全身淋巴結腫大，有大小不等的出血點和灰白色的壞死點，尤以鼠蹊部和腸繫膜淋巴結最為顯著。肝臟瘀血腫大，表面有散在針尖至黃豆大小灰白或灰黃色的壞死灶。脾臟在病的早期顯著腫脹，有少量出血點，後期萎縮。腎臟黃褐色，表面和切面有針尖大出血點和壞死灶。胃腸黏膜腫脹肥厚，有糜爛或潰瘍灶，從空腸至結腸有出血斑點。心包、胸腔和腹腔有積水。有的腦、脊髓組織內有灰白色壞死灶。

組織學檢查，在肝壞死灶周圍的肝細胞質內、肺泡上皮細胞內和單核細胞內、淋巴竇內皮細胞內，常見有單個和成雙的或 3～5 個數量不等的弓形蟲，形狀為圓形、卵圓形、弓形或新月形等不同形狀。

實踐應用

1. 根據你所掌握的知識，剖檢時，哪些動物疾病可出現敗血性病變？

2. 動物心肌、骨骼肌有壞死灶，一般見於哪些疾病？哪些動物疾病可出現肝臟壞死灶？

3. 豬瘟的特徵性病理變化有哪些？雞新城疫的主要病理變化有哪些？

4. 剖檢時，若發現其腸道有明顯的壞死、出血性炎症病變，應考慮哪些疾病？

5. 某 500 頭規模的豬場，進入 4 月分以來，陸續有部分豬發病，少數嚴重者出現死亡。剖檢發現肺臟腫大，間質增寬，切開後從切面流出多量泡沫樣液體，試分析其可能的疾病。如要確診，還需進行哪些檢查？

6. 在進行病理學檢查診斷過程中，哪些病理變化具有示病意義？

7. 一養豬戶有 50～60 kg 肉豬 100 多頭，近期有 30 多頭突然發病，乾咳，呼吸困難，呈犬坐姿勢，有的口鼻流出泡沫樣分泌物，體溫 41～42 ℃。取嚴重者剖檢，見全身黏膜、實質器官、淋巴結出血，心包積液，肺臟切面呈大理石樣，質度稍硬，氣管、支氣管黏膜有泡沫狀黏液。試分析：該群病豬的主要病變是什麼？可能是什麼疾病？如何處理？

8. 哪些疾病可以引起肝腫大？其病理變化特點如何？

9. 豬囊蟲病、旋毛蟲病的病變特徵有哪些，如何檢查？

第十五章 屍體剖檢診斷技術

學習目標

能說出屍體剖檢的意義和動物死後屍體的變化；能正確辨識動物生前和死後的病理變化；能對反芻動物、禽類和豬等動物進行屍體剖檢、臟器病變的檢查以及病料的採集；能運用辨證的觀點對病理診斷作出分析。

任務一　概　　述

（一）屍體剖檢概念

動物屍體剖檢是運用病理基本知識和技能，透過檢查動物屍體的病理變化，進而診斷疾病、確定死因的一種方法。

按剖檢目的不同，屍體剖檢分為診斷學剖檢、科學研究剖檢和法獸醫學剖檢三種。診斷學剖檢主要在於查明病畜發病和致死的原因、目前所處的階段和應採取的措施。這要求對待檢動物的全身每個臟器和組織都要做細緻的檢查，並彙總相關資料進行綜合分析，最後得出診斷結論。科學研究剖檢以學術研究為目的，如人工造病以確定實驗動物全身或某個組織器官的病理變化規律。多數情況下，目標集中在某個系統或某個組織，對其他的組織和器官只做一般檢查。法獸醫學剖檢則以解決與獸醫有關的法律問題為目的，是在法律的監控下所進行的剖檢。

在獸醫臨床實踐中，屍體剖檢是較為簡便、快速的畜禽疾病診斷方法之一，因而被廣泛應用。透過屍體剖檢，直接觀察器官特徵病變，結合臨床症狀和流行病學調查等，可以及早做出診斷（死後診斷），為及時採取有效的防控措施提供可靠的診斷依據。透過屍體剖檢，還可以檢驗臨床診斷和治療的準確性，積累經驗，提高診療品質。

屍體剖檢的對象是患病動物，因此在剖檢操作過程中必須遵循一定的規程，保證真實反映疾病所造成的病變，嚴格防止個人感染和汙染環境。必須對病屍進行全面、細緻的檢查，科學、綜合的分析，才能得出可靠的結論。

（二）屍體的變化

動物死亡後，因體內酶和細菌的作用以及外界環境的影響，其屍體逐漸發生一系列的死後變化。正確地辨認屍體變化，可以避免把某些死後變化誤認為生前的病理變化。

1. 屍冷 指動物死亡後，屍體溫度逐漸降至外界環境溫度相等的現象。由於動物死亡後，機體的新陳代謝停止，產熱過程終止，而散熱過程仍在繼續進行。在死後的最初幾小時，屍體溫度下降的速度較快，以後逐漸變慢。通常在室溫條件下，一般以每小時 1 ℃的速度下降，因此動物的死亡時間大約等於動物的體溫與屍體溫度之差。屍體溫度下降的速度受外界環境溫度的影響，如冬季天氣寒冷，屍冷過程較快，而夏季則屍冷速度較慢。檢查屍體的溫度有助於確定死亡的時間。

2. 屍僵 動物死亡後，最初由於神經系統功能喪失，肌肉失去緊張力而變得鬆弛柔軟。但經過一段時間後，肢體的肌肉即行收縮，使肢體各關節固定於一定的形狀，稱為屍僵。屍僵開始的時間，因外界條件及機體狀態不同而異。大、中動物一般在死後 1.5～6 h 開始發生，10～24 h 最明顯，24～48 h 開始緩解。屍僵從頭部開始，然後是頸部、前肢、後軀和後肢的肌肉逐漸發生，此時各關節因肌肉僵硬而被固定，不能屈曲。解僵的過程也是從頭、頸、軀幹到四肢。

除骨骼肌以外，心肌和平滑肌同樣可以發生屍僵。在死後 0.5 h 左右心肌即可發生屍僵，心肌收縮變硬，同時將心臟內的血液驅出，肌層較厚的左心室表現得最明顯，而右心室往往殘留少量血液。經 24 h，心肌屍僵消失，心肌鬆弛。如果心肌變性或心臟衰竭，則屍僵可不出現或不完全，這時心臟質度柔軟，心腔擴大，並充滿血液。血管、胃、腸、子宮和脾臟等處平滑肌僵硬收縮時，可使腔狀器官的內腔縮小，組織質度變硬。當平滑肌發生變性時，屍僵同樣不明顯，例如敗血症的脾臟，由於平滑肌變性而使脾臟質度變軟。

屍僵出現的早晚、發展程度，以及持續時間的長短，與外界因素和自身狀態有關。如周圍氣溫較高，屍僵出現較早，解僵也較迅速，寒冷時則屍僵出現較晚，解僵也較遲。肌肉發達的動物，要比消瘦動物屍僵明顯。死於破傷風或番木鱉鹼中毒的動物，死前肌肉運動較劇烈，屍僵發生快而明顯。死於敗血症的動物，屍僵不顯著或不出現。另外，如屍僵提前，說明動物急性死亡並有劇烈的運動或高燒疾病，如破傷風。如屍僵時間延緩，屍僵不全或不發生屍僵，應考慮到生前有惡病質或烈性傳染病，如炭疽等。

檢查屍僵時，應與關節本身的疾病相區別。發生慢性關節炎時關節也不彎曲。但如是屍僵，四個關節均不能彎曲，若是慢性關節炎，不能彎曲的關節只有一個或兩個。

3. 屍斑 動物死亡後，由於心臟和大動脈的臨終收縮及屍僵，血液被排擠到靜脈系統內，並因重力作用，血液流向屍體的低下部位，使該部血管充盈血液，這種現象稱為墜積性瘀血。屍體倒臥側組織器官的墜積性瘀血稱為屍斑，一般在死後 1～1.5 h 即可出現。屍斑墜積部的組織呈暗紅或青紫色。初期，用指按壓該部可使紅色消退，並且這種暗紅色的斑可隨屍體位置的變更而改變。隨著時間的延長，紅血球發生崩解，形成的血紅素透過血管壁向周圍組織浸潤，使心內膜、血管內膜及血管周圍組織染成紫紅色，這種現象稱為屍斑浸潤，一般在死後 24 h 左右開始出現。此時改變屍體的位置，屍斑浸潤的變化也不會消失。

檢查屍斑，對於死亡時間和死後屍體位置的判定有一定的意義。臨床上應與瘀血和炎性充血加以區別。瘀血發生的部位和範圍，一般不受重力作用的影響，如肺瘀血或腎瘀血時，兩側的表現是一致的，肺瘀血時還伴有水腫和氣腫。炎性充血可出現在身體的任何部位，局部還伴有腫脹或其他損傷。而屍斑則僅出現於屍體的低下部，除重力因素外沒有其他原因，也不伴發其他變化。

4. 屍體自溶和腐敗 屍體自溶是指動物體內的溶酶體酶和消化酶如胃液、胰液中的蛋白分解酶，在動物死亡後，引起的自體消化過程。表現最明顯的是胃和胰腺，胃黏膜自溶時表現為黏膜腫脹、變軟、透明，極易剝離或自行脫落和露出黏膜下層，嚴重時自溶可波及肌層和漿膜層，甚至可出現死後穿孔。屍體腐敗是指由於細菌作用而發生屍體組織蛋白腐敗分解的現象，主要是由於腸道內厭氧菌的分解、消化作用，或血液、肺臟內的細菌作用，也有從外界進入體內的細菌作用。腐敗過程中，產生大量氣體，如氨、二氧化碳、甲烷、氮、硫化氫等。因此，腐敗的屍體內含有多量的氣體，並產生惡臭。屍體腐敗可表現在以下幾個方面。

（1）死後臌氣。這是胃腸內細菌繁殖，胃腸內容物腐敗發酵產生大量氣體的結果。尤其是反芻獸的前胃和單蹄獸的大腸更明顯。此時，氣體可以充滿整個胃腸道，使屍體的腹部膨脹，肛門凸出且哆開，嚴重臌氣時可發生腹壁或橫膈破裂。死後臌氣應與生前臌氣相區別，生前臌氣壓迫橫膈，可造成胸內壓升高，引起呼吸及靜脈回流障礙，出現瘀血，尤其頭、頸部明顯，漿膜面還可見出血，而死後臌氣則無上述變化。死後破裂口的邊緣沒有生前破裂口的出血性浸潤和腫脹，在腸道破裂口處有少量腸內容物流出，但沒有血凝塊和出血，只見破裂口處的組織撕裂。

（2）肝臟、腎臟、脾臟等內臟器官的腐敗。肝臟腐敗往往發生較早，變化也較明顯。此時，肝臟體積增大，質度變軟，汙灰色，肝包膜下可見到小氣泡，切面呈海綿狀，從切面可擠出混有泡沫的血水，這種變化，稱為泡沫肝。腎臟、脾臟發生腐敗時也可見到類似肝臟腐敗的變化。

（3）屍綠。由於組織分解產生的硫化氫與紅血球分解產生的血紅素和鐵相結合，形成硫化血紅素和硫化鐵，致使腐敗組織呈汙綠色，稱為屍綠。這種變化在腸道表現得最明顯。臨床上可見到動物的腹部出現綠色，尤其是禽類，常見到腹底部的皮膚為綠色。

（4）屍臭。屍體腐敗過程中產生大量帶惡臭的氣體，如硫化氫、己硫醇、甲硫醇、氨等，致使腐敗的屍體具有特殊的惡臭氣味。

屍體腐敗的快慢，受周圍環境溫度和濕度及疾病性質的影響。適當的溫度、濕度或死於敗血症和有大面積化膿性炎症的動物，屍體腐敗較快且明顯。在寒冷、乾燥的環境下或死於非傳染性疾病的動物，屍體腐敗緩慢且微弱。

屍體腐敗可使生前的病理變化遭到破壞，會給剖檢工作帶來困難。因此，病畜死後應儘早進行屍體剖檢，以免死後變化與生前的病變發生混淆。

5. 血液凝固 動物死後不久，心臟和大血管內的血液凝固成血凝塊。血液凝固較快時，血凝塊呈一致的暗紅色。血液凝固緩慢時，由於血液凝固前紅血球沉降，血凝塊分成明顯的兩層，上層為主要含血漿成分的淡黃色雞脂樣凝血塊，下層為主要含紅血球的暗紅色血凝塊。

血凝塊表面光滑、濕潤，有光澤，質柔軟，富有彈性，並與血管內膜分離。應注意與血栓區別。血栓為動物生前形成，表面粗糙，質脆而無彈性，並與血管壁有黏連，不易剝離，硬性剝離可損傷內膜。在靜脈內的較大血栓，可同時見到黏著於血管壁上呈白色的頭部（白色血栓）、紅白相間的體部（混合血栓）和全為紅色的游離的尾部（紅色血栓即血凝塊）。

因敗血症、窒息及一氧化碳中毒等死亡的動物，往往血液凝固不良。

任務二　屍體剖檢準備及注意事項

（一）屍體剖檢準備

屍體剖檢前，必須做好相應的準備工作，以保證剖檢能順利進行，同時既要注意防止病原擴散，又要預防自身感染。

1. 場地選擇　為方便消毒和防止病原擴散，一般應在病理剖檢室進行。如條件不許可而在室外剖檢時，應選擇地勢較高、環境乾燥，遠離水源、道路、房舍和畜舍的地點進行。剖檢前挖一不低於 2 m 的深坑，剖檢後將內臟、屍體連同被汙染的土層投入坑內，再撒上石灰或噴灑 10%的石灰水、3%～5%來蘇兒或臭藥水，然後用土掩埋。

2. 器械和藥品　根據動物死前症狀、剖檢目的準備解剖器械。一般應有解剖刀、剝皮刀、臟器刀、外科刀、腦刀、外科剪、腸剪、骨剪、骨鉗、鑷子、骨鋸、雙刃鋸、斧頭、骨鑿、闊唇虎頭鉗、探針、量尺、量杯、針筒、針頭、天平、磨刀棒或磨刀石等。如沒有專用解剖器材，也可用其他合適的刀、剪代替。準備裝檢驗樣品的滅菌平皿、棉拭子和固定組織用的內盛 10%福馬林或 95%酒精的廣口瓶。常用消毒液有 3%～5%來蘇兒、石炭酸、臭藥水、0.2%高錳酸鉀、70%酒精、3%～5%碘酒等。此外，還應準備凡士林、滑石粉、肥皂、棉花和紗布等。

3. 自我防護　剖檢人員應穿工作服，外罩膠皮或塑膠圍裙，戴膠手套、線手套、工作帽，穿膠鞋。必要時還要戴上口罩和眼鏡。如缺乏上述用品時，可在手上塗抹凡士林或其他油類，保護皮膚，以防感染。在剖檢中不慎劃破皮膚時應立即消毒和包紮。

在剖檢過程中，應保持清潔，注意消毒。可用清水或消毒液洗去剖檢人員手上和刀剪等器械上的血液、膿液和各種汙物。

剖檢後，雙手先用肥皂洗滌，再用消毒液沖洗。為了消除糞便和屍腐臭味，可先用 0.2%高錳酸鉀溶液浸洗，再用 2%～3%草酸溶液洗滌，褪去棕褐色後，再用清水沖洗。

（二）屍體剖檢的注意事項

1. 剖檢時間　病畜死後應儘早剖檢。屍體放久後，容易腐敗分解，這會影響對原有病變的觀察和診斷。剖檢最好在白天進行，因為在燈光下，一些病變的顏色（如黃疸、變性等）不易辨認。供分離病毒的腦組織要在動物死後 5 h 內採取。一般死後超過 24 h 的屍體，就失去了剖檢意義。此外，細菌和病毒分離培養的病料要先無菌採取，最後再取病料做組織病理學檢查。如屍體已腐爛，可鋸一塊帶骨髓的股骨送檢。

2. 屍體運送　小動物可用不漏水的容器加蓋運送，搬運大動物屍體時，應在體表噴灑消毒液，並用浸透消毒液的棉花團塞住天然孔，防止病原在搬運過程中沿途擴散。

3. 了解病史 屍體剖檢前，應先了解病畜所在地區疾病流行情況、病畜生前病史，包括臨床化驗、檢查和診斷等。還應注意治療、飼養管理和臨死前的表現等情況。

4. 病變切取 未經檢查的臟器切面，不可用水沖洗，以免改變其原來的顏色和性狀。切臟器的刀、剪應鋒利，切開臟器時，要由前向後，一刀切開，切忌擠壓或拉鋸式切開。切開未經固定的腦和脊髓時，應先使刀口浸濕，然後下刀，否則切面粗糙不平。

5. 屍檢後處理

（1）衣物和器材。剖檢中所用衣物和器材最好直接放入煮鍋或高壓鍋內，經滅菌後，方可清洗和處理；解剖器械可直接放入消毒液內浸泡消毒後，再清洗處理。膠手套消毒後，用清水洗淨，擦乾，撒上滑石粉。金屬器械消毒清潔後擦乾，塗抹凡士林，以免生鏽。

（2）屍體。為了不使屍體和解剖時的汙染物成為傳染源，剖檢後的屍體最好焚化或深埋。野外剖檢時，屍體要就地深埋，深埋之前在屍體上用具有強烈刺激異味的消毒藥如甲醛等噴灑消毒，以免屍體被意外挖出。

（3）場地。徹底消毒剖檢場地，以防汙染周圍環境。如遇特殊情況（如禽流感），檢驗工作在現場進行，當撤離檢驗工作點時，要做終末消毒，以保證安全。

任務三　不同動物屍體剖檢術式

由於動物種類不同，體型大小不一，以及剖檢條件、目的不一樣，剖檢術式並不是固定不變的。只要不影響判斷準確和方便操作，可根據具體情況靈活掌握。但為了全面系統地檢查屍體的病理變化，防止漏檢誤判，必須遵循基本的剖檢規程。

首先，要對屍體進行認真的外部檢查，做到胸中有數，為重點剖檢提供線索。內容包括：①畜別、品種、性別、年齡、毛色等基本特徵；②被毛的光澤度，皮膚的完整性及彈性，有無脫毛、創傷，有無皮下水腫和氣腫；③肌肉發育情況及屍體營養狀態；④可視黏膜色澤，天然孔的開閉狀態，有無分泌物、排泄物及其性狀、數量；⑤檢查屍體變化。

對於尚未死亡的動物，通常採用放血致死，如有特殊需要，也可採用注射藥物、靜注空氣致死。

內部檢查從剝皮開始，邊切開邊檢查。通常先打開腹腔，然後檢查胸腔、口腔和頸部、骨盆腔。如有必要，再檢查腦、脊髓、骨和關節等。在採出臟器前，應先觀察臟器位置和概貌，經初步檢查後採出做詳細檢查。

通常情況下，先取與發病和致死的原因最有關係的器官進行檢查，與該病理過程發生發展有連繫的器官可一併檢查。或考慮到對環境的汙染，應先檢查口腔器官，再檢查胸腔器官，之後再檢查腹腔臟器中的脾臟和肝臟，最後檢查胃腸道。總之，檢查順序服從於檢查目的和現場的情況，不應墨守成規。既要細緻搜尋和觀察重點的病變，又要照顧到全身一般性檢查。臟器在檢查前要注意保持其原有的濕潤程度和色彩，盡量縮短其在外界環境中暴露的時間。

一、反芻動物的屍體剖檢術式

（一）外部檢查

包括檢查畜別、品種、年齡、性別、毛色、營養狀態、皮膚和可視黏膜以及部分屍征等。

（二）內部檢查

包括剝皮、皮下檢查、體腔的剖開及內臟器官的採出等。

1. 剝皮 將屍體仰臥，自下顎部起沿腹部正中線切開皮膚，至臍部後將切線分為兩條，繞開生殖器或乳房，最後於尾根部會合。再沿四肢內側的正中線切開皮膚，到球節做一環形切線，然後剝下全身皮膚（圖 15－1）。傳染病屍體，一般不剝皮。在剝皮過程中，應注意檢查皮下的變化。

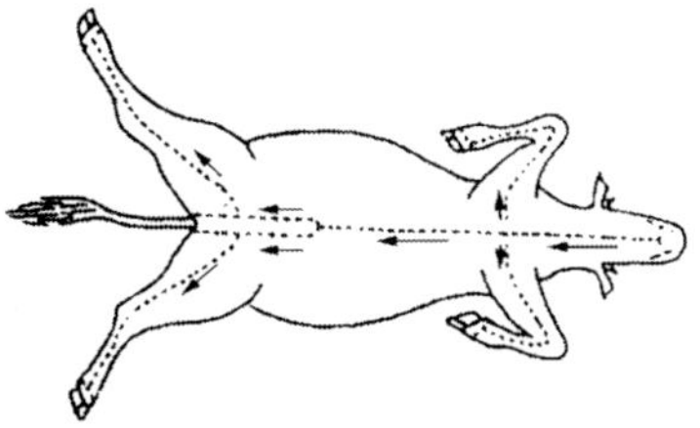

圖 15－1　動物剖檢剝皮順序

2. 切離前、後肢 為了便於操作，反芻動物的屍體剖檢，通常採取左側臥位。先將右側前、後肢切離。將前肢或後肢向背側牽引，切斷肢內側肌肉、關節囊、血管、神經和結締組織，再切離其外、前、後三方面肌肉即可取下。

3. 腹腔臟器採出

（1）切開腹腔。先將母畜乳房或公畜外生殖器從腹壁切除，然後從肷窩沿肋弓切開腹壁至劍狀軟骨，再從肷窩沿髂骨體切開腹壁至恥骨前緣（圖 15－2）。注意不要刺破腸管，造成糞水汙染。

切開腹腔後，檢查有無腸變位、腹膜炎、腹水或腹腔積血等。

圖 15－2　腹腔打開切線

（2）腹腔器官採出。先將網膜切除，並依次採出小腸、大腸、胃和其他器官。

切取網膜：檢查網膜的一般情況，然後將兩層網膜撕下。

採出小腸：提起盲腸的盲端，沿盲腸體向前，在三角形的迴盲韌帶處分離一段迴腸，在距盲腸約 15 cm 處做雙重結紮，從結紮間切斷。再抓住迴腸斷端向身前牽引，使腸繫膜呈緊狀態，在接近小腸部切斷腸繫膜。由迴腸向前分離至十二指腸空腸曲，再做雙重結紮，於兩結紮間切斷，即可取出全部小腸。採出小腸的同時，要邊切邊檢查腸繫膜和淋巴結等有無變化。

採出大腸：先在骨盆口找出直腸，將直腸內糞便向前擠壓並在直腸末端做一次結紮，在結紮後方切斷直腸。抓住直腸斷端，由後向前分離直腸繫膜至前腸繫膜根部。再把橫結腸、腸盤與十二指腸回行部之間的連繫切斷。最後切斷前腸繫膜根部的血管、神經和結締組織，可取出整個大腸。

採出胃、十二指腸和脾臟：先將膽管、胰管與十二指腸之間的連繫切斷，然後分離十二指腸繫膜。將瘤胃向後牽引，露出食管，並在末端結紮切斷。再用力向後下方牽引瘤胃，切離瘤胃與背部連繫的組織，切斷脾膈韌帶，將胃、十二指腸及脾臟同時採出。

採出胰臟、肝臟、腎臟和腎上腺：胰臟可從左葉開始逐漸切下或將胰臟附於肝門部和肝臟一同取出，也可隨腔動脈、腸繫膜一併採出。

肝臟採出：先切斷左葉周圍的韌帶及後腔靜脈，然後切斷右葉周圍的韌帶、門靜脈和肝動脈（勿傷右腎），便可採出肝臟。

採出腎臟和腎上腺時，首先應檢查輸尿管的狀態，然後先取左腎，即沿腰肌剝離其周圍的脂肪囊，並切斷腎門處的血管和輸尿管，採出左腎。右腎用同樣方法採出。腎上腺可與腎臟同時採出，也可單獨採出。

4. 胸腔臟器採出

（1）鋸開胸腔。鋸開胸腔之前，應先檢查肋骨的高低及肋骨與肋軟骨結合部的狀態。然後將膈的左半部從季肋部切下，用鋸把左側肋骨的上下兩端鋸斷，只留第一肋骨，即可將左胸腔全部暴露，應注意檢查左側胸腔液的量和性狀，胸膜的色澤，有無充血、出血或黏連等。

（2）心臟的採出。先在心包左側中央做十字形切口，將手洗淨，把食指和中指插入心包腔，提取心尖，檢查心包液的量和性狀。然後沿心臟的左側縱溝左右各 1 cm 處，切開左、右心室，檢查血量及其性狀；最後將左手拇指和食指分別伸入左、右心室的切口內，輕輕提取心臟，切斷心基部的血管，取出心臟。

（3）肺臟的採出。先切斷縱隔的背側部，檢查胸腔液的量和性狀；然後切斷縱隔的後部；最後切斷胸腔前部的縱隔、氣管、食管和前腔動脈，並在氣管輪上做一小切口，將食指和中指伸入切口牽引氣管，將肺臟取出。

（4）腔動脈的採出。從前腔動脈至後腔動脈的最後分支部，沿胸椎、腰椎的下面切斷肋間動脈，即可將腔動脈和腸繫膜一併採出。

5. 骨盆腔臟器採出　先鋸斷髂骨體，然後鋸斷恥骨和坐骨的髖臼支，除去鋸斷的骨體，盆腔即暴露。切離直腸與盆腔上壁的結締組織，母畜還應切離子宮和卵巢，再由盆腔下壁切離膀胱頸、陰道及生殖腺等，最後切斷附著於直腸的肌肉，將肛門、陰門做圓形切離，即可取出骨盆腔臟器。

6. 口腔及頸部器官採出　先切斷咬肌，在下顎骨的第一臼齒前，鋸斷左側下顎支，再切斷下顎支內面的肌肉和後緣的腮腺、下顎關節的韌帶及冠狀突周圍的肌肉，將左側下顎支取下。左手握住舌體，切斷舌骨支及其周圍組織，將喉、氣管和食管的周圍組織切離，直至胸腔入口處，即可採出口腔及頸部器官。

7. 顱腔的打開與腦採出

（1）切斷頭部。沿環枕關節切斷頸部，使頭與頸分離，然後除去下顎骨體及右側下顎支，切除顱頂部附著的肌肉。

（2）取腦。先沿兩眼的後緣用鋸橫行鋸斷，再沿兩角外緣與第一鋸相接鋸開，並於兩角的中間縱鋸一正中線，然後兩手握住左右兩角，用力向外分開，使顱頂骨分成左右兩半，腦即可取出。

8. 鼻腔鋸開 沿鼻中線兩側各 1 cm 縱行鋸開鼻骨、額骨，暴露鼻腔、鼻中隔、鼻甲骨及鼻竇。

9. 脊髓採出 剔去椎弓兩側的肌肉，鑿（鋸）斷椎體，暴露椎管，切斷脊神經，即可取出脊髓。

上述各體腔的打開和內臟的採出，是系統剖檢的步驟。實際工作中，可根據生前的病性，進行重點剖檢，適當地改變或取捨某些剖檢步驟。

二、豬的屍體剖檢術式

（一）外部檢查

除一般檢查外，要詳細了解病死豬的生前情況，以便縮小對所患疾病的考慮範圍，剖檢時有重點地進行檢查。

（二）內部檢查

一般不剝皮，採用背位姿勢。先切斷四肢內側的所有肌肉和髖關節的圓韌帶，使四肢平攤，藉以抵住軀體，保持仰臥。然後從頸、胸、腹的正中側切開皮膚，只腹側剝皮。如能確定不是傳染病死亡，皮膚有加工利用價值時，可仍按常規方法剝皮，然後再切斷四肢內側肌肉，使屍體保持背位。

1. 皮下檢查 皮下檢查在剝皮過程中進行。查看皮下有無充血、炎症、出血、瘀血、水腫（多呈膠凍樣），體表淋巴結的大小、顏色，有無出血、充血，有無水腫、壞死、化膿等。斷奶前仔豬還要檢查肋骨和肋軟骨交界處，有無串珠樣腫大。

2. 腹腔剖開和腹腔臟器採出 從劍狀軟骨後方沿白線由前向後切開腹壁至恥骨前緣，觀察腹腔中有無滲出物及數量、性狀，腹膜及腹腔器官漿膜是否光滑，腸壁有無黏連，再沿肋骨弓將腹壁兩側切開，則腹腔器官全部暴露。

（1）採出脾臟和網膜：在左季肋部提起脾臟，並在接近脾臟根部切斷網膜和其他連繫後取出脾臟，然後將網膜從其附著部分離採出。

（2）採出空腸和迴腸：將結腸盤向右側牽引，盲腸拉向左側，顯露迴盲韌帶與迴腸。在離盲腸約 15 cm 處，將迴腸做二重結紮並切斷。然後握住迴腸斷端，用刀切離迴腸、空腸上附著的腸繫膜，直至十二指腸空腸曲，在空腸起始部做二重結紮並切斷，取出空腸和迴腸。一邊分離一邊檢查腸繫膜、腸漿膜、腸繫膜淋巴結有無腫脹、出血、壞死等。

（3）採出大腸：在骨盆腔口分離直腸，將其中糞便擠向前方做一次結紮，在結紮後方切斷直腸。從直腸斷端向前方分離腸繫膜，至前腸繫膜根部。分離結腸與十二指腸、胰腺之間的連繫，切斷前腸繫膜根部血管、神經和結締組織，以及結腸與背部之間的連繫，即可取出大腸。

（4）依次採出胃和十二指腸，腎臟和腎上腺，胰腺和肝臟。

3. 胸腔剖開及胸腔臟器採出 用刀先分離胸壁兩側表面的脂肪和肌肉，檢查胸腔的緊迫，切斷兩側肋骨與肋軟骨的接合部，再切斷其他軟組織，除去胸壁腹面，胸腔即可露出。檢查胸腔、心包腔有無積液及其性狀，胸膜是否光滑，有無黏連。

分離咽、喉頭、氣管、食道周圍的肌肉和結締組織，將喉頭、氣管、食道、心和肺一同採出。

4. 顱腔剖開 可在臟器檢查完後進行。清除頭部的皮膚和肌肉，在兩眼眶之間橫劈額骨，然後再將兩側顳骨（與顴骨平行）及枕骨髁劈開，即可掀掉顱頂骨，暴露顱腔。檢查腦膜有無充血、出血。必要時，取材送檢。

剖檢小豬時，可自下顎沿頸部、腹部正中線至肛門切開，暴露胸腹腔，切開恥骨聯合露出骨盆腔。然後將口腔、頸部，胸腔、腹腔和骨盆腔的器官一起取出。

三、禽的屍體剖檢術式

1. 外部檢查 了解死禽的種別、性別、年齡，生前症狀，發病和治療經過，死亡數及飼養管理狀況。觀察全身羽毛是否光潔，有無汙染、蓬亂、脫毛，泄殖腔周圍的羽毛有無糞便汙染，皮膚、關節及腳趾有無腫脹或其他異常。檢查冠、肉垂和面部的顏色、厚度、有無痘疹等。壓擠鼻孔和鼻竇下竇，觀察有無液體流出，口腔有無黏液。檢查兩眼虹彩的顏色。最後觸摸腹部有無變軟或積有液體。

2. 致死 如為活雞，用脫頸法或頸部放血致死。

3. 內部檢查 剖檢前用水或消毒液將屍體表面及羽毛浸濕，以防剖檢時絨毛和塵埃飛揚。將屍體仰臥於琺瑯盤內或墊紙上，用力掰開兩腿，使髖關節脫位，拔掉頸、胸、腹正中部的羽毛（不拔也可），在胸骨嵴部縱行切開皮膚，然後向前、後延伸至嘴角和肛門，向兩側剝離頸，胸、腹部皮膚。觀察皮下有無充血、出血、水腫、壞死等病變，注意胸部肌肉的豐滿程度、顏色，有無出血、壞死，龍骨是否變形、彎曲。在頸椎兩側尋找並觀察胸腺的大小及顏色，有出血、壞死點。檢查嗉囊內容物的數量及性狀。腹圍大小，腹壁的顏色等。

在後腹部，將腹壁橫行切開。順切口的兩側分別向前剪斷胸肋骨（注意別剪破肝臟和肺臟）、喙骨及鎖骨，最後把整個胸壁翻向頭部，顯露整個胸腔和腹腔。

如進行細菌分離，應採用無菌技術打開胸、腹腔，採取病料進行分離接種。

體腔打開後，注意觀察各臟器的位置、顏色、漿膜的狀況，體腔內有無液體，各臟器之間有無黏連。然後分別取出各個內臟器官。可先將心臟連同心包一起剪離，再取出肝臟。在食管末端將其切斷，向後牽拉腺胃，邊牽拉邊剪斷胃腸與背部的連繫，然後在泄殖腔前切斷直腸（或連同泄殖腔一同取出），即可將胃腸道、胰臟、脾臟一同取出。在分離腸繫膜時，要注意腸繫膜是否光滑，有無腫瘤。在胃腸採出時，注意檢查在泄殖腔背側的腔上囊（原位檢查即可，也可採出）。

氣囊在禽類分布很廣，胸腔、腹腔皆有，在體腔打開、內臟器官採取過程中，隨時注意檢查，主要看氣囊的厚薄，有無滲出物、霉斑等。

肺臟和腎隱藏於肋間隙內及腰薦骨的凹陷處，可用外科刀柄或手術剪剝離取出。取出腎臟時，要注意輸尿管的檢查。

卵巢、輸卵管、睪丸可在原位檢查，注意其大小、形狀、顏色（注意和同日齡雞比較），卵黃發育狀況和病變。輸卵管位於左側，右側已退化，只見一水泡樣結構。

口腔、頸部器官檢查時，剪開一側口角，觀察後鼻孔、腭裂及喉口有無分泌物堵塞、口腔黏膜有無偽膜。再剪開喉頭、氣管、食道及嗉囊，觀察管腔及黏膜的性狀，有無滲出物及其性狀、黏膜的顏色，有無出血、偽膜等，注意嗉囊內容物的數量、性狀及內膜的變化。

腦的採出，可先用刀剝離頭部皮膚，再剪除顱頂骨，即可露出大腦和小腦，剪斷腦下部神經，將腦取出。

外周神經檢查，在大腿內側，剝離內收肌，即可暴露坐骨神經；在脊椎的兩側，仔細地將腎臟剔除，露出腰薦神經叢。對比觀察兩側神經的粗細、橫紋及色彩、光滑度。

4. 鵝、鴨剖檢 方法與雞相同，所不同的是，鵝、鴨有兩對淋巴結，一對頸胸淋巴結位於頸的基部，緊貼頸靜脈，呈紡錘形；另一對為腰淋巴結，位於腹部主動脈兩側，呈長圓形。剖檢時要注意檢查。

任務四　器官組織檢查的方法

1. 淋巴結 要特別注意頜下淋巴結、頸淺淋巴結、髂下淋巴結、腸繫膜淋巴結、肺門淋巴結等的檢查。注意其大小、顏色、硬度，與其周圍組織的關係及橫切面的變化。

2. 肺臟 首先注意其大小、色澤、質量、質度、彈性、有無病灶及表面附著物等。然後用剪刀將支氣管剪開，注意檢查支氣管黏膜的色澤、表面附著物的數量、黏稠度。最後將整個肺臟縱橫切數刀，觀察切面有無病變，切面流出物的數量、色澤變化等（圖 15－3）。

3. 心臟 先檢查心臟縱溝、冠狀溝的脂肪量和性狀，有無出血；然後檢查心臟的外形、大小、色澤及心外膜的性狀；最後切開心臟檢查心腔。沿縱溝兩側切開右心室及肺動脈、左心室及主動脈。檢查心腔內血液的性狀，心內膜、心瓣膜是否光滑，有無變形、增厚，心肌的色澤、質度，心壁的厚薄等（圖 15－4）。

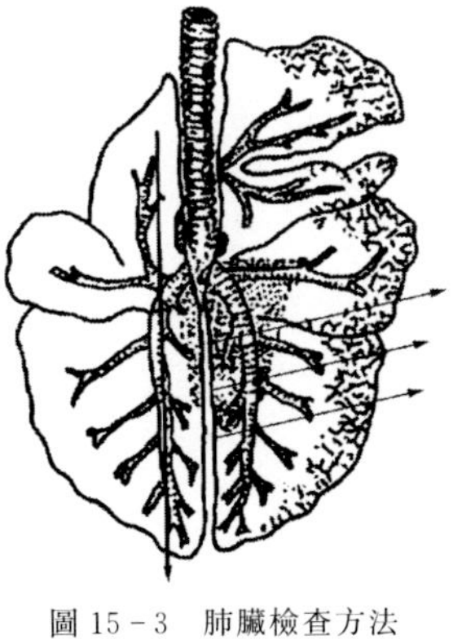

圖 15－3　肺臟檢查方法

→表示橫縱切面

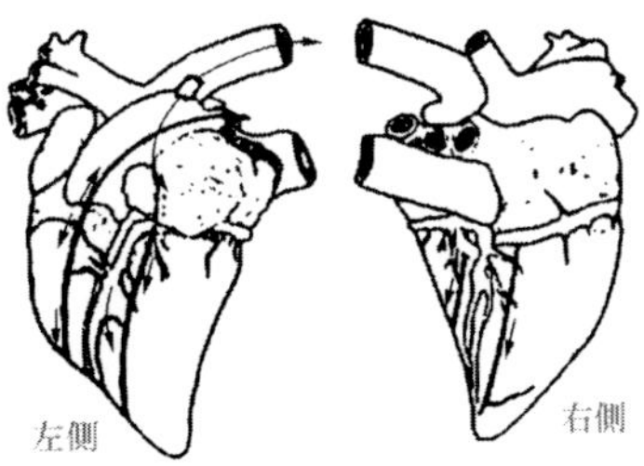

圖 15－4　心臟檢查方法

4. 脾臟 脾臟摘出後，注意其形態、大小、質度，然後縱行切開，檢查脾小梁、脾髓的顏色，紅髓、白髓的比例，脾髓是否容易刮脫。

5. 肝臟 檢查肝門部的動脈、靜脈、膽管和淋巴結。然後檢查肝臟的形態、大小、色澤、包膜性狀，有無出血、結節、壞死等。最後切開肝組織，觀察切面的色澤、質度和含血量等情況。注意切面是否隆突，肝小葉結構是否清晰，有無膿腫、寄生蟲性結節和壞死等。

6. 腎臟 先檢查腎臟的形態、大小、色澤和質度，然後由腎的外側面向腎門部將腎臟縱切為相等的兩半（禽除外），檢查包膜是否容易剝離，腎臟表面是否光滑，皮質和髓質的顏色、質度、比例、結構，腎盂黏膜及腎盂內有無結石等（圖 15－5）。

7. 胃的檢查 檢查胃的大小、質度、漿膜的色澤、有無黏連、胃壁有無破裂和穿孔等，然後沿胃大彎剖開胃，檢查胃內容物的性狀、黏膜的變化等。

反芻動物胃的檢查，特別要注意蜂巢胃有無創傷，是否與膈相黏連。如果沒有黏連，可將瘤胃、蜂巢胃、瓣胃、皺胃之間的連繫分離，使四個胃展開。然後沿皺胃小彎與瓣胃、蜂巢胃的大彎剪開；瘤胃則沿背緣和腹緣剪開，檢查胃內容物及黏膜的情況（圖 15－6）。

圖 15－5 腎臟檢查方法

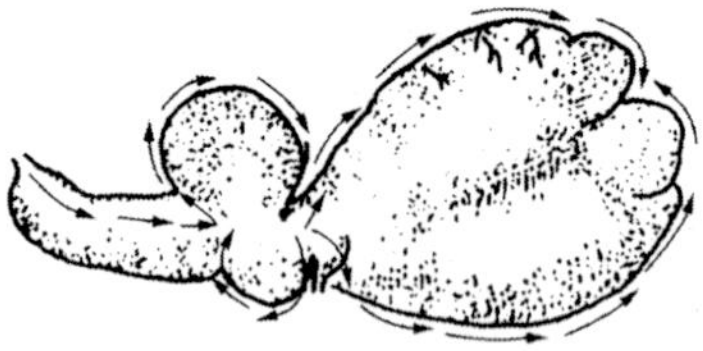

圖 15－6 複胃檢查方法

8. 腸管的檢查 從十二指腸、空腸、迴腸、大腸、直腸分段進行檢查。在檢查時，先檢查腸管漿膜面的情況。然後沿腸繫膜附著處剪開腸腔，檢查腸內容物及黏膜情況。

9. 骨盆腔器官的檢查 公畜生殖系統的檢查，從腹側剪開膀胱、尿管、陰莖，檢查輸尿管開口及膀胱、尿道黏膜，尿道中有無結石，包皮、龜頭有無異常分泌物；切開睪丸及副性腺檢查有無異常。

母畜生殖系統的檢查，沿腹側剪開膀胱，沿背側剪開子宮及陰道，檢查黏膜、內腔有無異常；檢查卵巢形狀，卵泡、黃體的發育情況，輸卵管是否擴張等。

任務五 屍體剖檢記錄

剖檢記錄是綜合分析疾病的原始資料，也是屍體剖檢報告的重要依據，必須遵守系統、客觀、準確的原則，對病變的形態、大小、質量、位置、色彩、硬度、性質、切面的結構變化等都要客觀地描述和說明，應盡可能用數據表示，避免使用診斷術語或名詞來代替。有的病變用文字難以表達時，可繪圖補充說明，有的可以拍照或將整個器官保存下來。

剖檢記錄最好與剖檢同時進行，專人記錄，與剖檢順序一致（表 15－1）。

表 15－1　動物屍體剖檢記錄

剖檢號									
畜主		畜種		性別		年齡		特徵	
臨床摘要及臨床診斷									
死亡日期		年　月　日							
剖檢地點				剖檢時間				年　月　日　時	
剖檢所見									
病理解剖學診斷									
結論									
剖檢者		（簽字）　年　月　日							

任務六　病料採集與送檢

在屍體剖檢時，為了進一步做出確切診斷，往往需要採取病料送實驗室進一步檢查。送檢時，應嚴格按病料的採取、保存和寄送方法進行。

1. 病理組織學檢驗材料　採樣時要選取病變典型的部位，並保持主要組織結構的完整性，如腎臟應包括皮質、髓質和腎盂，胃腸應包括從黏膜到漿膜的完整組織等。採取的病料應包括病變組織和周圍正常組織。切取組織塊時，刀要鋒利，應注意不要使組織受到擠壓和損傷，切面要平整。要求組織塊厚度 5 mm，面積 1.5～3 cm^2，易變形的組織應平放在紙片上，一同放入固定液中。

採取的病料應立即用 10％福馬林或 95％酒精溶液固定，固定液量為組織塊體積的5～10 倍。容器底應墊脫脂棉，以防組織固定不良或變形，固定時間為 12～24 h。已固定的組織，可用固定液浸濕的脫脂棉或紗布包裹，置於玻璃瓶封固或用不透水塑膠袋包裝於木匣內送檢。送檢的病理組織材料要有編號、組織塊名稱、數量、送檢說明書和送檢單，供檢驗單位診斷時參考。

2. 微生物學檢驗材料　採集的病料要新鮮，最好在病畜死後即行採取，不要超過 6 h。以無菌操作法將採取的組織病料置於滅菌容器內，避免外界汙染。

病料採集的部位，根據生前表現和診斷目的而定。如急性敗血性疾病，可採取心血、脾臟、肝臟、腎臟、淋巴結等組織。生前有神經症狀的，可採取腦、脊髓或腦脊液。局部性疾病，可採取病變部位的組織如壞死組織、膿腫病灶、局部淋巴結及滲出液等材料。如果不能確定是什麼病時，則盡可能地全面採集病料。

臟器疑被汙染時，可先用燒紅的金屬片在器官表面燒烙，然後除去燒烙過的組織，從深部採病料；採集體腔液時可用針筒吸取；膿汁可用消毒棉花棒收集，放入消毒試管內；胃腸內容物可收集放入消毒廣口瓶內或剪一段腸管兩端紮好，直接送檢；血液塗片固定後，兩張塗片塗面向內，用火柴桿隔開紮好，用厚紙包好送檢；小動物可整個屍體包在不漏水的塑膠袋中送檢；對疑似病毒性疾病的病料，應放入 50％甘油生理鹽水溶液中，置於滅菌的玻璃容器內密封、送檢。

送檢微生物學檢驗材料要有編號、檢驗說明書和送檢報告單。同時，應在冷藏條件下派專人送檢。

3. 中毒病檢驗材料　應採取肝臟、胃等臟器的組織、血液和較多的胃腸內容物和食後剩餘的飼草、飼料，分別裝入清潔的容器內，並且注意切勿與任何化學藥劑接觸混合，密封後在冷藏條件下（裝於放有冰塊的保溫瓶）送出。

任務七　病理診斷分析

（一）影響病理變化的因素

任何病變都是機體損傷和抗損傷相互作用的結果，病變的發生和形成與多種因素有關。

1. 致病因素的特性　不同的病因，其致病方式、作用部位以及引起的損傷不同。即使同一病因，由於其強度、毒力差異，對病變的形成也有明顯影響。特別是生物性致病因素，由於其致病力、侵襲力差異，往往引起不同組織器官不同性質的病變。有些還表現出其典型的病理變化，如雞新城疫，典型病理變化表現為呼吸道黏膜潮紅、附有黏液，消化道腺胃黏膜出血、小腸黏膜棗核樣出血壞死等。

2. 機體內部因素　由於飼養管理條件不同，機體的營養、免疫狀況、年齡、品種差異，以及藥物使用等，可引起疾病的非典型過程，影響臨床示病症狀和典型病變的出現。

3. 病程　疾病是一個不斷發展變化的過程，組織器官的形態學變化隨著疾病的不同階段而表現不一。由於病變形成需要時間，所以急性病例往往不出現明顯或典型的病變。

4. 混合感染和繼發感染　混合感染和繼發感染增加了疾病的複雜性，影響典型病變的形成和出現，剖檢時應注意辨識，總結時要辨證地分析。

（二）病變的認識和分析

任何一種病變形成，都是在正常的代謝功能和形態的基礎上發展而來的。一般情況下往往都是先出現代謝和機能變化，然後是形態學變化。正確認識和科學分析器官組織病變，是病理學診斷的前提。病理形態千變萬化，要善於從大量現象中去粗取精、去偽存真、由表及裡，用辨證的、發展的觀點去分析病變，才能認識病變的本質和發生發展的全過程。

1. 病變的辨識　要想準確辨識病變，首先要對正常器官組織的形態、結構有清楚的認識，透過對比觀察，從而發現並辨識病變的部位、性質。

（1）正確認識病變性質。任何一個病變發生於不同組織器官，儘管表現都不可能完全一樣，但其病變的基本特徵是一致的。如脂肪變性，由於發生的組織器官不同，疾病的輕重程度不同，但其體積、色澤、質度、彈性、切面以及細胞的形態學變化均有其基本特徵，掌握各個病變的基本特徵，對辨識病變的性質十分重要。

（2）注意鑑別生前病變和死後變化。動物生前由疾病過程引起的病變，如瘀血、出血、腫脹、炎性滲出等，往往有幾種變化同時出現，死後變化則多呈單一性。例如胃腸生前破裂，破裂口邊緣有炎症、腫脹、纖維素滲出等變化，而死後破裂，破口邊緣沒有其他反應。

生前病變是病因與機體相互作用的結果，有一定的特徵性或特異性，具有病症診斷意義。如雞腺胃乳頭出血、壞死，可診斷為急性雞新城疫。死後變化與疾病無關，不但沒有診斷價值，其屍體自溶與腐敗還會影響病變的辨識，干擾診斷的正確性。

（3）注意瀕死期病變。急性死亡的瀕死期病變不應作為疾病的診斷依據，但可作為追溯死亡時間的參考。例如，瀕死期往往出現左心內膜出血、肺尖部瘀血出血等。這在法獸醫學上具有一定的價值。

2. 病變的分析　病變的產生是一個複雜的過程，反映了致病因素和機體相互作用、消長的關係。組織器官的形態學改變是直觀的，可以透過肉眼觀察或鏡檢加以辨識。但隱藏於其後的發生原因、形成過程及機制等，則需要透過科學細緻的分析才能明確。

（1）分清病變的主次。任何一種疾病，都可能在多個組織器官出現多種病理變化，有的是損傷引起的，有些是抗損傷過程造成的新損傷。應分清病理過程的主次，找出疾病的主要形態學變化。特別是一些傳染病，應找出最主要的病理變化，由此去分析和判斷，最後做出科學的診斷。

（2）分析病變的先後。病變出現的先後，要根據病變的特徵、新舊程度來分析。如淋巴結出血，急性的、新鮮的出血色澤較鮮豔；慢性的、陳舊的出血則較黯淡。有的要根據形成過程判斷其先後。如豬瘟鈕扣狀腫的形成，結核結節、腫瘤的原發灶和轉移灶等。

（3）分清局部和全身的關係。局部疾病可以在全身反映，全身性疾病可以在局部表現。一個臟器的病變可以引起另一器官發生病變。如尿路感染可引起腎炎；胃腸炎可引起肝變性；器官的炎症往往引起該器官所屬淋巴結的變化。因此，分析病理變化要注意局部變化和全身其他部位病變的連繫。

3. 全面觀察，綜合分析　正確的解剖診斷，必須建立在詳細剖檢、全面觀察的基礎上。同一疾病的典型病變不一定在一個動物身上全部表現出來，一個病例往往代表該疾病的某一側面，有條件時應多剖檢幾個病例，才能夠全面、客觀、真實地反映出該疾病的病理特徵，即所謂病變群。然後對收集大量的感性材料進行分析，還要結合臨床流行病學診斷、臨床症狀診斷、微生物學與免疫學診斷、臨床診治等情況，綜合分析病因，探索死因，做出較準確的診斷。

（三）病理診斷錯誤的原因

病理診斷在臨床診療實踐中具有十分重要的地位。但和其他科學一樣，不是萬能的，更不是絕對正確的。由於主、客觀因素的制約，也必然有其侷限性。造成病理誤診的原因很多，絕大多數的誤診原因在於觀察和分析方法錯誤。當然，也不能排除由於工作草率，把標本遺失、號碼顛倒、內容物汙染以及報告抄寫錯誤等不應當發生的錯誤所造成的誤診。了解病理診斷的侷限性和制約因素，盡量減少可以避免的因素，才能減少病理的誤診和漏診。

1. 認識方法偏誤　正確的病理診斷乃是正確地抓住了基本病變，以病變的形態特徵為基礎，揭示疾病的本質。在多數情況下，既要依靠形態學變化特徵為客觀指標，又要結合臨床資料、病理理論、技術和個人的經驗等進行鑑別、分析、綜合，才能做出比較合乎實際的診斷。認識上主觀臆斷，先入為主，過分信賴經驗，是引起誤診的重要原因。

2. 病檢材料不當 取材部位與診斷結果密切相關，屍檢取材不足或不當，不按規範取材，缺乏病變組織學特點，組織嚴重擠壓或牽拉，使組織細胞嚴重變形，取出的組織標本未及時固定或固定不透等，都會影響病理診斷。

3. 疾病的複雜性 各種疾病都有一個逐漸發展的過程，有些疾病的早期病變未得到充分表現，病理變化不典型，而有些疾病的後期因器官組織適應與修復、結構重建，掩蓋了原發病變；同一疾病，可以表現出不同的病理形態，同一種病理變化可見於多種疾病，如肺巨細胞肉芽腫可見於結核、惡性腫瘤、黴菌感染等多種疾病，僅憑活檢標本中見到巨細胞肉芽腫很難明確診斷出是哪種疾病。

4. 疾病病理知識不足 在現階段，病理的科學水準尚在發展中，對於許多疾病的發生不明了或未肯定，對於許多腫瘤劃不清良惡界線。這些都是病理工作者所面臨的課題，需要在實踐中不斷探索。

技能訓練

一、病理大體標本製作技術

【目的要求】 了解病理大體標本製作的注意事項，掌握病理大體標本的製作過程。

【實訓材料】 病死的畜禽、手術刀、手術剪、鑷子、標本缸、玻璃板、紗布、棉花、福馬林、硝酸鉀、酒精、蒸餾水、甘油、松香等。

【方法步驟】

1. 取材和清理

（1）選作病理標本的器官，越新鮮越好，病變要具有代表性，既有病變部分，也有正常部分作為對照。

（2）標本厚度以 2～5 cm 為宜，較大的器官切取部分組織固定。在切取過程中，盡量避免暴力牽拉和擠壓，防止組織受到損壞。

（3）標本取出後，應根據實際需要加以修整，除去多餘的組織或根據標本的情況切開、剪裁，切面應平整。

（4）新鮮標本忌水洗，遇有液體過多時，可用乾布拭去，必須沖洗時，可用生理鹽水略洗。

2. 標本的固定 除特殊要求外，均用 10％福馬林溶液為固定液。固定時間一般為 1 週左右。固定時應注意以下幾點：

（1）固定液的量應為改採標本體積的 5～10 倍。

（2）標本在固定的容器中應平展，以免在固定過程中變形。較大標本在固定過程中要更換固定液 1～2 次。

（3）固定的標本應避光放置，室溫不可過高或過低，以 18 ℃為宜。

（4）每個標本在固定時，應以細線系一小木牌，記下編號。標本入缸後，可將木牌懸於缸外，以便檢查。

3. 裝瓶和保管 保存液為 5％～10％的福馬林溶液。採用大小不等的立方形玻璃

(或有機玻璃) 標本瓶 (缸) 盛放標本，用封瓶劑封口，貼上標籤，寫明病變名稱、固定液種類和標本採取與製作日期。在裝瓶和保管時應注意以下幾點：

(1) 標本裝瓶前，應將玻璃瓶 (缸) 洗刷乾淨，洗後用5%石炭酸溶液浸泡，晾乾備用。

(2) 固定好的標本取出後應先用流水充分沖洗，根據需要可做適當修整。

(3) 標本瓶 (缸) 內可根據觀察需要放置自制的玻璃支架或玻璃板，用以綁縛標本。

(4) 封瓶劑的製備：氧化鋅 300 g，桐油 100 g，松香 5 g，將桐油加熱煮熔松香，煮後冷卻置入密瓶封閉保存。用時取氧化鋅放在石板上，注入桐油，隨加隨攪，越加越稠時製成麵條狀使用。將製成的膠條趁熱黏瓶口周圍，用瓶蓋用力壓下，使之牢固密貼瓶口，置暗處 2～3 d。

【實訓報告】 按要求自行製備一個病理大體標本。

二、組織切片技術

【目的要求】 了解病理組織切片的製作方法，掌握石蠟切片製作的基本技術。

【實訓材料】 病死的畜禽、手術刀、手術剪、鑷子、切片機、恆溫箱、烤片機、福馬林、酒精、蒸餾水、二甲苯、冰醋酸、丙酮、石蠟、蘇木精、伊紅等。

【方法步驟】

1. 取材 病理組織越新鮮越好，切取組織塊的刀剪要鋒利，不可擠壓，扯拉病料，以免造成人為的損傷。取材時必須選擇正常與病灶交界處的組織，由表及裡、由淺入深地切取，大小以 1.5 cm×1.5 cm×0.3 cm 為宜。特殊病料應根據器官的結構特點切取。管狀、囊狀和皮膚組織應注意橫切和縱切的區分。切取好的組織，放入事先準備好的裝有固定液的廣口瓶中並做好標記。

2. 固定 常用的固定液為10%的福馬林溶液。所用固定液應為組織塊體積的 10 倍左右。一般把組織塊浸入固定液後過夜，於第 2 天更換固定液 1 次，以便取得更好的固定效果。

3. 沖洗 固定後的組織塊，應將固定液洗去。常用流水沖洗 12～24 h。及時沖洗有停止固定的作用，防止固定過度，有利於製片染色。

4. 脫水 常用的脫水劑為酒精。用從低濃度至高濃度的酒精逐漸脫盡組織中的水分。步驟為 70%、80%、90%、95%、100%的酒精 (兩次) 各脫水 2～4 h。脫水的時間要適度，時間短，脫水不盡；若時間過長，則會促使組織收縮變硬。如中途因故不能進行下去，則可將組織退回 80%酒精中保存。

5. 透明 常用的透明劑為二甲苯。組織在二甲苯中停留的時間不宜過長，應根據不同組織而定，一般透明時間在 30 min 左右即可。在透明過程中，應不斷觀察組織內的酒精和二甲苯的交換情況，切勿透明過度。

6. 浸蠟 浸蠟的目的是以石蠟置換出組織塊中的二甲苯，使較軟的組織塊變成有一定硬度的組織蠟塊，以便切成薄片。浸蠟時，先將組織塊放入二甲苯加石蠟各半的混合液中，於 52～58 ℃溫箱中放置 1 h，然後將組織移入保持在 52～56 ℃溫箱中的石蠟 2～3 h，一般更換石蠟 3 次總共 3 h 左右即可。浸蠟時間過長會造成組織脆硬，切片時易破碎；浸蠟時間短，則浸蠟不透，難以製成好的切片。

7. 包埋 取出已烘熱的包埋框，隨即將溫箱中熔蠟缸中的熔蠟倒入包埋框中，再用加熱的鑷子取出組織塊，將切面向下，平置於框底，用鑷子輕輕壓平，待包埋框內石蠟表面凝結成薄層，即可投入冷水中，使之迅速凝固。石蠟完全凝固後，用加熱的外科刀片，按組織塊位置將蠟塊修整成大小相當、平整的方塊備用。

8. 切片 在切片之前應先修塊，將修好的蠟塊固定在石蠟切片機上，將切片刀裝在刀架上，刀刃與蠟塊表面呈 5°夾角，調整蠟塊與刀至合適位置，使蠟塊與刀刃接觸。轉動切片機轉輪，修出標本，直至切出完整的切片，切片的厚度為 4～6 μm。切出蠟條之後，用毛筆輕輕托起，用眼科鑷夾起，放入展片機中，展片的溫度為 40 ℃左右。待切片完全展平後，即可進行分片和撈片。撈片後應立即寫上編號，在空氣中略微乾燥後即可烤片。

9. 染色 組織切片先經二甲苯Ⅰ脫蠟 10～20 min，二甲苯Ⅱ脫蠟 5 min，然後分別放入 100％(兩次)、95％、85％、70％酒精 2～5 min，水洗 2 min。水洗後將切片依次放入蘇木精染液 1～5 min、自來水洗 3～5 min、1％鹽酸酒精分化 20 s、自來水洗 1 min、1％稀氨水返藍 30 s、自來水洗 5～10 min、伊紅染色 20 s～5 min、自來水洗 30 s、85％酒精脫水 20 s、90％酒精 30 s、95％Ⅰ酒精 1 min、95％酒精Ⅱ 1 min，無水乙醇Ⅰ 2 min、無水乙醇Ⅱ 2 min，二甲苯Ⅰ 2 min、二甲苯Ⅱ 2 min，二甲苯Ⅲ 2 min。

10. 封片 將已透明的切片從二甲苯中取出，適當擦去二甲苯，在切片部位，滴一滴中性樹膠，隨即用蓋玻片蓋上，輕壓，排出氣泡。貼上標籤，送恆溫箱中烤乾。

一個品質較好的常規石蠟切片應符合以下標準：切片完整，厚度 4～6 μm，厚薄均勻，無褶皺，無刀痕；染色核漿分明，紅藍適度，透明潔淨，封裱美觀。

【實訓報告】按要求自行製備一片石蠟病理組織切片。

實踐應用

1. 屍體的變化有哪些？
2. 屍體剖檢前應做哪些準備工作？
3. 反芻動物屍體剖檢時應向哪側倒臥？怎樣取出反芻動物的腹腔器官？
4. 簡述雞的屍體剖檢方法。
5. 屍體剖檢中應注意哪些事項？
6. 病理材料採集的方法和要求、注意事項有哪些？

參 考 文 獻

車有權，2021. 動物病理［M］. 北京：中國農業大學出版社 .
陳宏智，2021. 動物病理［M］. 3 版 . 北京：化學工業出版社 .
高豐，賀文琦，趙魁，等，2013. 動物病理解剖學［M］. 2 版 . 北京：科學出版社 .
黃愛芳，祝豔華，2016. 動物病理［M］. 北京：中國農業大學出版社 .
馬學恩，王鳳龍，2016. 家畜病理學［M］. 5 版 . 北京：中國農業出版社 .
錢峰，2020. 動物病理［M］. 北京：化學工業出版社 .
譚勛，2012. 動物病理學（雙語）［M］. 杭州：浙江大學出版社 .
王子軾，劉俊棟，2012. 動物病理［M］. 南京：江蘇教育出版社 .
許建國，王傳鋒，2021. 動物病理［M］. 北京：中國輕工業出版社 .
楊彩然，2020. 動物病理學［M］. 北京：科學出版社 .
楊文，2013. 動物病理［M］. 重慶：重慶大學出版社 .
楊玉榮，焦喜蘭，2012. 動物病理解剖學實驗教程［M］. 北京：中國農業大學出版社 .
于金玲，李金嶺，2018. 動物病理［M］. 北京：中國輕工業出版社 .
于洋，2017. 動物病理［M］. 3 版 . 北京：中國農業大學出版社 .
張勤文，俞紅賢，2018. 動物病理剖檢技術及鑑別診斷［M］. 北京：科學出版社 .
鄭世明，2021. 動物病理學［M］. 3 版 . 北京：高等教育出版社 .

動物病理

主　　編：於敏，周鐵忠
發 行 人：黃振庭
出 版 者：崧燁文化事業有限公司
發 行 者：崧燁文化事業有限公司
E-mail：sonbookservice@gmail.com
粉 絲 頁：https://www.facebook.com/sonbookss/
網　　址：https://sonbook.net/
地　　址：台北市中正區重慶南路一段61號8樓
8F., No.61, Sec. 1, Chongqing S. Rd., Zhongzheng Dist., Taipei City 100, Taiwan

電　　話：(02)2370-3310
傳　　真：(02)2388-1990
印　　刷：京峯數位服務有限公司
律師顧問：廣華律師事務所 張珮琦律師

定　　價：450元
發行日期：2024年09月第五版
◎本書以POD印製

國家圖書館出版品預行編目資料

動物病理 / 於敏，周鐵忠 主編 . -- 第五版 . -- 臺北市 : 崧燁文化事業有限公司 , 2024.09
面；　公分
POD版
ISBN 978-626-394-871-6(平裝)
1.CST: 動物病理學
437.24　113013546

電子書購買

爽讀 APP

臉書